ഗ്രീൻ ബുക്സ്

വൈദ്യുതിയുടെ കഥ
പരീക്ഷണങ്ങളിലൂടെ

സി.ജി. ശാന്തകുമാർ

തൃശൂർ ജില്ലയിലെ അന്തിക്കാട്ട് 1938ൽ ജനനം.
അദ്ധ്യാപകൻ, കേരള സമ്പൂർണ്ണ സാക്ഷരതാ
പദ്ധതിയുടെ ഡയറക്ടർ, ശ്രമിക് വിദ്യാപീഠം
ഡയറക്ടർ, ബാലസാഹിത്യ ഇൻസ്റ്റിറ്റ്യൂട്ട് ഡയറക്ടർ,
കേരള ശാസ്ത്ര സാഹിത്യ പരിഷത്ത് പ്രസിഡൻ്റ്,
ഗ്രീൻ ബുക്സ് ചെയർമാൻ എന്നീ നിലകളിൽ പ്രവർത്തിച്ചു.
കേരള സാഹിത്യ അക്കാദമി, കൈരളി
ചിൽഡ്രൻസ് ബുക്ക് ട്രസ്റ്റ്, ബാലസാഹിത്യ
ഇൻസ്റ്റിറ്റ്യൂട്ട് എന്നിവയുടെ അവാർഡുകൾ ലഭിച്ചു.
ശാസ്ത്രഗ്രന്ഥങ്ങൾ, വിദ്യാഭ്യാസ ഗ്രന്ഥങ്ങൾ,
ബാലസാഹിത്യ കൃതികൾ എന്നിങ്ങനെ
ഇരുപത്തിയഞ്ചിൽപരം കൃതികൾ രചിച്ചിട്ടുണ്ട്.
2006 മെയ് 25ന് അന്തരിച്ചു.

കുട്ടികളുടെ ശാസ്ത്രം

വൈദ്യുതിയുടെ കഥ
പരീക്ഷണങ്ങളിലൂടെ

സി.ജി. ശാന്തകുമാർ

ഗ്രീൻ ബുക്സ്

green books private limited
little road, ayyanthole, thrissur- 680 003
ph: 0487-2361038
website: www.greenbooksindia.com
e-mail: info@greenbooksindia.com

(malayalam)
vaidyuthiyude katha pareekshanangaliloode
(science for children)
by
c.g. santhakumar

first published 1998
first green books edition august 2006
reprinted january 2014
copyright reserved

layout & cover design : godfreydas

printed in india
repro knowledgecast limited, thane

branches:
thrissur 0487-2422515
palakkad 0491-2546162
kannur 0497-2763038

isbn : 81-8423-023-0

GBPL/123/2007/X002

വൈദ്യുതിയുടെ കഥ
പരീക്ഷണങ്ങളിലൂടെ

ഉള്ളടക്കം

1 വൈദ്യുതിയെ പേടിക്കുന്ന പെൺകുട്ടി

വേനലവധി സുമിക്ക് ഒട്ടും രസകരമായിരുന്നില്ല. ഏറെ കാത്തിരുന്നു കൈവന്ന അവധിക്കാലം വേനലിന്റെ കൊടുംചൂടുകാരണം സുഖകര മല്ലാതായിത്തീർന്നു. രാവും പകലും ഒരുപോലെ ഉഷ്ണം. പുഴയിൽ വെള്ളം കുറവായതിനാൽ ടാപ്പിൽ നിന്നും വല്ലപ്പോഴൊക്കെയെ, കുടി വെള്ളം ലഭിച്ചിരുന്നുള്ളൂ. ടാപ്പ് പ്രസാദിക്കുന്നതും കാത്ത് തെരുവിൽ കുടങ്ങളുടേയും പ്ലാസ്റ്റിക് ബക്കറ്റുകളുടേയും നീണ്ട ക്യൂ. പരീക്ഷ കഴിഞ്ഞതോടെ കറന്റുകട്ടിന്റെ സമയം വർദ്ധിച്ചു. ചില ദിവസങ്ങളിൽ ഒന്നുരണ്ടു മണിക്കൂർ നേരം മാത്രമേ വൈദ്യുതി ലഭിച്ചിരുന്നുള്ളൂ, അതും അത്യാവശ്യമില്ലാത്ത സമയങ്ങളിൽ. ജനം പ്രതിഷേധിച്ചു. അപ്പോൾ സർക്കാരിന്റെ മുന്നറിയിപ്പ്: അണക്കെട്ടുകളിൽ ഏതാനും നാളുകൾക്കു വേണ്ട വൈദ്യുതി ഉത്പാദിപ്പിക്കാനുള്ള വെള്ളമേയുള്ളൂ.

'വെളിച്ചമില്ലെങ്കിൽ വേണ്ട, ആ പങ്കയൊന്നു തിരിഞ്ഞുകിട്ട്യാ മത്യാർന്നു. വിശറിയുണ്ടായിട്ടൊന്നും കാര്യല്ല.' കൊതുകുകൾ കൂട്ടം കൂട്ടമായി വന്ന് പാട്ടുപാടിയാണ് കടിക്കുന്നത്. പിന്നെ അത്യുഷ്ണവും; ഇല പോലും അനങ്ങാതെ നിൽക്കുന്ന വേനൽക്കാല സന്ധ്യകളിൽ മുത്തശ്ശി കൂടെകൂടെ പറയും: 'ആളുകൾ മാത്രല്ലാ കാലോം മാറ്ണ്ണ്ട്. പണ്ടൊ ന്നും ഇത്രവലിയ ഉഷ്ണം ഉണ്ടാർന്നില്ല്യാ.'

'അമ്മിക്കുഴ നിരക്കി കൈത്തണ്ട വേദനിക്കുന്നു. കറന്റുള്ളപ്പോൾ ഒരു പ്രയാസവുമില്ല. എല്ലാം മിക്സിയിലങ്ങ് ഇട്ടുകൊടുത്താൽ മതിയാ യിരുന്നു.' കറിയ്ക്കരയ്ക്കാൻ അമ്മിയെത്തന്നെ ശരണം പ്രാപിക്കേണ്ടി വന്ന അമ്മ പരാതിപ്പെട്ടു.

ടി.വിയിൽ ക്രിക്കറ്റുകളി കാണാൻ പറ്റാത്തതിലുള്ള ദുഃഖമേ രവി ച്ചേട്ടനുള്ളൂ. വൈകുന്നേരങ്ങളിൽ മൈതാനത്തിൽ കളിക്കാൻ പോകു

ന്നതിനാൽ ചേട്ടന് ഉഷ്ണത്തിന്റെ പ്രശ്നമില്ല. ജോലിത്തിരക്കിനിടയിൽ പത്രം വായിക്കാൻ സമയം കിട്ടാത്ത അച്ഛൻ, വാർത്താസമയങ്ങളിൽ ടി.വിയുടെ മുന്നിലിരുന്നാണ് ലോകം എങ്ങോട്ടാണ് നീങ്ങുന്നതെന്ന് മനസ്സിലാക്കാറ്. ടി.വിയിൽ വാർത്ത കേൾക്കുന്ന സമയം നോക്കി കറന്റു പോകും. പിന്നെങ്ങനെ വാർത്ത കേൾക്കും. ഈ നില തുടർന്നാൽ അച്ഛൻ കാലക്രമത്തിൽ ഒരു വലിയ അജ്ഞാനിയായി മാറും.

'ഈ കറന്റുകട്ടും കുടിവെള്ളക്ഷാമവുമൊക്കെ ഇടവപ്പാതിവരെ തുടരും. അതിനിടയ്ക്ക് നാട് നശിക്കും. നമ്മുടെ നാട്ടിൻപുറത്താ ണെങ്കിൽ കിണറ്റിൽ നിന്നെങ്കിലും കുറച്ചുവെള്ളം കിട്ടിയേനെ. ഈ നഗരത്തിൽ എവട്യാ കിണറ്. പൈപ്പുവെള്ളം വന്നതോടെ ഉള്ളതും കൂടി കുഴിച്ചു മൂടിയില്ലേ? അനുഭവിക്കട്ടെ ദുഷ്ടന്മാര്.' മുത്തശ്ശി ആരോടെന്നില്ലാത്ത അമർഷം പിറുപിറുപ്പിലൊതുക്കി. കൊതുകടി കൊണ്ടു പുളയുമ്പോൾ ആരെയൊക്കെയോ പ്രാകി. കൊതുകുകൾക്ക് മുത്തശ്ശിയെ വളരെ ഇഷ്ടമാണ്. അതുകൊണ്ട് കോളനിയിൽ എവിടെ കൊതുകുണ്ടെങ്കിലും മുത്തശ്ശിയെ അന്വേഷിച്ചുവരും.

മുത്തശ്ശിയുടെ പരാതിയും പ്രാക്കും കേട്ടിട്ടും അരികത്തിരുന്ന് എന്തോ വായിച്ചുകൊണ്ടിരുന്ന സുമി ഒന്നും പറഞ്ഞില്ല. ഒരു മാസം മാത്രമേ അവൾക്ക് വെക്കേഷൻ ലഭിക്കൂ. മേയ്മാസം ആരംഭിച്ചാൽ സ്കൂളിൽ ക്ലാസായി. അതിനുമുമ്പെ അവൾക്ക് രണ്ടു പരിപാടികൾ ഉണ്ടായിരുന്നു: ഇഷ്ടപ്പെട്ട നാലഞ്ചു പുസ്തകങ്ങൾ വായിച്ചു തീർക്കണം. പിന്നെ ഒറ്റപ്പാലത്തുള്ള അമ്മായിയുടെ വീട്ടിൽപ്പോയി ഒരാഴ്ച താമസിക്കണം. അവിടെ ഒരു തുള്ളി വെള്ളം പോലുമില്ലാതെ വിശാലമായി നീണ്ടുകിടക്കുന്ന ഒരു മണൽപ്പരപ്പുണ്ട്. അതിന്റെ പേരാണ് ഭാരതപ്പുഴ. വെള്ളമില്ലെങ്കിലും വൈകുന്നേരങ്ങളിൽ പുഴ മണ്ണിൽ അലഞ്ഞുനടക്കുക ഒരു രസമാണ്. നല്ല കാറ്റുണ്ടാകും. രണ്ടു ദിവസമായി രവിച്ചേട്ടനോടു പറയുന്നു, ഒറ്റപ്പാലത്തു കൊണ്ടാക്കാൻ.

വീട്ടിൽ എന്തെങ്കിലും പ്രയാസമുണ്ടായാൽ ആദ്യം പ്രതിഷേധി ക്കുകയും ബഹളംവയ്ക്കുകയും ചെയ്യുക സുമിയാണ്. അച്ഛന്റെ ഇളയ മകളായതിനാൽ അവൾക്കതിനുള്ള സ്വാതന്ത്ര്യവും അവകാശവും കൊച്ചിലേ ലഭിച്ചിട്ടുണ്ട്. ഈ അവകാശം നിർല്ലോഭം ഉപയോഗപ്പെടുത്തി യിരുന്ന സുമി, കറന്റുകട്ടുകൊണ്ടുണ്ടായ പ്രയാസങ്ങളെക്കുറിച്ച്, തികഞ്ഞ മൗനംപാലിച്ചു.

'കറന്റുകട്ട് വന്നതുകൊണ്ട് ഫാക്ടറി അടച്ചു. വീട്ടിലെ മൂപ്പർക്ക് ശമ്പളമില്ല.' അമ്മയോട് നൂറുരൂപ കടം ചോദിക്കാൻ വന്ന വേലക്കാരി അമ്മിണി ഇതു പറഞ്ഞപ്പോഴും സുമി ഒന്നും മിണ്ടിയില്ല. മൗനത്തി നിടയിലും അവൾ ഒരു കാര്യം മനസ്സിലാക്കി: കറന്റുകട്ട് കേരളത്തെ

ആകമാനം ബാധിച്ചിരിക്കുന്നു. വെളിച്ചവും വെള്ളവും ഫാനും ടി.വിയും മാത്രമല്ല, പവർകട്ടുകൊണ്ട് ഇല്ലാതാവുന്നത്. മനുഷ്യന്റെ ഉപജീവന മാർഗവും അത് മുട്ടിച്ചുകളയും. എന്നാൽ ഇതിനുള്ള പരിഹാരം താൻ വിചാരിച്ചാൽ കണ്ടെത്താനാവില്ലല്ലോ എന്നതായിരുന്നു സുമിയുടെ ചിന്ത. പിന്നെ ആരെയെങ്കിലും ശപിക്കുകയോ കുറ്റംപറയുകയോ ചെയ്തിട്ടെന്തുകാര്യം?

കൊടും ചൂടിനും കൊതുകുകടിയ്ക്കുമിടയിലും, തന്റെ പ്രിയപ്പെട്ട മേശവിളക്കിന്റെ വെളിച്ചത്തിലിരുന്ന് സുമി പുസ്തകങ്ങൾ വായിച്ചു. മേശവിളക്കു കത്താൻ മണ്ണെണ്ണ മതി. വീട്ടിലെ പരാതികൾക്കും പ്രശ്ന ങ്ങൾക്കും ആഴമേറിയപ്പോൾ അച്ഛൻ എങ്ങനെയോ കുറേ പണം സംഘ ടിപ്പിച്ച് ഒരു ജനറേറ്റർ വാങ്ങി. അച്ഛൻ മാത്രമല്ല കോളനിയിലെ പല വീട്ടുകാരും ജനറേറ്ററിന്റെ ഉടമസ്ഥരായി. ജനറേറ്റർ പ്രവർത്തി ക്കാനുള്ള മണ്ണെണ്ണ വാങ്ങേണ്ട ചുമതല രവിച്ചേട്ടൻ സന്തോഷത്തോടെ ഏറ്റെടുത്തു. സുഖമായിരുന്ന് ക്രിക്കറ്റുകളി കാണാമല്ലോ. ജനറേറ്റർ വന്നതോടെ വീട്ടിൽ പരമസുഖം. ഫാൻ തിരിഞ്ഞപ്പോൾ മുത്തശ്ശി പല്ലില്ലാത്ത മോണ കാട്ടി മനസ്സുകുളിർക്കെ ചിരിച്ചു. ബൾബ് പ്രകാ ശിച്ചു. മിക്സിയും വാഷിങ് മെഷീനും അനങ്ങാൻ തുടങ്ങിയതോടെ അമ്മയ്ക്കാശ്വാസമായി. അച്ഛൻ ടി.വിക്കു മുന്നിലിരുന്ന് വീണ്ടും ലോകവിവരങ്ങൾ മനസ്സിലാക്കി. ഫാനിനു കീഴിലിരുന്ന് മുത്തശ്ശി വെള്ളെഴുത്തു കണ്ണടവച്ച് വൈകുന്നേരങ്ങളിൽ രാമായണം വായിച്ചു. എന്നാൽ ജനറേറ്റർ വന്ന് വീട്ടിലെ ഇരുട്ടിനും അധാനത്തിനും ശമനമുണ്ടാക്കിയിട്ടും, പൂമുഖത്തോടുതൊട്ടുള്ള മുറിയിൽ ഫാൻ തിരിഞ്ഞില്ല, ട്യൂബ്‌ലൈറ്റ് കത്തിയതുമില്ല. അവിടെ വൈകുന്നേര മായാൽ മേശവിളക്കുതെളിയും. വിളക്കിനു കീഴിൽ തന്റെ പ്രിയപ്പെട്ട നോവലുമായി സുമി ഇരിക്കുന്നുണ്ടാവും. ചൂടുള്ള വൈകുന്നേരങ്ങളിൽ വലിപ്പം കുറഞ്ഞ ആ മുറിയിലിരുന്ന് വായിച്ചിരുന്ന സുമിയുടെ കാതിൽ ജനറേറ്ററിന്റെ ശബ്ദം ഏതോ ഭീകര ജന്തുവിന്റെ അലർച്ചപോലെ വന്നലയ്ക്കുന്നുണ്ടായിരുന്നു.

'ഇത്ര നല്ല കറന്റുണ്ടായിട്ടും ഈ ചൂടത്തിരുന്ന് വായിക്കുന്ന തെന്തിനാ മോളെ. നിനക്ക് ആ പങ്കയൊന്ന് തിരിച്ചിട്ടുകൂടെ. പിന്നെ പിണ്ടിവിളക്കു കത്തിച്ചാൽ നല്ല വെളിച്ചവും കിട്ടും.' സുമിയെ മുത്തശ്ശി പലവട്ടം ഉപദേശിച്ചു.

'വേണ്ട മുത്തശ്ശി, എനിക്കു മണ്ണെണ്ണ വിളക്കുമതി.' മറുപടി ഏതാനും വാക്കുകളിലൊതുക്കി സുമി തന്റെ പുസ്തകത്തിലേക്ക് തിരിച്ചുപോകും.

ഒരു ദിവസം സന്ധ്യയ്ക്ക് സുമിയെക്കാണാൻ അയൽപക്കത്ത് പുതുതായി താമസമാക്കിയ ഒരു പെൺകുട്ടി വന്നു.

'ഏഴാം നമ്പർ വീട്ടിലെ പുതിയ താമസക്കാരിയാണ്. രശ്മിയെ ന്നാണ് പേര്. ഒന്ന് പരിചയപ്പെടാമെന്നുവച്ചു വന്നതാ.' ആ പെൺ കുട്ടി ഒറ്റശ്വാസത്തിൽ സ്വയം പരിചയപ്പെടുത്തി. 'ഇരിയ്ക്ക്.' പുതിയ അയൽ ക്കാരിയെ മുന്നിലുള്ള കസേരയിൽ സുമി സ്നേഹപൂർവ്വം പിടിച്ചിരുത്തി സ്വീകരിച്ചു. ആരുമല്ലാത്ത തന്നെ വീട്ടിൽ വന്നു പരിചയപ്പെടാൻ സന്മനസ്സുകാണിച്ച രശ്മിയെ അവൾ ആപാദചൂഡം വീക്ഷിച്ചു. 'മഴു കുതിരിനാളംപോലെ സുന്ദരിയായ ഇവളുടെ പേര് രശ്മി. എന്തൊരു ചേർച്ച.' താൻ നേരത്തെചെന്ന് രശ്മിയെ പരിചയപ്പെടാത്തതിൽ സുമിക്കു പ്രയാസം തോന്നി. എന്തുചെയ്യാം, വേണ്ടത് വേണ്ടപ്പോൾ തോന്നില്ല. അതു തന്റെ ഒരു ശാപമാണ്.

'പുതിയ താമസക്കാരെ വീട്ടിൽ വന്ന് നേരിട്ടു പരിചയപ്പെടണമെന്നു കരുതിയിരിക്കുകയായിരുന്നു, ഞാൻ.' കുറ്റബോധമകറ്റാൻ വേണ്ടി

സുമി ഒരു ചെറിയ കള്ളം പറഞ്ഞു. 'എവിട്യാ പഠിക്കുന്നത്? അച്ഛനെന്താ ജോലി?' തന്നെ സന്ദർശിക്കാനെത്തിയ പുതിയ അയൽക്കാരിയുടെ വിശേഷങ്ങളറിയാൻ സുമിക്കു തിരക്കായി.

'അച്ഛൻ ഇലക്ട്രിസിറ്റി ബോർഡിൽ എഞ്ചിനീയറാണ്. ഇരിങ്ങാല ക്കുടയാണ് ഞങ്ങളുടെ വീടെന്നുപറയാം. പക്ഷേ നാട്ടിലെല്ലാം ചുറ്റിക്കറങ്ങിയിട്ടാണ് ഇങ്ങോട്ടുള്ള വരവ്. അച്ഛന്, ട്രാൻസ്ഫറായപ്പോൾ ഞാനും അമ്മയും കൂടെ പോന്നു. വിമൻസ് കോളേജിൽ ഫസ്റ്റ് ബി. എസ്സിക്കു ചേർന്നിട്ടുണ്ട്-ഫിസിക്സാണ് പഠിക്കുന്നത്.' രശ്മി തന്നെ ക്കുറിച്ചുള്ള വിശേഷങ്ങളെല്ലാം ചുരുങ്ങിയ വാക്കുകളിൽ അവതരിപ്പിച്ചു. തുറന്ന മനസ്സും ലളിതമായ പെരുമാറ്റവുമുള്ള രശ്മിയോട് സുമിക്ക് വളരെ അടുപ്പം തോന്നി. എന്നാൽ രശ്മിയുടെ കൂസലില്ലായ്മയാണ് അവളെ കൂടുതൽ ആകർഷിച്ചത്. ആദ്യത്തെ ദിവസം തന്നെ അമ്മ യോടും മുത്തശ്ശിയോടുമൊക്കെ എത്ര വേഗത്തിലാണ് രശ്മി ചങ്ങാത്തം സ്ഥാപിച്ചത്. കോളേജിൽ പഠിക്കുന്നതുകൊണ്ടാവണം രശ്മിക്ക് ഇത്ര നന്നായി പെരുമാറാൻ കഴിയുന്നത്. എന്നാൽ പടിഞ്ഞാറെ വീട്ടിലെ പ്രീഡിഗ്രിക്കാരിയായ ഷെർളിയെക്കുറിച്ചോർത്തപ്പോൾ ആ ധാരണ പെട്ടെന്നുതിരുത്തുകയും ചെയ്തു.

സുമിയും രശ്മിയും നഗരത്തെക്കുറിച്ചും തങ്ങൾ ജനിച്ചു വളർന്ന നാട്ടിൻപുറങ്ങളെക്കുറിച്ചും നഗരജീവിതത്തിന്റെ ജാടകളെക്കുറിച്ചു മൊക്കെ തോന്നിയതെല്ലാം സംസാരിച്ചു. ചുരുങ്ങിയ സമയത്തിനുള്ളിൽ പരിചയപ്പെട്ട അവർക്ക് തങ്ങൾ വളരെക്കാലമായി അടുപ്പമുള്ള സുഹൃ ത്തുക്കളാണെന്ന് തോന്നി.

'ഹൗ എന്തൊരുഷ്ണം. കറന്റുള്ളപ്പോൾ ഈ ഫാനൊന്ന് ഓൺ ചെയ്തുകൂടെ. ഞങ്ങളുടെ വീട്ടിൽ ജനറേറ്ററില്ല.' സംഭാഷണത്തിനിട യിൽ രശ്മി പറഞ്ഞു.

'എനിക്ക് അത്ര ഉഷ്ണമൊന്നും തോന്നുന്നില്ല. വേണമെങ്കിൽ നമുക്ക് പുറത്തുപോയിരുന്നു സംസാരിക്കാം' സുമി അല്പം ആശങ്ക യോടെ പറഞ്ഞു.

'എന്തിനാ ഇത്ര ബുദ്ധിമുട്ടുന്നത്. നമുക്ക് ഇവിടെത്തന്നെ ഇരുന്നു സംസാരിക്കാം.' ഇതും പറഞ്ഞ് രശ്മി, മുറിയിലെ ഫാനിന്റേയും ട്യൂബ് ലൈറ്റിന്റേയും സ്വിച്ചുകൾ ഒരുമിച്ച് ഓൺ ചെയ്തു. മുറിയിൽ സുന്ദരമായ കാറ്റും വെളിച്ചവും. ഇതു ചെയ്തത് അച്ഛനോ അമ്മയോ മുത്തശ്ശിയോ ആയിരുന്നെങ്കിൽ, അവരെയൊക്കെ ശകാരിച്ച് സുമി മുറിയിൽ നിന്നോടി പ്പോയേനെ. പക്ഷേ പുതുതായി പരിചയപ്പെട്ട നല്ലവളായ ഒരു കൂട്ടു കാരിയെ 'വാക്ക് ഔട്ട്' നടത്തി എങ്ങനെ ആക്ഷേപിക്കും? പിന്നെ

താനീക്കാണിക്കുന്നത് ഒന്നുകിൽ മണ്ടത്തരം, അല്ലെങ്കിൽ ഭ്രാന്ത്. എന്തായാലും അതിനെ ന്യായീകരിച്ചു മറ്റൊരാളോടെങ്ങനെ സംസാ രിക്കും. യുക്തിക്കിവിടെ യാതൊരു സ്ഥാനവുമില്ല. അച്ഛനേയും അമ്മ യേയുമൊക്കെ ഒരു തരം നിർബന്ധബുദ്ധിയാൽ പിന്തിരിപ്പിക്കുകയാണ് ചെയ്യാറ്. ആ വിദ്യ രശ്മിയോടു നടപ്പില്ല. മാത്രമല്ല, രശ്മി തന്നേക്കാൾ വിവരമുള്ളവളാണ്. അവളെ എന്തെങ്കിലും ചപ്പടാച്ചി പറഞ്ഞ് പറ്റിക്കാ മെന്നു കരുതേണ്ട.

'എനിക്ക് വൈദ്യുതിയെ പേടിയാണ് രശ്മി. അതുകൊണ്ടല്ലേ ജനറേറ്റർ വർക്കു ചെയ്യുമ്പോഴും ഫാനിടാതെയും ബൾബു കത്തി ക്കാതെയും ഈ ഇരുട്ടുമുറിയിൽ ഇരുന്ന് ഉഷ്ണിക്കുന്നത്.' അതീവ സങ്കോചത്തോടെയാണെങ്കിലും സുമി കൂട്ടുകാരിയോട് സത്യം പറഞ്ഞു.

'ഓഹോ, അങ്ങനെയാണോ!' രശ്മി അത്ഭുതത്തോടെ പറഞ്ഞു. 'ഈ നൂറ്റാണ്ടിൽ വൈദ്യുതി ഉണ്ടായിട്ടും അതുപയോഗിക്കാതിരിക്കുന്ന ആളെ ഞാനൊന്നു നന്നായി കാണട്ടെ. വേറെങ്ങും ഇത്തരക്കാരെ കണ്ടെന്നുവരില്ല. കറന്റു കിട്ടാത്തതു കാരണം അതുപയോഗിക്കാൻ കഴിയാത്തവരെ ഞാൻ ധാരാളം കണ്ടിട്ടുണ്ട്. ഞങ്ങളുടെ ഗ്രാമത്തിൽ ത്തന്നെ വീട്ടിൽ കറന്റില്ലാത്തവർ ധാരാളമുണ്ടായിരുന്നു. എന്നാൽ, ഇവിടെ എന്താണൊരു കുറവ്?' ഒരു വിചിത്രജീവിയെ നോക്കുന്നതു പോലെ സുമിയെ നോക്കിക്കൊണ്ട് രശ്മി പറഞ്ഞു: 'നമ്മുടെ പഴയ കാരണവന്മാർ വൈദ്യുതി ഉപയോഗിച്ചിരുന്നില്ല. ഉപയോഗിക്കാൻ പറ്റുന്നവിധം അന്ന് വൈദ്യുതി ഉണ്ടായിരുന്നില്ല. പക്ഷേ ഏതെങ്കിലും വിധത്തിലുള്ള വൈദ്യുതി ഉപയോഗിക്കാതെ, ഒരു ദിവസം പോലും കഴിഞ്ഞുകൂടാൻ ഇന്ന് സാധാരണക്കാർക്കുപോലും പ്രയാസമാണ്. ഭൂമിയുടെ ഏതെങ്കിലും ഭാഗത്തുള്ള കാടന്മാരും ആദിവാസികളു മൊക്കെ വൈദ്യുതി ഉപയോഗിക്കുന്നുണ്ടാവില്ല. അതിനു കാരണം അവർക്കതു ലഭ്യമല്ലാത്തതാണ്. നിന്നെപ്പോലെ എല്ലാ സൗകര്യ ങ്ങളുമുണ്ടായിട്ടും വൈദ്യുതിക്ക് തീണ്ടൽ കൽപ്പിക്കുന്നത് ഒരുമാതിരി ഭ്രാന്താണ്.'

'ആയിരിക്കാം, ഞാൻ വാദിക്കാനും ന്യായീകരിക്കാനും വരു ന്നില്ല. ഇതൊരു 'ഭ്രാന്തു' തന്നെയാണെന്നും സമ്മതിക്കുന്നു. പക്ഷേ കറന്റി നോട് ഇടപെടാൻ എനിക്ക് പേടിയാണ്.' താനെന്തോ തെറ്റ് ചെയ്യുന്ന മട്ടിൽ സുമി പറഞ്ഞു.

'പേടിയാണെന്നൊക്കെപ്പറഞ്ഞാലും നീ വൈദ്യുതി ഉപയോഗി ക്കുന്നുണ്ട്.'

അതെങ്ങനെ എന്ന ഭാവത്തിൽ സുമി രശ്മിയെ നോക്കി.

'നിന്റെ മുന്നിലിരിക്കുന്ന ഈ ടൈംപീസ് ബാറ്ററിയിൽ പ്രവർത്തിക്കു ന്നതല്ലേ; വല്ലപ്പോഴൊരിക്കലെങ്കിലും സുമി ടി.വി. കാണാറില്ലേ, റേഡിയോ കേൾക്കാറില്ലേ, കൂട്ടുകാരികൾക്കു ഫോൺ ചെയ്യാറില്ലേ. ഇവയൊക്കെ വൈദ്യുതികൊണ്ടു പ്രവർത്തിക്കുന്ന ഉപകരണങ്ങളാണ്. ഈ വീട്ടിൽത്തന്നെ കറന്റുകൊണ്ട് പ്രവർത്തിക്കുന്ന എത്ര ഉപകരണ ങ്ങളുണ്ടെന്ന് നീ എണ്ണിനോക്കിയിട്ടുണ്ടോ? ചുരുങ്ങിയത് ഒരു ഡസ നോളം കാണും. എന്തെങ്കിലും ആവശ്യത്തിന് പുറത്തിറങ്ങിയാലും നമുക്ക് വൈദ്യുതിയുടെ സ്വാധീനത്തിൽ നിന്നും മാറിനിൽക്കാൻ കഴിയില്ല. മറ്റെന്തിലുമേറെ വൈദ്യുതിയുടെ ലോകമാണ്, നമ്മുടേത്.'

'രശ്മിച്ചേച്ചി പറയുന്നതെല്ലാം ശരിയാണ്. ഞാനും ഈ ലോകത്തി ലല്ലേ ജീവിക്കുന്നത്. വൈദ്യുതിയുടെ ഉപയോഗം വേണ്ടെന്നുവെച്ചാൽ നമ്മൾ എത്തിച്ചേരുക അപരിഷ്കൃതയുഗത്തിലായിരിക്കും. പക്ഷേ യുക്തിയും യാഥാർത്ഥ്യബോധവും എന്തൊക്കെപ്പറഞ്ഞാലും ഫാനി ന്റേയും ലൈറ്റിന്റേയുമൊക്കെ സ്വിച്ചിടാനും, ടി.വി. ഓൺ ചെയ്യാനും എനിക്കു പേടിയാണ്. ഷോക്കടിക്കുമെന്ന് പേടിച്ച് ഇലക്ട്രിക് അയേൺ ഞാൻ ഉപയോഗിക്കാറേയില്ല. ഇപ്പോഴും അമ്മയാണ് എന്റെ ഉടുപ്പു കളൊക്കെ തേച്ചുതരുന്നത്.'

'എന്താ സുമി നിനക്ക് വൈദ്യുതിയോടിത്ര ഭയം?' രശ്മി

'വൈദ്യുതി ആളെക്കൊല്ലിയാണ് രശ്മിച്ചേച്ചി.'

'എന്താ നീ അങ്ങനെ പറയുന്നത്. വൈദ്യുതി ഉപയോഗിക്കുന്ന വരൊന്നും ചത്തുപോകുന്നില്ലല്ലോ.'

'അതും ശരിയാണ്. പക്ഷേ കുട്ടിക്കാലത്തുണ്ടായ ഒരനുഭവം ഈ ശരികളെയൊക്കെ അംഗീകരിക്കുന്നതിൽനിന്നും എന്നെ പിടിച്ചു മാറ്റുന്നു.'

'എന്നുവച്ചാൽ...' സുമി എന്താണുദ്ദേശിക്കുന്നതെന്ന് പിടികിട്ടാതെ രശ്മി ചോദിച്ചു:

'അത് ഒരു പഴയ കഥയാണ്. ഞാനന്ന് രണ്ടാംക്ലാസ്സിൽ പഠിക്കു കയായിരുന്നു. ഞങ്ങളുടെ അയൽപക്കത്തു താമസിച്ചിരുന്ന ഒരു കുട്ടി യായിരുന്നു ഗംഗാധരൻ. എന്റെ ക്ലാസിൽത്തന്നെയാണ് ഗംഗാധരനും പഠിച്ചിരുന്നത്. സ്കൂളിൽ പോകുന്നതും വരുന്നതുമൊക്കെ ഞങ്ങളൊരു മിച്ചുതന്നെയായിരുന്നു. ഒരു ചെറിയ വയലിന്റെ വ്യത്യാസമേ ഞങ്ങ ളുടെ വീടുകൾ തമ്മിൽ ഉണ്ടായിരുന്നുള്ളൂ. ഒഴിവുസമയങ്ങളിൽ വയലു കടന്ന് ഗംഗാധരൻ ഞങ്ങളുടെ വീട്ടിൽ കളിക്കാൻ വരും.

ഒരുദിവസം വൈകുന്നേരം, വീട്ടിൽനിന്നും കളികഴിഞ്ഞ് ഇറങ്ങി പ്പോയ ഗംഗാധരന്റെ നിലവിളികേട്ടാണ് ഞാൻ പുറത്തുവന്നത്. നോക്കു

മ്പോൾ, അവനുണ്ട് വരമ്പത്തു കിടന്നുപിടയുന്നു. എന്താണ് സംഭവിച്ച തെന്നറിയാതെ ഞാൻ ഉറക്കെ നിലവിളിച്ചു. എന്റെ കരച്ചിൽകേട്ട് പുറത്തുവന്ന അമ്മയും ഏട്ടനും ഓടിച്ചെല്ലുമ്പോഴേക്കും അവന്റെ ശരീരം ചലനമറ്റുകഴിഞ്ഞിരുന്നു.'

'എന്താണ് സംഭവിച്ചത്?' രശ്മി ചോദിച്ചു.

'വയൽവരമ്പത്ത് ഒരു കറന്റുകമ്പി പൊട്ടി വീണുകിടന്നിരുന്നു. കമ്പി കെട്ടിയിരുന്ന ഇലക്ട്രിക്പോസ്റ്റ് ഒടിഞ്ഞുവീണതായിരുന്നു അതിനു കാരണം. വീണുകിടക്കുന്ന കമ്പിയിൽ ചവിട്ടിയാൽ എന്താണ് സംഭവി ക്കുക എന്നു തിരിച്ചറിയാനുള്ള ബോധം കുട്ടിയായ ഗംഗാധരനുണ്ടായി രുന്നില്ല. കമ്പിയിൽ കറന്റുണ്ടെന്നും അതിന്മേൽ തൊട്ടാൽ ഷോക്കടിക്കു മെന്നും അവൻ ധരിച്ചിരിക്കില്ല. ഗംഗാധരൻ ഷോക്കടിച്ച് മരിച്ചു കിടക്കുന്ന ആ രംഗം ഇന്നലെ സംഭവിച്ചതുപോലെ എന്റെ ഓർമയിൽ തങ്ങിനിൽക്കുന്നു. വെളുത്തു സുന്ദരക്കുട്ടനായിരുന്ന ഗംഗാധരന്റെ ശരീരം ഷോക്കേറ്റ് കരുവാളിച്ച് വികൃതമായിക്കഴിഞ്ഞിരുന്നു. റോഡരികിലെ പോസ്റ്റിൽ വലിച്ചുകെട്ടിയിട്ടുള്ള കറന്റുകമ്പി കാണുമ്പോഴൊക്കെ എനിക്കോർമ്മ വരിക ഗംഗാധരന്റെ കരിഞ്ഞുകിടക്കുന്ന രൂപമാണ്. വൈകുന്നേരം ലൈറ്റിന്റെ സ്വിച്ചിടാൻ കൈയുയർത്തുമ്പോൾ, 'സുമീ അരുത്. കറന്റ് ആളെക്കൊല്ലിയാണ്' എന്ന് ഗംഗാധരൻ വന്ന് വിലക്കു ന്നതായി എനിക്കു തോന്നും. അവൻ പിടഞ്ഞുമരിക്കുന്നത് നേരിൽ കണ്ട എനിക്ക് വൈദ്യുതിയോടുള്ള ഭയം എത്ര ശ്രമിച്ചിട്ടും മാറ്റാൻ കഴിയുന്നില്ല. ഫാനിന്റെ സ്വിച്ചിട്ടാൽ ഷോക്കടിക്കുമെന്നാണ് എന്റെ പേടി.'

'ഇതൊക്കെ നിന്റെ ഒരുതരം തോന്നലുകളാണ്. ഞാൻ ലൈറ്റും ഫാനും ഓൺ ചെയ്യുന്നത് നീ കണ്ടതല്ലേ. എനിക്കെന്തെങ്കിലും സംഭവിച്ചോ? നിന്റെ കൂട്ടുകാരനായ ഗംഗാധരൻ ഷോക്കേറ്റു മരിച്ചത് നേരു തന്നെ. ഇതുപോലെ ഷോക്കേറ്റ് പലർക്കും അപകടം സംഭവി ക്കുന്നുണ്ട്. ഇടിമിന്നലേറ്റ് ആളുകൾ ചാവുന്നില്ലേ. പക്ഷേ ഇതെല്ലാം വല്ലപ്പോഴുമൊരിക്കൽ സംഭവിക്കുന്ന കാര്യങ്ങളാണ്. ബസ്സു മറിഞ്ഞ് ആളുകൾ കൂട്ടത്തോടെ മരിച്ച വിവരം റേഡിയോവിൽ കേട്ടുകഴിഞ്ഞാണ് നാം സ്കൂളിലോ കോളേജിലോ പോവാൻ വേണ്ടി തിരക്കുള്ള ബസ്സിന കത്തേക്ക് തള്ളിക്കയറുന്നത്. തീവണ്ടി മറിഞ്ഞ് നൂറുകണക്കിനാളുകൾ മരിച്ചുവെന്നു കേട്ടിട്ടും നാം ട്രെയിൻയാത്ര വേണ്ടെന്നുവെയ്ക്കു ന്നുണ്ടോ? സുമീ, വൈദ്യുതിയെക്കുറിച്ച് നിനക്കുള്ള ഭയം അടിസ്ഥാന മില്ലാത്തതാണ്. ചിലപ്പോഴൊക്കെ, ഷോക്കടിക്കുമെന്ന് വച്ച്, വൈദ്യു തിയെ ആശ്രയിക്കാതെ നമുക്കു ജീവിക്കാൻ പ്രയാസമാണ്. നോക്ക്, നീ കൈയിൽ കെട്ടിയിരിക്കുന്ന വാച്ച് പ്രവർത്തിക്കുന്നത് കറന്റു

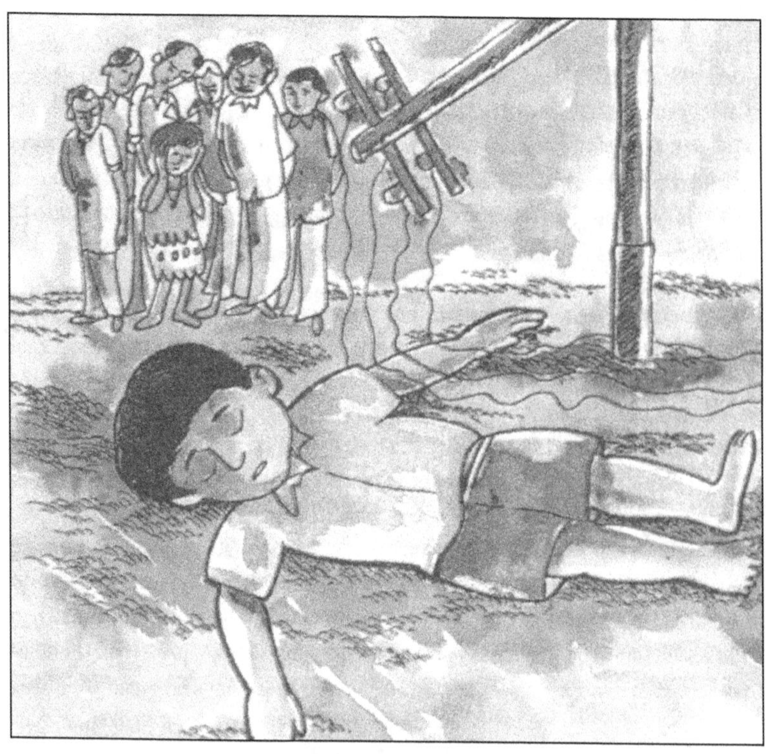

കൊണ്ടാണ്. നിന്റെ മേശപ്പുറത്തിരിക്കുന്ന ചെറിയ കാൽക്കുലേറ്ററും വൈദ്യുതി കൊണ്ടാണ് പ്രവർത്തിക്കുന്നത്.'

'അതൊക്കെ ബാറ്ററിയല്ലേ, ബാറ്ററിയിൽനിന്നും ഷോക്കുണ്ടാവില്ല.' സുമി.

'അങ്ങനെ അവകാശപ്പെടേണ്ട, ബാറ്ററിയിൽനിന്നും ഷോക്കുണ്ടാ ക്കാനുള്ള മാർഗങ്ങളൊക്കെയുണ്ട്. പക്ഷേ ഒരു കാര്യം ഓർക്കണം:

ആകസ്മികമായുണ്ടാകുന്ന ചില സംഭവങ്ങളുടെ അടിസ്ഥാന ത്തിൽ നാം ഒന്നിനേയും ഭയപ്പെടരുത്, വെറുക്കാനും പാടില്ല. അതിന്റെ ദോഷകരവും അപകടകരവുമായ വശം മനസ്സിലാക്കി, അതു പരിഹരി ക്കുകയേ നിവൃത്തിയുള്ളൂ. അല്ലാതെ ഒരിക്കൽ അപകടമുണ്ടാക്കിയ തിനെ തീരെ ഉപേക്ഷിക്കുകയല്ല വേണ്ടത്. പ്രത്യേകിച്ചും വൈദ്യുതിയെ. പവർകട്ടു കൊണ്ടുണ്ടായ വിഷമം നാം ഇപ്പോൾ അനുഭവിച്ചുകൊണ്ടിരി ക്കയാണല്ലോ. ചില രാജ്യങ്ങളിൽ പവർകട്ടുണ്ടായാൽ ജീവിതമാകെ നിശ്ചലമായിപ്പോകും. വൈദ്യുതിയോടുള്ള വിരോധം നീ ഒരു മാനസിക

രോഗമാക്കി വളർത്തിയെടുത്തിരിക്കയാണ്. അതു മാറ്റണം; രശ്മി കൂട്ടു കാരിയെ ഉപദേശിച്ചു.

ഇതൊക്കെ അച്ഛനും അമ്മയും മുത്തശ്ശിയും പലവട്ടം പറഞ്ഞി ട്ടുള്ളതാണ്. അന്നൊന്നും യാതൊരു വിട്ടുവീഴ്ചയ്ക്കും തയ്യാറാവാ തിരുന്ന സുമിക്ക് രശ്മി പറയുന്നതിൽ കാര്യമുണ്ടെന്നു തോന്നി. പക്ഷേ ഈ ഭയം മനസ്സിൽനിന്നൊഴിവാക്കേണ്ടത് എങ്ങനെയാണെന്ന് അവൾ ക്കിനിയും പിടികിട്ടിയില്ല.

'സുമീ, വൈദ്യുതിയെ ഭയപ്പെടുന്നത് വെറും വിവരക്കേടാണ്. മനുഷ്യന് ശാസ്ത്രം നൽകിയ മഹത്തായ സംഭാവനയാണ് വൈദ്യുതി ഉപയോഗിക്കാനുള്ള കഴിവ്. ഇതിനോടു താരതമ്യപ്പെടുത്താവുന്ന മറ്റു വല്ലതുമുണ്ടെങ്കിൽ അത് കൃഷിയുടേയും തീയിന്റേയും ചക്രത്തിന്റേയും കണ്ടുപിടിത്തങ്ങളാണ്. ഇരുമ്പിന്റെ കണ്ടുപിടിത്തവും ഉപയോഗവും അക്കൂട്ടത്തിൽപ്പെടുത്തേണ്ട മറ്റൊന്നാണ്. വെറുതെ ഒന്നാലോചിച്ചു നോക്കൂ, ഇവയൊന്നുമില്ലെങ്കിൽ നമ്മുടെ ജീവിതം എങ്ങനെയിരിക്കു മെന്ന്; രശ്മി ചോദിച്ചു.

'കൃഷി ചെയ്തില്ലെങ്കിൽ പട്ടിണികിടന്നു ചാവും. പക്ഷേ കറന്റി ല്ലെങ്കിൽ അങ്ങനെയൊരവസ്ഥ ഉണ്ടാകുമോ?' വൈദ്യുതിയോടുള്ള വിരോധം മനസ്സിൽനിന്നും ഇനിയും വിട്ടുമാറിയിട്ടില്ലാത്ത സുമിയുടെ സംശയം. 'നാം ഇന്ത്യാക്കാർ വളരെക്കുറച്ചു വൈദ്യുതി മാത്രമേ ഉപയോഗിക്കുന്നുള്ളൂ. നമ്മുടെ രാജ്യത്തുള്ള അനേകം ഗ്രാമങ്ങളിൽ ഇപ്പോഴും ജീവിതം പഴയമട്ടിലാണ് നീങ്ങുന്നത്. പക്ഷേ, അമേരിക്ക, യൂറോപ്പ്, ജപ്പാൻ മുതലായ പരിഷ്കൃതരാജ്യങ്ങളിലെ സ്ഥിതി അതല്ല. അവർ കായികവും ബുദ്ധിപരവുമായ ഒട്ടനേകം കാര്യങ്ങൾക്ക് വൈദ്യുതിയെ ആശ്രയിക്കുന്നു. വൈദ്യുതിയുടെ വമ്പിച്ച ഉപയോഗം കൊണ്ടാണ് ഈ രാജ്യങ്ങൾ പുരോഗമിച്ചതെന്നു വേണമെങ്കിൽ പറയാം. ഞാൻ നേരത്തെ സൂചിപ്പിച്ചതുപോലെ വൈദ്യുതിയുടെ വിതരണം അരമണിക്കൂർ നിലച്ചാൽ മതി, ഇവിടങ്ങളിൽ ജീവിതമാകെ സ്ഥംഭിക്കും. നമ്മുടെ രാജ്യവും കൂടുതൽ കൂടുതൽ വൈദ്യുതി ഉപയോഗിച്ച് പുരോഗമിക്കാനുള്ള ശ്രമത്തിലാണ്.'

'ആരാണ് ചേച്ചി, ഈ വൈദ്യുതി കണ്ടുപിടിച്ചത്?' അതു കണ്ടു പിടിച്ചവനെ നേരിൽക്കണ്ടാൽ രണ്ടടി വെച്ചുകൊടുക്കണമെന്നുള്ള ഭാവത്തോടെ സുമി ചോദിച്ചു.

'വൈദ്യുതി എവിടെയുമുണ്ട്. നീ വിചാരിക്കുന്നതുപോലെ ഏതെ ങ്കിലുമൊരാളുടെ കണ്ടുപിടിത്തമല്ല, വൈദ്യുതി. അനേകം ശാസ്ത്ര ജ്ഞന്മാരുടെ ശ്രമഫലമായിട്ടാണ് ഇന്നത്തെ നിലയിൽ പലതരം

ആവശ്യങ്ങൾക്കായി വൈദ്യുതി ഉപയോഗിക്കാൻ നമുക്കു കഴിയുന്നത്. അവർ നടത്തിയ കണ്ടുപിടിത്തങ്ങൾ നൂറ്റാണ്ടുകളിലായി വ്യാപിച്ചു കിടക്കുന്നു. പല രാജ്യങ്ങളിൽ നിന്നാണ് ഇതുണ്ടായത്. ഈ കണ്ടു പിടിത്തങ്ങളെല്ലാം എങ്ങനെ സംഭവിച്ചെന്നു മനസ്സിലാക്കിയാലേ വൈദ്യുതിയെക്കുറിച്ചുള്ള നമ്മുടെ അറിവ് പൂർത്തിയാവൂ. കറന്റിനെ ക്കുറിച്ചു വേണ്ടത്ര അറിവില്ലാത്തതു കൊണ്ടാണ് നിനക്ക് അതിനോടിത്ര ഭയം. ഭയമില്ലാതാക്കാനുള്ള മാർഗം അറിവുണ്ടാക്കുകയാണ്. ഇരുട്ടിൽ കിടക്കുന്ന കയറിൻ കഷണം പാമ്പാണെന്നു തെറ്റിദ്ധരിച്ച് നാം പേടി ച്ചോടുന്നു. വെളിച്ചത്തിൽ അതു കയറാണെന്നു തിരിച്ചറിയുമ്പോഴാ കട്ടെ, നമ്മുടെ ഭയം മാറിക്കിട്ടുന്നു. വൈദ്യുതിയെക്കുറിച്ച് നിനക്കുള്ള ഭയം മാറാൻ ഒരൊറ്റ മാർഗമേയുള്ളൂ. അതെന്താണെന്നും എങ്ങനെ പ്രവർത്തിക്കുന്നുവെന്നും മനസ്സിലാക്കുക, കഴിയുമെങ്കിൽ നേരിട്ടു തന്നെ.'

'വൈദ്യുതിയോടുള്ള വിരോധം കാരണം ഞാൻ ഫിസിക്സ് ക്ലാസു തന്നെ ശ്രദ്ധിക്കാറില്ല.' സുമി പറഞ്ഞു.

'അതാണ് നിനക്കുപറ്റുന്ന തെറ്റ്. ഒരു സംഗതിയെക്കുറിച്ചുള്ള വിരോധം മാറ്റാൻ അതിനെക്കുറിച്ച് കൂടുതൽ മനസ്സിലാക്കുകയാണ് വേണ്ടത്. അല്ലാതെ ഒളിച്ചോടുകയല്ല.'

'അതെങ്ങനെ സാധിക്കും?' രശ്മി പറയുന്നതിൽ കാര്യമുണ്ടെന്നു ബോധ്യമായ സുമി ചോദിച്ചു.

'അതിനു വഴിയുണ്ടാക്കാം. കറന്റിനെക്കുറിച്ച് നിനക്കുള്ള പേടി യൊന്നു മാറ്റണം. പക്ഷേ ഉടൻ ഒരു യാത്രയ്ക്കു തയ്യാറായിക്കൊള്ളു.'

'യാത്രയ്ക്കോ. വൈദ്യുതിയെക്കുറിച്ചു പഠിക്കാൻ നാം എങ്ങോ ട്ടാണു പോകേണ്ടത്; രശ്മിച്ചേച്ചിയുടെ കോളേജിലേക്കോ. അയ്യോ ഞാനില്ല.'

'കോളേജിലേക്കൊന്നുമല്ല നമ്മുടെ യാത്ര. കാലത്തിൽക്കൂടി പുറകിലേക്ക്. രണ്ടായിരത്തഞ്ഞൂറു വർഷം പുറകിലേക്ക്. അതൊരു രസകരമായ യാത്രയാണ്.' രശ്മി കൂട്ടുകാരിയെ പ്രോത്സാഹിപ്പിച്ചു.

2 അതാ നിന്റെ തലയിൽ വൈദ്യുതി

രശ്മിയുമായി പരിചയപ്പെട്ടതിനുശേഷം സുമി ഒരു നല്ല കുട്ടിയാ യെന്നാണ് മുത്തശ്ശി പറയുന്നത്. ഏതു കാര്യത്തിനും പിടിവാശിയും ശുണ്ഠിയുമൊക്കെ കാണിച്ചിരുന്ന അവൾ ഇപ്പോൾ കുറേക്കൂടി സൗമ്യ യായിട്ടുണ്ടെന്ന് അമ്മയും കരുതുന്നു. സുമിയെ മെരുക്കിയെടുത്തത് രശ്മിയാണെന്നാണ് അമ്മയുടെ അഭിപ്രായം. അതുകൊണ്ടു തന്നെ യാകാം, അമ്മയ്ക്ക് രശ്മിയോട് വാത്സല്യത്തേക്കാളേറെ രഹസ്യമായി നന്ദിയുമുണ്ടായിരുന്നു. പക്ഷേ ഈ മെരുക്കിയെടുക്കലിന് ഒരു ദോഷ വശം കൂടിയുണ്ടായി. സ്കൂളുവിട്ടു വന്നാൽ നേരെ പുസ്തകങ്ങളിൽ ആണ്ടുമുങ്ങിയിരുന്ന സുമിയെ ഇപ്പോൾ അപൂർവ്വമായേ വീട്ടിൽക്കാണാ റുള്ളൂ. കാപ്പികുടി കഴിഞ്ഞാൽ അവൾ കുത്തനെ രശ്മിച്ചേച്ചിയുടെ വീട്ടിലേക്കോടും. പിന്നെ വൈകുന്നേരമേ തിരിച്ചുവരൂ. രശ്മിയുടെ വീട്ടിൽ നല്ല സൗകര്യമാണ്. അവളും അച്ഛനും അമ്മയും മാത്രമേ വീട്ടി ലുള്ളൂ. അച്ഛൻ ജോലിക്കുപോയാൽ രാത്രിയായേ മടങ്ങൂ. വീടിന്റെ മുകളിലത്തെ നില രശ്മിയുടെ സാമ്രാജ്യമാണ്. അവിടെ രണ്ടു മുറി കളുള്ളതിൽ ഒന്ന് രശ്മിയുടെ കിടപ്പുമുറി. രണ്ടാമത്തേത് അവളുടെ വായനമുറി. അതിനെ വർക്ക്ഷോപ്പ് എന്നാണ് രശ്മി വിളിക്കുന്നത്. എന്താണ് വായനമുറിക്ക് വർക്ക്ഷോപ്പ് എന്ന പേർ കൊടുത്തിരിക്കുന്ന തെന്ന് സുമി ഒരിക്കൽ രശ്മിയോടാരാഞ്ഞു. വായനയ്ക്കു പുറമെ അവൾ അവിടെവെച്ച് ചില പരീക്ഷണങ്ങളൊക്കെ നടത്തുന്നുണ്ട്. അതിനുവേണ്ട ഉപകരണങ്ങളും വസ്തുക്കളുമൊക്കെ ഒരു മേശ പ്പുറത്തു ചിതറിക്കിടക്കുന്നു. സ്വന്തമായി ഉണ്ടാക്കിയ ഒരു മോട്ടോറും ഇലക്ട്രിക്ബെല്ലും രശ്മി സുമിക്കു കാണിച്ചു കൊടുത്തു. അതെങ്ങനെ യാണ് ഉണ്ടാക്കുകയെന്ന് വിശദീകരിക്കുകയും ചെയ്തു. ഒരു ബലൂൺ

പാവയെ സ്വന്തമായി നിർമ്മിക്കണമെന്ന് സുമി തീരുമാനിച്ചിരിക്കയാണ്. വായനയും പ്രവർത്തനവും – അതിനിടയിൽ സൊറ പറച്ചിലും. ആകെ ക്കൂടി രശ്മിയുടെ ജീവിതം സുമിക്ക് ഇഷ്ടപ്പെട്ടു. അമ്മ വഴക്കുപറയു മെന്നു പേടിച്ചാണ് അവൾ ഏഴുമണിയായാൽ വീട്ടിലേക്കോടുന്നത്. അല്ലെങ്കിൽ രശ്മിയുടെ കൂടെ രാത്രിയും താമസിച്ചേനെ.

അന്നൊരു ശനിയാഴ്ചയായിരുന്നു. ഹോംവർക്കെല്ലാം നേരത്തെ ചെയ്തുവെച്ച് സുമി രശ്മിയുടെ വീട്ടിലേക്കു നടന്നു. മുറിയിലേക്കോടി വന്ന സുമിയെ ആപാദചൂഡം വീക്ഷിച്ചുകൊണ്ട് രശ്മി ചോദിച്ചു: 'എന്താ സുമി തലമുടി ചീകാതെ ഇങ്ങനെ പ്രാന്തത്തീടെ മട്ടിൽ നടക്കുന്നത്? പെങ്കുട്ട്യോളായാൽ കുളിച്ചൊരുങ്ങി ഇത്തിരി ഭംഗീലൊക്കെ വേണ്ടെ പുറത്തിറങ്ങാൻ.'

'ഞാൻ തലമുടി നന്നായി ചീകിയതാണ്. ഇങ്ങോട്ടു വരുമ്പോൾ കാറ്റത്ത് ഒക്കെ പാറിപ്പറന്നു. തലയിൽ അഴുക്കുണ്ടെന്ന് അമ്മ പറഞ്ഞ പ്പോൾ നല്ലപോലെ ഷാമ്പൂതേച്ച് ഒന്നു കുളിച്ചു. എണ്ണമയം പോയതു കൊണ്ടാ തലമുടി ഇങ്ങനെ അനുസരണക്കേട് കാണിക്കുന്നത്. സാര മില്ല. എങ്ങനെവന്നാലും രശ്മിച്ചേച്ചീടെ അടുത്തേക്കല്ലേ വരുന്നത്.'

'അതൊന്നും പറ്റില്ല.' കൃത്രിമമായി ഗൗരവം നടിച്ചുകൊണ്ട് രശ്മി പറഞ്ഞു: 'ഇവിടെ വരുമ്പോൾ തലമുടിയൊക്കെ ചീകി പൊട്ടുതൊട്ട് നല്ല സുന്ദരിക്കുട്ടിയായി വരണം. ആട്ടെ ഒരു ചീപ്പെടുത്ത് നിന്റെ തല നന്നായി ചീക്.' സുമിയുടെ കൈയിൽ ഒരു പ്ലാസ്റ്റിക് ചീപ്പെടുത്തു കൊടുത്തുകൊണ്ട് രശ്മി പറഞ്ഞു: 'ദാ, ആ കണ്ണാടിയുടെ മുന്നിൽ ച്ചെന്നുനിന്ന് മുടിനന്നായി ചീകിയൊതുക്ക്. ഇങ്ങനെ അശ്രദ്ധമായി നടക്കാൻ പാടുണ്ടോ പെൺകുട്ട്യോള്?'

ചുമരിനടുത്തുള്ള മേശയുടെ അടുത്തേക്ക് മുടിചീകാൻ പോയ സുമിയെ രശ്മി അനുഗമിച്ചു. ഡ്രസ്സിങ് ടേബിളിനു മുകളിൽ കിടന്നി രുന്ന ഒരു കടലാസുകക്ഷണം അശ്രദ്ധമായി കീറിമുറിച്ചുകൊണ്ട് അവൾ സുമി മുടി ചീകുന്നതും നോക്കിനിന്നു. മുടി തൃപ്തികരമാം വണ്ണം ചീകി ചീപ്പ് മേശപ്പുറത്തുവെയ്ക്കാൻ തുടങ്ങിയ സുമിയോട് രശ്മിയുടെ നിർദ്ദേശം: 'വരട്ടെ' ചീപ്പു താഴെവെയ്ക്കല്ലേ. നിന്റെ കൈയിലുള്ള ചീപ്പിന്റെ അറ്റം പതുക്കെപ്പതുക്കെ ഈ കടലാസു കഷണത്തിനടു ത്തേക്കു കൊണ്ടുവാ. ചീപ്പു കൊണ്ട് കടലാസിനെ തൊടരുത്. അടുത്തു കൊണ്ടുവരാനേ പാടുള്ളൂ.' സുമി അതു പോലെ ചെയ്തു.

'ആഹാ, ഇതെന്താ ഈ കടലാസ് കഷണം ഓടിവന്ന് ചീപ്പിന്മേൽ ഒട്ടിപ്പിടിച്ചത്?' സുമി ചോദിച്ചു.

'അങ്ങനെ സംഭവിച്ചോ? എവിടെ, കാണട്ടെ' രശ്മി നോക്കുമ്പോൾ കടലാസുക ഷണം ചീപ്പിന്മേൽ പറ്റിയിരി ക്കുകയായിരുന്നു. കുറച്ചു നേരം കഴിഞ്ഞപ്പോൾ അതു താഴെ വീണു.

എന്താ സംഭവിച്ചതെ ന്നറിയില്ല. ചീപ്പുകൊണ്ട് നീ ഒന്നുകൂടി നന്നായി തല ചീകി നോക്യേ. എന്നിട്ട് കട ലാസിനടുത്തുകൊണ്ടുപോ. എന്തു സംഭവിക്കുമെന്ന റിയാമല്ലോ.' സുമി രശ്മി പറഞ്ഞതുപോലെ തന്നെ ചെയ്തു. ഇത്തവണ, ചീപ്പ് പൂർവ്വാധികം ശക്തിയോടെ കടലാസു കഷണത്തെ ആകർഷിച്ചു. സുമിയുടെ കണ്ണിൽ അമ്പരപ്പ്: 'ഈ ചീപ്പിനെന്തുപറ്റി?' അവൾ ചോദിച്ചു.

'ചീപ്പിനൊന്നും പറ്റിയതല്ല. തകരാറ് നിന്റെ തലയ്ക്കാണ്. നിന്റെ തലയിൽ വൈദ്യുതിയുണ്ട്. തല ചീകിയപ്പോൾ കുറെ വൈദ്യുതി ചീപ്പിലേക്കു കടന്നു. അതിനും വൈദ്യുതചാർജുണ്ടായി എന്നർത്ഥം. അതു കൊണ്ടാണ് ചീപ്പ് കടലാസിനെ ആകർഷിച്ചത്.'

'എന്റെ തലയിൽ വൈദ്യുതിയോ. എന്തസംബന്ധമാണ് ചേച്ചി പറയുന്നത്?' സുമി പരിഭ്രമത്തോടെ ചോദിച്ചു.

'അസംബന്ധമൊന്നുമല്ല. ഞാൻ നിന്നോടു പറഞ്ഞില്ലേ, നിന്റെ തലയടക്കം എല്ലാ വസ്തുക്കളിലും വൈദ്യുതിയുണ്ടെന്ന്. സന്ദർഭം കിട്ടിയാൽ അതു പുറത്തുവരും. തലമുടിയെ ചീപ്പുകൊണ്ട് ഉരസിയത്, വൈദ്യുതിക്ക് ചീപ്പിലേക്കു പ്രവേശിക്കാൻ ഒരു സന്ദർഭമായിരുന്നു. ഇപ്രകാരം ചീപ്പിലേക്കുകടന്ന വൈദ്യുതിയാണ് കടലാസിനേയും നൂൽക്ഷണത്തേയുമൊക്കെ ആകർഷിച്ചത്.' രശ്മി കൂട്ടുകാരിക്ക് സംഗതി വിവരിച്ചുകൊടുത്തു.

'കോളേജിലാണ് പഠിക്കുന്നതെന്നുവച്ച് രശ്മിച്ചേച്ചി എന്നെ മക്കാറാക്കുകയൊന്നും വേണ്ട. വൈദ്യുതിയെ പേടിയാണെന്നുവെച്ച് അതെന്താണെന്നറിയാനുള്ള വിവരം എനിക്കില്ലെന്നു ധരിക്കരുത്. ചീപ്പ് കടലാസിനെ ആകർഷിക്കുന്നുവെന്നത് ശരിതന്നെ. പക്ഷേ അതെങ്ങനെ വൈദ്യുതിയാകും? ആകർഷണശക്തി കാന്തത്തിനല്ലേ ഉള്ളത്? വിളക്കു തെളിയിക്കുകയും ഫാൻ തിരിക്കുകയും മോട്ടോർ

നടത്തുകയുമൊക്കെയല്ലേ വൈദ്യുതിയുടെ പണി. അല്ലാതെ കണ്ട കടലാസിനേയും തുണിയേയുമൊക്കെ ആകർഷിക്കുന്നപണി വൈദ്യുതിയ്ക്കാരാണ് നൽകിയത്? ഇതു വിശ്വസിക്കാൻ ഞാനത്ര പൊട്ടിയൊന്നുമല്ല.' സുമിയുടെ സ്വരം പരുഷവും മുഖഭാവം ഗൗരവ പൂർണവുമായിരുന്നു.

അവളുടെ നിഷ്കളങ്കമായ അരിശംകണ്ട് രശ്മി ചോദിച്ചു. 'ഇപ്പോൾ സുമിയെ കാണാൻ എന്തുഭംഗിയാണ്. ഇനി കൂടെക്കൂടെ ഇങ്ങനെ അരിശം വരുത്തണം, കേട്ടോ. പക്ഷേ ഒന്നു ധരിക്കണം: നിന്നെ കളി യാക്കാൻ വേണ്ടിയായിരുന്നില്ല ഞാനിതു പറഞ്ഞത്. വൈദ്യുതിയുടെ ചില ഗുണങ്ങളൊക്കെ നീ എടുത്തുപറഞ്ഞു. അക്കൂട്ടത്തിൽ നീ പറയാത്ത ഒന്നാണ് ഇവിടെ കണ്ടത്.'

'കാന്തത്തിനല്ലേ ചേച്ചി വസ്തുക്കളെ ആകർഷിക്കാൻ കഴിയൂ. എന്റെ കയ്യിൽ ശക്തിയുള്ള ഒരു കാന്തമുണ്ടായിരുന്നു. അതുപയോഗിച്ച് ഞാൻ മണ്ണിലുള്ള ഇരുമ്പുതരികളേയും ആണികളേയുമൊക്കെ ആകർഷിച്ചെടുക്കുമായിരുന്നു. ആ കാന്തം എന്റെ കൈയിൽ നിന്നും നഷ്ടപ്പെട്ടു.' സുമി പറഞ്ഞു.

'കാന്തത്തിന് ആകർഷണമുണ്ടെന്നതു ശരി. ചില സന്ദർഭങ്ങളിൽ വൈദ്യുതിക്കും വസ്തുക്കളെ ആകർഷിക്കാൻ കഴിയും. കാന്തതയെ ക്കുറിച്ചും വൈദ്യുതിയെക്കുറിച്ചും കൂടുതൽ അറിയുമ്പോൾ നിനക്ക് ഇക്കാര്യം ബോധ്യമായിക്കൊള്ളും.' രശ്മി.

'പക്ഷേ എനിക്കിപ്പോഴും മനസ്സിലാകാത്ത ഒരു സംഗതിയുണ്ട്: എന്തുകൊണ്ടാണ് പ്ലാസ്റ്റിക്കുകൊണ്ടുള്ള ഒരു ചീപ്പ് കടലാസിനെ ആകർഷിച്ചത്? അതും തലയിൽ ഉരസുമ്പോൾമാത്രം ആകർഷിക്കുന്നു. ഉരസാത്ത ചീപ്പെടുത്തു കടലാസിൽക്കാണിച്ചാൽ, ഇതാ ഇതുകണ്ടോ, ഒരാകർഷണവുമില്ല.' മേശപ്പുറത്തു കിടന്നിരുന്ന മറ്റൊരു ചീർപ്പെടുത്ത് കടലാസുകഷണത്തിനുനേരെ കൊണ്ടു വന്നുകൊണ്ട് സുമി ചോദിച്ചു.

'നിന്റെ ചോദ്യത്തിനുള്ള ശരിയായ ഉത്തരം നമുക്കിന്നറിയാം. വൈദ്യുതിയെക്കുറിച്ചുള്ള ഏതു പാഠ്യപുസ്തകമെടുത്തുനോക്കിയാലും അതു കണ്ടുകിട്ടിയേക്കാം. പക്ഷേ ചോദ്യത്തിനുള്ള ഉത്തരം ആരെ ങ്കിലും പറഞ്ഞുതരുന്നതുകൊണ്ട് വലിയ പ്രയോജനമില്ല. വല്ല പരീക്ഷ പാസ്സാവാനേ അതുപകരിക്കൂ. നമുക്ക് അതുമാത്രമല്ല ആവശ്യം. നീ ചോദിച്ചമാതിരിയുള്ള ചോദ്യങ്ങൾ മറ്റുപലരും ചോദിച്ചിട്ടുണ്ട്. ഇതിനുള്ള ഉത്തരം ഏതു സാഹചര്യത്തിൽ എങ്ങനെ കണ്ടെത്തിയെന്നാണ് നമുക്ക റിയേണ്ടത്. അതുകൊണ്ടേ ശാസ്ത്രമെന്താണെന്ന് മനസ്സിലാക്കാൻ നമുക്കു കഴിയൂ. നീ ചോദിച്ച അതേ സംശയം ആദ്യം ഉന്നയിച്ച ആൾ

പണ്ടു പണ്ട് അതായത് 2500 വർഷം മുമ്പ് ഗ്രീസിൽ ജീവിച്ചിരുന്ന ഒരു തത്ത്വജ്ഞാനിയായിരുന്നു. ഏഷ്യാമൈനറിലുള്ള മെലിറ്റസ് എന്ന സ്ഥലത്ത് ക്രിസ്തു ജനിക്കുന്നതിന് 600 വർഷം മുമ്പാണ് അദ്ദേഹം ജീവിച്ചത്. അക്കാലത്ത് മെലിറ്റസ് ഗ്രീസിന്റെ ഭാഗമായിരുന്നു. പുരാതന ഗ്രീക്കുകാർ ശാസ്ത്രത്തിന്റെ പിതാവായി കണക്കാക്കിയ ഈ തത്ത്വ ജ്ഞാനിയുടെ പേർ ഥെയിലിസ്. ഥെയിലിസ് ഒരു ഗണിത ശാസ്ത്ര ജ്ഞൻകൂടിയായിരുന്നു. ഏതു സാഹചര്യത്തിലാണ് ഥെയിലിസ് ഈ ചോദ്യത്തിനുത്തരമന്വേഷിച്ചതെന്ന് നമുക്കൊന്നു പരിശോധിക്കാം.

നാം പ്ലാസ്റ്റിക്കുകൊണ്ട് ഇവിടെ നടത്തിയ പരീക്ഷണം ഥെയിലിസ് ആമ്പർ എന്ന പദാർത്ഥമുപയോഗിച്ചാണ് നടത്തിയത്. ആമ്പർ എന്നത് അൽപ്പം മഞ്ഞകലർന്ന് തവിട്ടുനിറത്തിലുള്ള ഒരു പശ ഉറച്ചുണ്ടായ പദാർഥമാണ്. ബോധപൂർവ്വം ആമ്പർ ഉപയോഗിച്ച് ഒരു ശാസ്ത്ര പരീക്ഷണം നടത്തുകയായിരുന്നില്ല, ഥെയിലിസ്. തീരെ അപ്രതീക്ഷിത മായി അദ്ദേഹത്തിനുണ്ടായിരുന്ന ഒരനുഭവമായിരുന്നു അത്. ചുറ്റുപാടും കാണുന്ന വസ്തുക്കളേയും പദാർഥങ്ങളേയും പ്രതിഭാസങ്ങളേയും താത്പര്യപൂർവ്വം നിരീക്ഷിക്കുകയും അവയിൽക്കാണുന്ന പ്രത്യേക തകൾ ശ്രദ്ധാപൂർവ്വം കുറിച്ചുവെയ്ക്കുകയും ചെയ്യുന്ന പതിവ്, ശാസ്ത്ര മനസ്സുള്ള ഒരു വ്യക്തിയെന്നനിലയിൽ ഥെയിലിസിനുണ്ടായിരുന്നു. വസ്തുക്കളെക്കുറിച്ച് കൂടുതൽ മനസ്സിലാക്കണമെന്നു തോന്നുമ്പോൾ, ചില പരീക്ഷണങ്ങൾ നടത്തുന്ന പതിവും അദ്ദേഹത്തിനുണ്ടായിരി ക്കണം. അതുകൊണ്ടുതന്നെ ഥെയിലിസിന്റെ മേശപ്പുറം താൻ ശേഖരിച്ച

പലതരം വസ്തുക്കൾ കൊണ്ടു നിറഞ്ഞിരുന്നു. അടുക്കും ചിട്ടയും മില്ലാതെ മേശപ്പുറത്തുകിടന്ന പല വസ്തുക്കളുടെ കൂട്ടത്തിൽ പൊടിപിടിച്ച ഒരു ആമ്പർ ക്ഷണം അദ്ദേഹത്തിന്റെ ശ്രദ്ധ യിൽപ്പെട്ടു. നിറംമങ്ങിക്കിടന്നി രുന്ന ആമ്പർക്ഷണമെടുത്ത് അദ്ദേഹം തന്റെ കമ്പിളിക്കുപ്പായ ത്തിന്മേൽ ഒന്നു തുടച്ചുവൃത്തി യാക്കി വീണ്ടും മേശപ്പുറത്തു വച്ചു. അപ്പോൾ തീരെ അപ്രതീ ക്ഷിതമായ മട്ടിൽ ഒരു സംഭവ മുണ്ടായി: ആമ്പറിനടുത്തു കിട ന്നിരുന്ന ഒരു ചെറിയ മരച്ചീൾ പാഞ്ഞു ചെന്ന് അതിന്മേൽ പറ്റി

ഫെയിലിസ്

പ്പിടിച്ചു. പതിവില്ലാത്ത ഈ അനുഭവം ഫെയിലിസിനെ അത്ഭുത പ്പെടുത്തി. അബദ്ധവശാൽ സംഭവിച്ചതാണെന്നുകരുതി, ഫെയിലിസ് ആമ്പർ ക്ഷണം വീണ്ടുമെടുത്ത് തന്റെ കമ്പിളിയുടുപ്പിൽ നല്ലപോലെ ഒന്നു രണ്ടുതവണ ഉരസി അതിരുന്ന സ്ഥാനത്തുവെച്ചു. തൊട്ടടുത്തു ണ്ടായിരുന്ന മരച്ചീള് അതാ വീണ്ടും ആമ്പറിനാലാകർഷിക്കപ്പെട്ട് അതിനടുത്തേക്കു പാഞ്ഞുവരുന്നു. മരച്ചീളിനു പകരം കനം കുറഞ്ഞ കടലാസുകക്ഷണം, തൂവൽ, ഉണങ്ങിയ പുൽനാമ്പുകൾ എന്നിവ ഉപയോഗിച്ച് അദ്ദേഹം പരീക്ഷണം ആവർത്തിച്ചു. എല്ലായ്പ്പോഴും ഫലം ഒന്നുതന്നെ. പിന്നീട് കമ്പിളിയിൽ ഉരസാതെ ഫെയിലിസ് ആമ്പറിനെ മരച്ചീളിന്റേയും ആമ്പറിന്റേയും, പുൽനാമ്പിന്റേയുമൊക്കെ അരികിലേക്കു കൊണ്ടുവന്നു നോക്കി. അറിയാലോ, എന്തു സംഭവി ക്കുമെന്ന്. ഒന്നും സംഭവിച്ചില്ല. ഇവയിലൊന്നും തന്നെ ഉരസാത്ത ആമ്പറിനാൽ ആകർഷിക്കപ്പെട്ടില്ല. ഇതിനർത്ഥം ഘർഷണത്തിനു വിധേയമല്ലാത്ത ആമ്പറിന് മറ്റു പദാർത്ഥങ്ങളെ ആകർഷിക്കാൻ കഴിയില്ലെന്നതാണെന്ന് അദ്ദേഹം മനസ്സിലാക്കി. കമ്പിളിയിൽ ഉരസു മ്പോൾ, മറ്റു വസ്തുക്കളെ ആകർഷിക്കാനുള്ള കഴിവ് ആമ്പറിന് എങ്ങനെ ലഭിക്കുന്നു? കമ്പിളിയിൽ ഉരസാത്തപ്പോൾ അതിന് ആകർഷണ ശക്തി ഇല്ലാത്തതെന്തു കൊണ്ട്? ആകസ്മികമായുണ്ടായ ഒരനുഭവത്തെ ത്തുടർന്ന് ഇമ്മാതിരി പല സംശയങ്ങളും പ്രശ്നങ്ങളും ഫെയിലിസിന്റെ സ്വസ്ഥത നശിപ്പിച്ചു. കണ്ണിൽ കരടുപോയാലെന്നതുപോലെ ഒരനുഭവം.

ശാസ്ത്രജ്ഞന്മാരെ സംബന്ധിച്ചിടത്തോളം ഇതൊരു നിത്യാനുഭവമാണ്. ഒരു പ്രശ്നം ശ്രദ്ധയിൽപ്പെട്ടാൽ, അതു മനസ്സിൽത്തട്ടിയാൽ, പിന്നെ അതിന് ഉത്തരം കണ്ടെത്താതെ യാതൊരു സ്വസ്ഥതയും ഉണ്ടാവില്ല. ഫെയിലിസ് പലതും ഊഹിച്ചു. അക്കാലത്ത് ഇരുമ്പിനെ ആകർഷിക്കാൻ കഴിവുള്ള ഒരു പദാർത്ഥത്തെക്കുറിച്ച് ആളുകൾ ക്കറിവുണ്ടായിരുന്നു. കാന്തക്കല്ല് എന്ന പേരുള്ള ഈ സാധനം ഇരുമ്പിന്റെ ഒരു ധാതുവായിരുന്നു. ഇതു കണ്ടുപിടിച്ചത് മാഗ്നെസ് എന്ന ഒരു ഇടയനാണ്. അതും യാദൃച്ഛികമായി ഉണ്ടായ ഒരനുഭവത്തിൽ നിന്ന്. ആട്ടിടയനായ മാഗ്നസ് കൈയിലുള്ള ഇരുമ്പു വടിയും കുത്തി പ്പിടിച്ച് ഒരു കുന്നു കയറുകയായിരുന്നു. അതിനിടയിൽ വിചിത്രമായ ഒരനുഭവം. താൻ പാറയിൽ ഊന്നിയ ഇരുമ്പുവടി വലിച്ചെടുക്കാൻ പറ്റുന്നില്ല. അതുകൊണ്ട് അത് അവിടെ കുത്തനെ നിൽക്കുന്നു! വളരെ പാടുപെട്ടാണ് മാഗ്നസ് പാറയിൽ നിന്നും ഇരുമ്പു വടിയെ വേർപെടു ത്തിയെടുത്ത്. ഇങ്ങനെ ഇരുമ്പിനെ ആകർഷിക്കാൻ കഴിവുള്ള ഒരു പാറ അയാൾ കണ്ടുപിടിച്ചു. ഇങ്ങനെയുള്ള ഒരു പാറയുണ്ടെന്ന വിവരം അതിവേഗത്തിൽ വ്യാപിച്ചു.

ഇത് പല സ്ഥലത്തും ഉണ്ടായിരുന്നു. ഇടയനായ മാഗ്നസ് അതിനെ ആദ്യം തിരിച്ചറിഞ്ഞതു കൊണ്ടായിരിക്കണം, ഈ ധാതുവിന്

മാഗ്നറ്റേറ്റ് എന്നു പേർ ലഭിച്ചത്. ഇരുമ്പിന്റെ ഒരു ധാതുവായ ഇതിന് ഇരുമ്പിനെ ആകർഷിക്കാൻ കഴിയുമെന്നു മാത്രമല്ല, സ്വതന്ത്രമായി കെട്ടിത്തൂക്കിയാൽ തെക്കുവടക്കു ദിശയിൽ നിൽക്കാനും കഴിയുമായിരുന്നു. ഇക്കാരണത്താൽ അതിനെ 'ലോഡ്സ്റ്റോൺ' എന്നും വിളിച്ചു വന്നു. ലോഡ് സ്റ്റോൺ എന്ന പേരിൽ പിന്നീടറിയപ്പെട്ട കാന്ത ക്കല്ലിനെക്കുറിച്ച് ഫെയിലിസിന് അറിവുണ്ടായിരുന്നു. ഒരു വസ്തു വിന്മേലും ഉരസാതെ തന്നെ അത് ശക്തിയായി ഇരുമ്പിനെ ആകർ

മാഗ്നസ്

ഷിക്കും. ആകർഷണം സ്ഥിരമായി നിൽക്കുകയും ചെയ്യും. എന്നാൽ കാന്തക്കല്ലിന്റേയും ആമ്പറിന്റേയും ആകർഷണങ്ങൾ തമ്മിൽ ചില വ്യത്യാസങ്ങൾ ഉള്ളതായി അദ്ദേഹം കണ്ടെത്തിയതായി ഞാൻ നേരത്തെ പറഞ്ഞുവല്ലോ. കാന്തക്കല്ല് ഇരുമ്പിനെ മാത്രമേ ആകർ ഷിക്കൂ. അതിനെ ഉരസുകയൊന്നും വേണ്ട. പക്ഷേ ഉരസിയാലും ഇല്ലെങ്കിലും ആമ്പറിനും കാന്തക്കല്ലിനും തമ്മിൽ ഒരു കാര്യത്തിൽ സാമ്യമുണ്ടായിരുന്നു: വസ്തുക്കളെ ആകർഷിക്കാനുള്ള കഴിവിൽ. ആ കഴിവിനാണ് ഫെയിലിസ് കൂടുതൽ പ്രാധാന്യം കൽപ്പിച്ചത്. അതു കൊണ്ടുതന്നെ, കാന്തശക്തിയോടു സാമ്യമുള്ള ഏതോ ശക്തിയായി രിക്കണം വസ്തുക്കളെ ആകർഷിക്കാൻ ആമ്പറിനെ പ്രാപ്തമാക്കു ന്നതും എന്ന് അദ്ദേഹം വിശ്വസിച്ചു. അന്നത്തെ സാഹചര്യത്തിൽ തന്റെ ഊഹം തെറ്റാണോ ശരിയാണോ എന്നു തെളിയിക്കാനുള്ള ഒരു മാർഗവും ഫെയിലിസിന്റെ മുന്നിലുണ്ടായിരുന്നില്ല. എന്നാൽ, ഒരു ശാസ്ത്രകാരനെന്ന നിലയിൽ അദ്ദേഹം ഒരു കാര്യം ചെയ്തു: താൻ അനുഭവിച്ചതും പരീക്ഷിച്ചറിഞ്ഞതും, ഊഹിച്ചതുമായ കാര്യങ്ങൾ അദ്ദേഹം കൃത്യമായും സത്യസന്ധമായും എഴുതിവച്ചു. സ്വന്തം ഊഹ ങ്ങൾ തെളിയിക്കാനോ സംശയങ്ങൾക്ക് ഉത്തരം കണ്ടെത്താനോ കഴിഞ്ഞില്ലെങ്കിലും, വൈദ്യുതിയെക്കുറിച്ചു കൂടുതൽ വിവരങ്ങൾ അന്വേഷിച്ചറിയാനും കണ്ടുപിടിക്കാനുമുള്ള പ്രവർത്തനങ്ങൾക്ക്, ആരംഭം കുറിക്കുകയായിരുന്നു ഫെയിലിസ് തന്റെ ആമ്പർപരീക്ഷണ ത്തിൽക്കൂടി ചെയ്തുവച്ചത്.'

'ഫെയിലിസിന്റെ കഥ പറഞ്ഞെങ്കിലും രശ്മിച്ചേച്ചി എന്റെ സംശയ ങ്ങൾക്കുത്തരം പറഞ്ഞില്ലല്ലോ. കഥയിൽനിന്നും എനിക്കു മനസ്സി ലായത് ഫെയിലിസിന്റെ ഊഹവും എന്റെ ഊഹവും ഒന്നുതന്നെ യാണെന്നാണ്.' സുമി പറഞ്ഞു.

'വരട്ടെ. അങ്ങനെ സാമ്യം കാണാൻ ധൃതികൂട്ടുന്നതിനുമുമ്പ് ഫെയി ലിസ് നടത്തിയ പരീക്ഷണം നമുക്ക് മറ്റൊരു രീതിയിൽ ചെയ്തു നോക്കാം. വേറെ എന്തെങ്കിലും ഉത്തരം ഈ ചോദ്യത്തിനു ലഭിക്കുമോ എന്നറിയണമെങ്കിൽ പരീക്ഷിച്ചുനോക്കിയാലല്ലേ പറ്റൂ.' രശ്മിയുടെ നിർദ്ദേശം.

'എന്തു പരീക്ഷണമാണു ചെയ്യേണ്ടത്? ഷോക്കടിക്കുന്ന വല്ലതു മാണോ?' സുമിയിൽ പഴയ ഭയം തലപൊക്കി.

'അങ്ങനെ പേടിക്കയൊന്നും വേണ്ട. വളരെ ലളിതമായ ഒരു പരീക്ഷണം. പക്ഷേ ഒരു വ്യവസ്ഥ. പരീക്ഷണത്തിന്റെ വിശദാംശ ങ്ങളൊക്കെ ഞാൻ പറഞ്ഞു തരാം. പക്ഷേ ചെയ്തുനോക്കേണ്ടത് നീ തന്നെയാണ്. പരീക്ഷണത്തിൽനിന്ന് അനുഭവപ്പെട്ട സംഗതികളെല്ലാം ഒന്നൊഴിയാതെ കുറിച്ചുവെയ്ക്കുകയും വേണം. സമ്മതിച്ചോ?' രശ്മി ചോദിച്ചു.

'ശ്രമിക്കാം. പക്ഷേ സംശയം വന്നാൽ ചേച്ചിസഹായിക്കണം, എന്നെ കുഴപ്പത്തിലാക്കരുത്.' സുമി ഒരു പിൻബലത്തിനുവേണ്ടി ചോദിച്ചു.

'അതുണ്ടാവില്ലെന്നു നിനക്കു തോന്നുന്നുണ്ടോ. പക്ഷേ നീ ചെയ്യേ ണ്ടത് നീ തന്നെ ചെയ്തേപറ്റൂ. അക്കാര്യത്തിൽ യാതൊരു വിട്ടുവീഴ്ച യുമില്ല.'

പരീക്ഷണം – 1

ആവശ്യമുള്ള ഉപകരണങ്ങൾ

1. ഒരു പ്ലാസ്റ്റിക് ചീപ്പ്
2. ഒരു കഷണം ടിഷ്യൂപേപ്പർ
3. കമ്പിളിക്കഷണം/മഫ്ളർ
4. കത്രിക
5. സ്കെയിൽ

ടിഷ്യൂപേപ്പറിന് കനം കുറവുണ്ട്. അതുകൊണ്ടാണ് ടിഷ്യൂപേപ്പർ തന്നെ വേണമെന്ന് പറയുന്നത്. സാധാരണ കടലാസുപയോഗിക്കരുത്.

1. ഏകദേശം 10 സെ.മീ നീളവും അതിന്റെ ഇരട്ടി വീതിയുമുള്ള ഒരു കഷണം ടിഷ്യൂപേപ്പറെടുക്കുക.

2. കത്രിക ഉപയോഗിച്ച് അത് ചെറിയ കഷണങ്ങളാക്കി മുറി ക്കുക. കഷണങ്ങൾ പരസ്പരം വേർപെട്ടുപോകും മട്ടിൽ മുഴുവൻ മുറിക്കരുത്.

3. ചീപ്പ് കമ്പിളിക്കഷണത്തിലോ മഫ്ളറിലോ നല്ലപോലെ ഉരസുക.

4. ഒരു കൈയിൽ ടിഷ്യുപേപ്പറിന്റെ മുറിക്കാത്ത അറ്റംപിടിച്ച് മറ്റേ കൈ കൊണ്ട് ചീപ്പ് അതിന്റെ മുറി ഞ്ഞ ഭാഗത്തേക്ക് മെല്ലെ കൊണ്ടു വരിക.

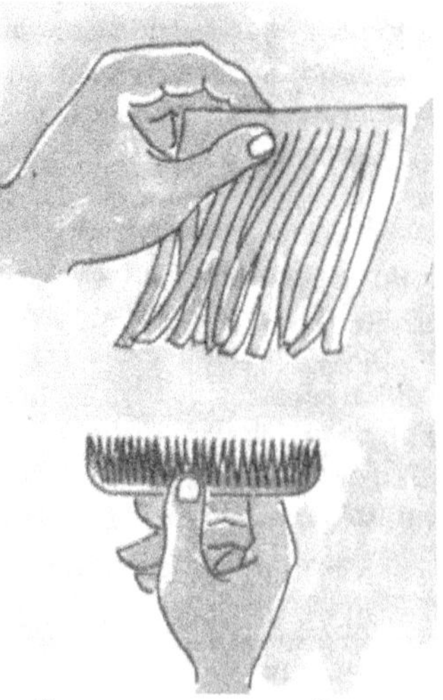

ചീപ്പുകൊണ്ടൊരു പരീക്ഷണം

എന്തുസംഭവിക്കുന്നുവെന്ന് നിരീ ക്ഷിച്ച് എഴുതിവെയ്ക്കുക. പരീക്ഷണ ത്തിൽനിന്നു ലഭിക്കുന്ന നിഗമന ങ്ങളും കുറിച്ചുവെയ്ക്കണം.

പിറ്റേദിവസം സ്കൂൾ വിട്ടുവന്ന് കാപ്പികുടിയും കഴിഞ്ഞ് സുമി രശ്മിയുടെ വീട്ടിലേക്കോടി. അവളുടെ കൈയിൽ താൻ പരീക്ഷണം നടത്താനുപയോഗിച്ച ടിഷ്യുപേപ്പറും ചീപ്പുമുണ്ടായിരുന്നു.

'എന്തു സംഭവിച്ചു സുമി?' തിടുക്കത്തിൽ കയറിവന്ന അവളെ കണ്ട് രശ്മി ചോദിച്ചു.

'നല്ല റിസൽട്ട്. ടിഷ്യുപേപ്പർകഷണങ്ങൾ മത്സരിച്ചല്ലേ ചീപ്പിനടു ത്തേക്കു നീങ്ങുന്നത്. കാണാൻനല്ല രസം. ഇതാ ഇതുകണ്ടോ.' അവൾ രശ്മിയുടെ മുന്നിൽവച്ച് താൻ ചെയ്ത പരീക്ഷണം ആവർത്തിച്ചു. ഇത്തവണ അവൾ ചീപ്പ് തലയിൽ ഉരസുകയാണ് ചെയ്തത്. എണ്ണമയ മില്ലാത്ത തലമുടിയാണെങ്കിൽ തലയിൽ ഉരസിയാലും മതി എന്ന് രശ്മി അവളോടു പറഞ്ഞിരുന്നു.

'മിടുക്കി, വേണമെന്നുവച്ചാൽ ചിലതുചെയ്യാൻ നിനക്കു കഴിയും.' രശ്മി അവളെ അഭിനന്ദിച്ചു.

'അഭിനന്ദിച്ചതുകൊണ്ടായില്ല. തലയിലോ കമ്പിളിയിലോ ഉരസിയ ചീപ്പ് ടിഷ്യുപേപ്പർകഷണങ്ങളെ ഇത്ര നന്നായി ആകർഷിക്കുന്നതെന്തു കൊണ്ടാണ്? അതു മനസ്സിലാക്കാൻ എനിക്കു കഴിഞ്ഞില്ല. ഫെയിലിസ് പറഞ്ഞതുപോലെ കാന്തത്തിന്റേതുപോലുള്ള ഒരാകർഷണം എന്നേ കുറിച്ചിടാൻ തോന്നിയുള്ളൂ.' അതു പോലെ കുറച്ചുനേരം ആകർഷിച്ചു

29

കഴിഞ്ഞാൽ ടിഷ്യുപേപ്പർ കഷണങ്ങൾ ചീർപ്പിനടുത്തേക്ക് വരാതിരിക്കു ന്നതിന്റെ കാരണവും മനസ്സിലായില്ല. ഇതിനർത്ഥം, ചീപ്പിന്റെ ആകർഷ ണശക്തി കാന്തത്തിന്റേതുപോലെ സ്ഥിരമായി നിൽക്കുന്നില്ല എന്നല്ലേ? അതിന്റെയും കാരണമറിയണം.'

'ഇതേ സംശയങ്ങൾതന്നെയായിരുന്നു ഗെയിലിസിനുമുണ്ടായി രുന്നത്. തന്റെ പരീക്ഷണങ്ങളും നിരീക്ഷണാനുഭവങ്ങളും അദ്ദേഹം ഒരു ശാസ്ത്രജ്ഞന്റെ ചിട്ടയോടെ വിശദമായികുറിച്ചുവച്ചിരുന്നെങ്കിലും ആരും അത് ശ്രദ്ധിക്കാനുണ്ടായിരുന്നില്ല. ഏകദേശം രണ്ടായിരം കൊല്ല ത്തോളം അദ്ദേഹത്തിന്റെ നിരീക്ഷണങ്ങളും ഊഹങ്ങളും കടലാസിൽ ത്തന്നെ കിടന്നു. പക്ഷേ നീണ്ട ഒരു കാലഘട്ടത്തിനുശേഷം ഗെയിലി സിന്റെ സംശയങ്ങൾക്കുള്ള ഉത്തരം കണ്ടുപിടിക്കപ്പെട്ടു. പറയുന്നതിനേ ക്കാൾ നല്ലത്, എങ്ങനെ അതു സാധിച്ചു എന്ന് നേരിട്ട് മനസ്സിലാക്കുക യല്ലേ. നാം ഇപ്പോൾ 2500 വർഷം പിറകിലാണ്. കാലത്തിൽക്കൂടി കുറച്ചുകൂടി മുമ്പോട്ടുപോകാം നമുക്ക്.' രശ്മി പറഞ്ഞു.

3 ഏതാണ് വടക്ക്?

"ഏതാണ് വടക്ക്?'

ഒരു ദിവസം വെറുതെ മുറിയിലിരുന്നു സൊള്ളുമ്പോൾ സുമി ചോദിച്ചു. 'എന്താ നീ ചോദിച്ചത്? ഏതാണ് വടക്കെന്നോ. തെക്കും വടക്കും തിരിയാത്ത പൊട്ടിയാണ് ഞാനെന്ന് നീ ധരിച്ചോ? കളിയാ ക്കുന്നതിനും ഒരു പരിധിയൊക്കെ വേണം.' രശ്മി പരിഭവത്തോടെ പറഞ്ഞു.

'പിണങ്ങല്ലേ, ചേച്ചി. ഞാൻ പരിഹസിക്കുകയല്ല. യഥാർത്ഥത്തിൽ വടക്കേതാണെന്ന് എനിക്കിപ്പോഴും അറിഞ്ഞുകൂടാ. ആരോടെങ്കിലും പറയാൻപറ്റുമോ ഇത്. രശ്മിച്ചേച്ചിയോടായതുകൊണ്ട് ചോദിച്ചു പോയതാണ്' രശ്മിയെ വേദനിപ്പിച്ചതിലുള്ള പ്രയാസത്തോടെ സുമി പറഞ്ഞു.

'നീ എത്ര വർഷമായി ഈ നഗരത്തിൽ താമസം തുടങ്ങിയിട്ട്?'

'അഞ്ചുവർഷം. പക്ഷേ പറഞ്ഞിട്ടെന്തുകാര്യം. ഇപ്പോഴും ഇവിടെ തെക്കും വടക്കുമേതാണെന്ന് എനിക്ക് പെട്ടെന്നു പറയാൻ കഴിയില്ല. സൂര്യനുദിക്കുന്നത് കിഴക്കാണെന്നും കടൽ പടിഞ്ഞാറുഭാഗത്താ ണെന്നും അറിയാം. പക്ഷേ ശംഖുമുഖംബീച്ച് നഗരത്തിന്റെ വടക്കുഭാഗ ത്താണെന്നാണ് അങ്ങോട്ടു പോകുമ്പോഴൊക്കെ എനിക്കു തോന്നാറ്. അതുപോലെ സൂര്യനുദിക്കുന്നത് വീടിന്റെ വടക്കുഭാഗത്താണെന്നും തോന്നിപ്പോകുന്നു. വാസ്തവമതല്ലെങ്കിലും തോന്നൽ മാറുന്നില്ല.'

സുമിയോടു ശുണ്ഠിയെടുത്തതിൽ രശ്മിക്കു പ്രയാസം തോന്നി. അവൾ തന്നെ മക്കാറാക്കുകയല്ലെന്ന് ബോധ്യമായപ്പോൾ രശ്മി പറഞ്ഞു: 'നീ പറഞ്ഞത് ശരിയാണ്. രണ്ടുമാസമായില്ലേ ഞാൻ ഈ

വീട്ടിൽ താമസം തുടങ്ങിയിട്ട്. എനിക്കും ശരിക്കു ദിക്കുപിടികിട്ടുന്നില്ല. കോളേജിലേക്കു പോകേണ്ട വഴി അറിയാമെന്നു മാത്രം. പിന്നെ സൂര്യനു ദിക്കുന്നത് കിഴക്കാണെന്ന ധാരണയോടെ ആവശ്യം വന്നാൽ ദിശയേതാ ണെന്ന് തീരുമാനിക്കും. അത്രതന്നെ. പരിചയമുള്ള എന്തിനേയെങ്കിലും അടിസ്ഥാനമാക്കി മാത്രമേ നമുക്ക് ദിക്കു നിർണ്ണയിക്കാനാവൂ. പുറം കടലിൽപ്പെട്ടുപോയ ആളുകൾക്ക് രാത്രിയിൽ ഒരു ദിക്കും നിശ്ചയി ക്കാനാവില്ല. ചില ഉപകരണങ്ങളുടെ സഹായത്തോടെയാണവർ ദിശ കണ്ടുപിടിക്കുന്നത്.'

'ദിശ കണ്ടുപിടിക്കാൻ ഉപകരണങ്ങളോ?'

സുമി അൽപ്പം അത്ഭുതത്തോടെതന്നെ ചോദിച്ചു.

'ഒമ്പതാംക്ലാസിൽ പഠിക്കുന്ന നീ കോമ്പസ്സിനെപ്പറ്റി കേട്ടിട്ടി ല്ലെന്നോ. എന്തൊരു പഠിപ്പാണിത്? നാം മലയാളത്തിൽ അതിനെ വടക്കുനോക്കിയന്ത്രം എന്നു വിളിക്കുന്നു.' രശ്മി മേശതുറന്ന് ഒരു ചെറിയ കണ്ണാടിച്ചെപ്പ് പുറത്തെടുത്തു. അതിനുള്ളിൽ സ്വതന്ത്രമായി തിരിയാൻ കഴിയുമാറ് ഒരു കാന്തസൂചി സ്ഥാപിച്ചിട്ടുണ്ട്. കോംപസ് മേശപ്പുറത്തുവച്ച് രശ്മി പറഞ്ഞു:

'ദാ, നോക്ക്, ഇതിനകത്തെ കാന്തസൂചി N എന്ന് അടയാളപ്പെടു ത്തിയിരിക്കുന്ന ഭാഗം ഉത്തരധ്രുവമാണ്. S എന്നെഴുതിയത് ദക്ഷിണ ധ്രുവവും. N എന്നെഴുതിയ ഭാഗം എങ്ങോട്ടാണ് തിരിഞ്ഞു നിൽക്കു ന്നത്, അതാ, അതാണ് വടക്ക്.'

'ആഹാ, കിഴക്കാണെന്നല്ലേ ഞാനിതുവരെ ധരിച്ചിരുന്നത്. കോംപ സ്സിനു നമ്മളേക്കാളും വിവരമുണ്ടല്ലോ.'

'തീരുമാനിക്കാൻ വരട്ടെ.' കണ്ണാടിപ്പെട്ടി മറ്റൊരു ദിശയിലേക്ക് തിരിച്ചു വെച്ചുകൊണ്ട് രശ്മി തുടർന്നു: 'ഇപ്പോൾ കാന്തസൂചിയുടെ ഉത്തരധ്രുവം വേറൊരു ദിശയിലല്ലേ? എന്തു സംഭവിക്കുമെന്ന് നോക്കി ക്കോളൂ. കണ്ടോ അത് വീണ്ടും വടക്കോട്ടുതന്നെ തിരിഞ്ഞുനിൽക്കു ന്നത്. സ്വതന്ത്രമായി ചലിക്കാൻ കഴിയുന്ന കാന്തസൂചിയെ എങ്ങോട്ട് തിരിച്ചാലും അതിന്റെ ഉത്തരധ്രുവം വടക്കോട്ടുതന്നെ ചൂണ്ടിനിൽക്കും. ഇതുപോലുള്ള ഒരുപകരണത്തിന്റെ പരിഷ്കൃതരൂപം ഉപയോഗിച്ചാണ് പണ്ടുകാലത്ത് പായ്ക്കപ്പലിൽ സമുദ്രസഞ്ചാരം നടത്തിയിരുന്ന നാവികർ ദിക്കു കണ്ടുപിടിച്ചിരുന്നത്.'

'അതിന് അന്ന് കോംപസോ കാന്തസൂചിയോ ഉണ്ടായിരുന്നുവോ?' സുമിയുടെ സംശയം.

'നീ പറഞ്ഞത് ശരിയാണ്. മാഗ്നസ് ആകസ്മികമായി കണ്ടെത്തിയ കാന്തക്കല്ലിനെക്കുറിച്ച് ഥെയിലിസിന്റെ കാലശേഷം ഏറെ പഠനങ്ങ

ളൊന്നും നടന്നില്ല. കേവലം ഒരു കൗതുകവസ്തുവായേ ആളുകൾ അതിനെ കണക്കാക്കിയിരുന്നുള്ളൂ. കാന്തക്കല്ലിന്റെ നീളത്തിലുള്ള ഒരു കഷണം സ്വതന്ത്രമായി ചലിക്കാവുന്നവിധം കെട്ടിത്തൂക്കിയിട്ടാൽ, നമ്മുടെ കോംപസ്സിലെ കാന്തസൂചിയെപ്പോലെ അതു തെക്കുവടക്കു ദിശയിൽ വന്നുനിൽക്കുമെന്നതിനെക്കുറിച്ചും അന്നത്തെ പണ്ഡിതന്മാർ ക്കൊരു പരിഗണനയുണ്ടായിരുന്നില്ല. ഫെയിലിസിന്റെ കാലശേഷം മുന്നൂറുവർഷങ്ങൾക്കു ശേഷമാണ്, കാന്തക്കല്ലിന്റെ ഈ പ്രത്യേക സ്വഭാവം കൊണ്ട് വലിയ പ്രയോജനമുണ്ടെന്ന് മനസ്സിലാക്കപ്പെടുന്നത്. അത് കണ്ടറിഞ്ഞവർ ഗ്രീക്കുകാരായിരുന്നില്ല. ഗ്രീസിൽനിന്നും വളരെ അകലെക്കിടക്കുന്ന ചൈനയിലെ സൈന്യാധിപന്മാരായിരുന്നു. ആദ്യ മായി ദിശ കണ്ടുപിടിക്കാൻ കാന്തക്കല്ല് പ്രയോജനപ്പെടുത്തിയത് ഫെയിലിസിനുശേഷം 300 വർഷം കഴിഞ്ഞ് ചൈന ഭരിച്ചിരുന്ന ഹാൻ വംശ രാജാക്കന്മാരുടെ സേനാധിപന്മാരായിരുന്നു. യുദ്ധരംഗത്ത് അവരിത് സമർത്ഥമായി ഉപയോഗപ്പെടുത്തി. എങ്ങനെ തിരിച്ചാലും തെക്കുവടക്കുദിശയിൽ വന്നുനിൽക്കുന്ന ഈ കല്ലുപയോഗിച്ച് ചില ജാലവിദ്യക്കാർ കാണികളെ അത്ഭുതപ്പെടുത്തിയിരുന്നു.

എന്നാൽ ദിശ കണ്ടെത്താൻ കാന്തക്കല്ലുപയോഗിക്കുന്ന വിദ്യ ഏറെക്കാലം ചൈനയിൽ മാത്രമായി ഒതുങ്ങിനിന്നു. ക്രിസ്തുവിനു ശേഷം പതിമൂന്നാം നൂറ്റാണ്ടായപ്പോഴേക്കും വടക്കുനോക്കിയന്ത്രമുണ്ടാ ക്കാൻ ഈ കാന്തക്കല്ലുപയോഗിക്കുക എന്ന പതിവിൽ മാറ്റം വന്നു. എവിടെയും സുലഭമായി ലഭിക്കുന്ന ഒരു പദാർത്ഥമല്ലല്ലോ കാന്തക്കല്ല്. പക്ഷേ തിരിയിൽനിന്ന് പന്തം കൊളുത്തുന്നതുപോലെ കാന്തക്കല്ലു പയോഗിച്ച് ഉരുക്കുകൊണ്ടുള്ള ധാരാളം സ്ഥിരകാന്തങ്ങളുണ്ടാ ക്കാമെന്ന് അവർ മനസ്സിലാക്കി. ഒരു ഉരുക്കുകമ്പിയോ സൂചിയോ ഒരേ ദിശയിൽ കുറെനേരം ഒരു കാന്തക്കല്ലിൽ ഉരസിയാൽ അതും കാന്തമായി മാറും. അതിന്റെ കാന്തശക്തി സ്ഥിരമായി നിലനിൽക്കുമെന്നും അവർ മനസ്സിലാക്കി. പിന്നീട് 'ലോഡ് സ്റ്റോൺ' എന്ന സ്ഥാനം കാന്ത ക്കല്ലിന് നഷ്ടപ്പെടുമാറ്, ഇത്തരം കാന്തസൂചികളായി വടക്കുനോക്കി യന്ത്ര ത്തിന്റെ മുഖ്യഭാഗങ്ങൾ. കാന്തക്കല്ലിൽ ഉരസി അവ എത്രയെണ്ണം വേണമെങ്കിലും നിർമ്മിക്കാമായിരുന്നു. കാന്തക്കല്ലിൽ മാത്രമല്ല സ്ഥിരമായി കാന്തശക്തി ലഭിച്ച ഒരു ഉരുക്കുകഷ്ണത്തിൽ മറ്റൊരു ഉരുക്കുസൂചി ഉരസിയാലും, അതു കാന്തമായിമാറും. യുദ്ധാവശ്യ ങ്ങൾക്കു മാത്രമല്ല, സമുദ്രസഞ്ചാരത്തിനിടയിൽ, ദിശ കണ്ടെത്താനും കോംപസ്സുകൾ ഉപയോഗപ്പെട്ടു. ഇക്കാലത്തായിരുന്നു ഇറ്റാലിയൻ സഞ്ചാരിയും കച്ചവടക്കാരനുമായ മാർക്കോപോളോ തന്റെ വിപുലമായ ലോകസഞ്ചാരം നടത്തിയത്. ദിശാസൂചകയന്ത്രമെന്ന നിലയിൽ കാന്തസൂചിയുടെ ഉപയോഗം അദ്ദേഹവും മനസ്സിലാക്കിയിട്ടുണ്ടാവണം.

എന്തായാലും ചൈനക്കാരിൽ നിന്നും ഈ വിദ്യ ആദ്യം മനസ്സി ലാക്കി പ്രയോഗത്തിൽ വരുത്തിയവർ അറബികളായിരുന്നു. അറബി നാവികരിൽ നിന്നും ഇതു യൂറോപ്പിനു ലഭിച്ചു. കാന്തസൂചിയുപയോ ഗിച്ചു രാപകൽ ഭേദമെന്യേ ദിശ കൃത്യമായി നിർവ്വഹിക്കാൻ കഴിയും എന്ന അറിവ് മധ്യകാലയൂറോപ്പിലെ കച്ചവടക്കാരായ നാവികർക്കു ലഭിച്ച ഏറ്റവും വലിയ വരദാനമായിരുന്നു. അതുവരെ, ദിക്കുതെറ്റി വഴി മാറിപ്പോകുമോ എന്ന ഭയത്താൽ കരയിൽനിന്നും വളരെ ദൂരെയുള്ള പുറംകടലിലേക്കോ, അജ്ഞാതമായ സ്ഥലങ്ങളിലേക്കോ കപ്പലോടി ക്കാൻ നാവികർക്കു ഭയമായിരുന്നു. ജീവനിൽ കൊതിയില്ലാത്ത അപൂർവ്വം ചില സാഹസികർ മാത്രമേ വരുന്നതുവരട്ടെ എന്നു കരുതി കടലിന്റെ അനന്തവിശാലതയിലേക്ക് കപ്പലോടിക്കാൻ സന്നദ്ധത കാണി ച്ചിരുന്നുള്ളൂ. പുതുതായി കൈവന്നിരിക്കുന്ന കാന്തസൂചിയുടെ ഉപയോഗം കടലിൽ എത്രദൂരം വേണമെങ്കിലും ദിക്കുതെറ്റാതെ സഞ്ചരി ക്കാനുള്ള സൗകര്യവും ധൈര്യവും അവർക്കുനൽകി. കാന്തസൂചി യുപയോഗിച്ചുണ്ടാക്കിയ മാരിനേഴ്സ് കോമ്പസ്സിന്റെ സഹായത്തോടെ യായിരുന്നു, വാസ്കോ ദ ഗാമ ആഫ്രിക്കയെച്ചുറ്റി കടൽയാത്ര ചെയ്ത് ഇന്ത്യയിലെത്തിയത്. ഇന്ത്യയിലേക്കു പുറപ്പെട്ട് അമേരിക്ക കണ്ടുപിടിച്ച കൊളംബസ്സും, ലോകം ചുറ്റിയ മാഗെല്ലനും മാരിനേഴ്സ് കോമ്പസ്സിന്റെ സഹായത്തോടെയാവണം മാസങ്ങൾ നീണ്ടുനിന്ന തങ്ങളുടെ സാഹ സിക സമുദ്രയാത്രകൾ പൂർത്തിയാക്കിയത്. അതീവ നിസ്സാരവും ലളിത വുമായ ഈ ഉപകരണം, യൂറോപ്യൻനാവികരെ സംബന്ധിച്ചിടത്തോളം അന്നേവരെ തങ്ങൾക്കജ്ഞാതമായ ഭൂവിഭാഗങ്ങൾ തേടി സമുദ്രയാത്ര ചെയ്യാനും അവയെ കീഴടക്കി തങ്ങളുടേതാക്കാനും വലിയ സഹായി യായി ഭവിച്ചു. കാന്തംകൊണ്ട് ആദ്യമായി ഏറ്റവും വലിയ നേട്ടം കൊയ്തവർ, യൂറോപ്പിലെ നാവികരായ കച്ചവടക്കാരായിരുന്നു.'

'നടുക്കടലിൽപ്പെട്ട നാവികന്മാരെപ്പോലെയാണ് ഈ മഹാനഗര ത്തിൽ നമ്മുടെ സ്ഥിതി. ദിക്കേതാണെന്ന് അറിയില്ല, പകലും രാത്രിയും അറിയില്ല. രശ്മിച്ചേച്ചിക്കാണെങ്കിൽ ഒരു ചെറിയ കോംപസ്സെങ്കിലും സഹായത്തിനുണ്ട്. എനിക്കതുമില്ല. ഒരു കോംപസ് കിട്ടാനെന്താ വഴി?' സുമി ഒരാത്മഗതമെന്നോണം പറഞ്ഞു.

'കോംപസ്സോ, അത് ലബോറട്ടറി ഉപകരണങ്ങൾ വിൽക്കുന്ന കടയിൽ വാങ്ങാൻ കിട്ടും. പക്ഷേ നമുക്കതിനൊന്നും പോകേണ്ട. ഒരു ചെലവുമില്ലാതെ ഒരെണ്ണം സ്വന്തമായുണ്ടാക്കാം, എന്താ?'

'അതെങ്ങനെ സാധിക്കും രശ്മിച്ചേച്ചി. കാന്തസൂചിയും ചെപ്പു മൊക്കെ നമ്മുടെ കൈവശമുണ്ടോ?' സുമിക്കു സംശയം.

'അതിനൊക്കെ വഴിയുണ്ടാക്കാമെന്നേ. നോക്കിക്കോളൂ. സുമി സ്വന്തമായി ഒരു കോംപസ്സുണ്ടാക്കാൻ പോവുകയാണ്.' രശ്മി പറഞ്ഞു: അതിന് വളരെക്കുറച്ച് സാധനങ്ങൾ മാത്രമേ വേണ്ടൂ. 1. ശക്തിയുള്ള ഒരു ബാർമാഗ്നറ്റ്, 2. നീളം കൂടിയ ഒരു തുന്നൽ സൂചി, 3. ഒരു കഷണം കോർക്ക്, 4. ഒരു ചെറിയ പരന്ന പ്ലാസ്റ്റിക്പാത്രം, 5. വെള്ളം.

പരീക്ഷണം – 1

'ചെയ്യേണ്ടതിത്രയുമാണ്.' പെട്ടിയിൽനിന്നും ഒരു ബാർമാഗ്നറ്റും നീളം കൂടിയ ഒരു തുന്നൽ സൂചിയും തെരഞ്ഞെടുത്തു കൊണ്ട് രശ്മി പറഞ്ഞു: 'സുമീ, ഈ കാന്തംകൊണ്ട് ഉരസി തുന്നൽസൂചിയെ കാന്ത മാക്കുക. സൂചിയുടെ ഒരു വശത്തേക്കുമാത്രമേ ഉരസാവൂ. സ്ലേറ്റു പെൻസിൽ ഉരച്ച് മുനളണ്ടാക്കുന്നതുപോലെ അങ്ങോട്ടും ഇങ്ങോട്ടും ഉരസരുത്. ഒരേ ദിശയിൽ കാന്തം കൊണ്ട് കുറേനേരം ഉരസുമ്പോൾ സൂചി കാന്തമായിക്കൊള്ളും. ഇനി നമുക്കു വേണ്ടത് വെള്ള ത്തിൽ പൊങ്ങിക്കിടക്കുന്ന ഒരു കഷണം കോർക്കാണ്. കോർക്ക് കിട്ടിയില്ലെങ്കിൽ കനംകുറഞ്ഞ ഒരു മരച്ചീൾ ഉപയോഗിച്ചാലും മതി. ഉപ്പേരിയുടെ കനമേ അതിന് പാടുള്ളൂ.' രശ്മി പെട്ടിയിൽ തപ്പി

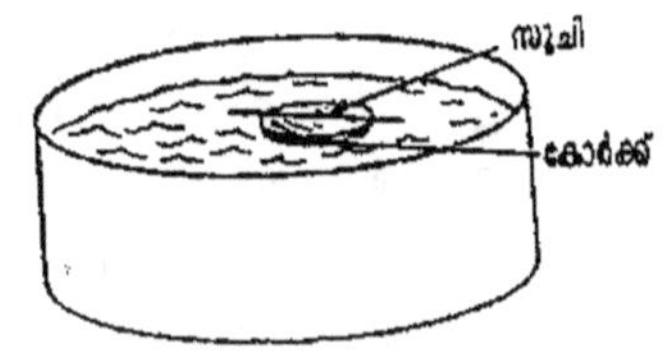

ഒരു കഷണം കോർക്ക് കണ്ടെടുത്തു. അതിൽ നിന്നും ബ്ലേഡു കൊണ്ട് വിലങ്ങനെ ഒരു കഷണം മുറിച്ചെടുത്തു. സുമി അപ്പോഴും സൂചിയെ കാന്തമാക്കാൻ വേണ്ടി ഉരസുകയായിരുന്നു.

'മതി ഉരസിയത്. ഇനി സൂചിക്കു കാന്തശക്തി കിട്ടിയോ എന്ന് പരിശോധിക്ക്.'

സുമി മേശപ്പുറത്തു കിടന്ന സേഫ്റ്റിപ്പിന്നിനടുത്തേക്ക് സൂചി കൊണ്ടു വന്നു. പിൻ ആവേശത്തോടെ സൂചിയെ ചാടിപ്പിടിച്ചു.

'ശരി, സൂചി കാന്തമായി.' താനുണ്ടാക്കിയ കാന്തസൂചിയെ അഭിമാന പൂർവ്വം ഉയർത്തിപ്പിടിച്ചുകൊണ്ട് സുമി പറഞ്ഞു.

രശ്മി താൻ വെട്ടിയെടുത്ത കോർക്കിൻകഷണത്തിൽ കൂടി കാന്ത സൂചിയെ വിലങ്ങനെ തുളച്ചുകയറ്റി. അവർ അകത്തുപോയി ഒരു പ്ലാസ്റ്റിക്പാത്രത്തിൽ വെള്ളം കൊണ്ടുവന്നു.

'ഇനി കോർക്കിൻകഷണം പാത്രത്തിന്റെ നടുക്കായി വെള്ളത്തിൽ വെയ്ക്ക്.' രശ്മി നിർദ്ദേശിച്ചു.

കോർക്ക് സൂചിയോടൊപ്പം തിരിഞ്ഞ് അതിന്റെ മുനയുള്ള ഭാഗം വടക്കുഭാഗത്തേക്ക് ചൂണ്ടിനിന്നു.

'ഇതാ, ഇതാണ് വടക്ക്.' മുന ചൂണ്ടിനിൽക്കുന്ന ഭാഗത്തെ കാട്ടി രശ്മി പറഞ്ഞു.

'എങ്ങനെ അറിയാം.' സുമിക്കു സംശയം.

രശ്മി ബാർമാഗ്നറ്റെടുത്ത് കോർക്കിലെ സൂചിയുടെ മുനയ്ക്കു സമീപം കൊണ്ടുവന്നു. സൂചിമുനയയുണ്ട് അപ്പോൾ, അതിനെ വഹിച്ചിരിക്കുന്ന കോർക്കോടുകൂടി പുറംതിരിഞ്ഞു പോകുന്നു.

'ഇതെന്തുകൊണ്ടാണെന്നറിയാമോ?'

'അറിയാം. കാന്തത്തിന്റെ സജാതീയധ്രുവങ്ങൾ തമ്മിൽ വികർ ഷണവും വിജാതീയധ്രുവങ്ങൾ തമ്മിൽ ആകർഷണവുമാണ്.' രശ്മി കോർക്കിന്റെ മുകളിൽ ബാർമാഗ്നറ്റ് ചുഴറ്റിയപ്പോൾ അത് സൂചിയോടു കൂടി വെള്ളത്തിൽക്കിടന്നു വട്ടംതിരിഞ്ഞു.

'ഹായ്, നല്ല രസം. സൂചിയുടെ ഒരു വെപ്രാളം കണ്ടില്ലേ.' ആ കാഴ്ച ആസ്വദിച്ചുകൊണ്ട് സുമി പറഞ്ഞു. തങ്ങളുണ്ടാക്കിയ കോമ്പസിനേയും നോക്കി അവർ കുറെ നേരം ഇരുന്നു.

'രശ്മിച്ചേച്ചി, കോമ്പസ്സാണെങ്കിലും ഇതിനൊരു കുറവുണ്ട്. വെള്ള വും പിഞ്ഞാണവുമൊക്കെ ആയതുകൊണ്ട് ഇത് കൊണ്ടു നടക്കാൻ പറ്റില്ല. കുറച്ചുകൂടി സൗകര്യമുള്ള ഒരെണ്ണമായിരുന്നെങ്കിൽ നന്നായി രുന്നു.' സുമി ഒരപേക്ഷയുടെ രൂപത്തിൽ പറഞ്ഞു.

'അവളുടെ ഒരു ധിക്കാരം കണ്ടില്ലേ. ഒരു കോംപസ്സുണ്ടാക്കിക്കൊടു ത്തപ്പോൾ അതിനു ചന്തം പോരാ. കൊണ്ടു നടക്കാൻ പറ്റുന്ന ഒന്നു വേണമത്രെ. ആട്ടെ, കുറേക്കൂടി സൗകര്യമുള്ള ഒരെണ്ണം നിർമിക്കാനുള്ള വഴി ഞാൻ പറഞ്ഞുതരാം. നീ തന്നെ ഉണ്ടാക്കിക്കൊള്ളണം.'

'അതിനുള്ള ഉപകരണങ്ങൾ കിട്ടിയാൽ ഞാൻ തന്നെ ഉണ്ടാക്കി ക്കൊള്ളാം. എന്താണു ചെയ്യേണ്ടതെന്നു പറഞ്ഞുതന്നാൽ മതി.' സുമി.

'അത്രയധികം ഉപകരണങ്ങളൊന്നും വേണ്ട. മിക്കതും വീട്ടിൽ കാണും. കാന്തവും തുന്നൽസൂചിയും ഇവിടെ നിന്നും കൊണ്ടു പോവാം. പിന്നെ വേണ്ടത് ഒരു ചെറിയ കഷണം കടലാസ്, ഒരു പെൻസിൽ, പതിനഞ്ചു സെന്റീമീറ്റർ നീളമുള്ള ഒരു കഷണം നൂല്, ഒരു ചെറിയ ഗ്ലാസ് തംബ്ലർ. ഇത്രതന്നെ.'

പരീക്ഷണം - 2

ഒരു ചതുരശ്ര ഇഞ്ച് വലിപ്പമുള്ള ഒരു ചെറിയ കഷണം കടലാസ് ഓരോ പകുതിക്കും തുല്യ വലിപ്പം വരത്തക്കവിധത്തിൽ രണ്ടായി മടക്കുക.

മടക്കിന്റെ ഒത്തനടുക്കായി സൂചി കൊണ്ടു കുത്തി, നൂലുകടക്കാ വുന്ന വിധത്തിൽ ഒരു ദ്വാരമുണ്ടാ ക്കുക. നൂലിന്റെ തുമ്പത്ത് ഒരു കെട്ടിട്ട് സൂചിയുടെ സഹായ ത്തോടെ മറ്റേ അറ്റം പുറത്തെടു ക്കുക. ദ്വാരത്തിൽക്കൂടി നൂൽ വിട്ടു പോവാതിരിക്കാനാണ് അതിന്റെ തുമ്പിൽ കെട്ടിടുന്നത്. നൂലിന്റെ മറ്റേ അറ്റം പെൻസിലിന്റെ മധ്യ ഭാഗവുമായി ബന്ധിപ്പിക്കുക. ഇനി യുള്ള ജോലി കാന്തംകൊണ്ട് ഉരസി സൂചിക്കു കാന്തശക്തിയു

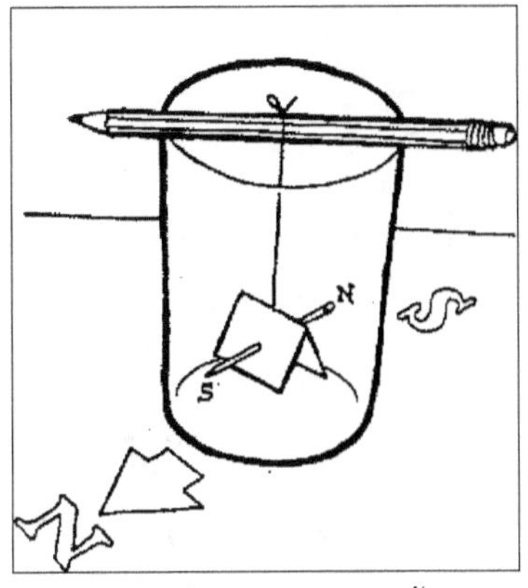

സുമിയുടെ കോമ്പസ്

ണ്ടാക്കലും അത് കടലാസുകോണിന്റെ മധ്യത്തിൽക്കൂടി വിലങ്ങനെ കുത്തിക്കയറ്റലുമാണ്. സൂചിയുടെ ഇരുഭാഗവും തുല്യനീളത്തിൽ കടലാസുകോണിന്റെ പുറത്തേക്കു നിൽക്കണം. ഇനി ചിത്രത്തിൽ ക്കാണുംവിധം ഒരു പെൻസിലിന്മേൽ ഗ്ലാസ് തംബ്ലറിന്റേയോ പ്ലാസ്റ്റിക് ചെപ്പിന്റേയോ ഉള്ളിൽതൂക്കിയിടുക. കടലാസുകോണോ സൂചിയുടെ ഭാഗങ്ങളോ പാത്രത്തിന്റെ അടിയിലോ വശങ്ങളിലോ മുട്ടാത്ത വിധത്തിൽ നൂലിന്റെ നീളം ക്രമീകരിക്കണം. കടലാസു കോണിൽ പിടിച്ചിരിക്കുന്ന സൂചിക്ക് സ്വതന്ത്രമായി ചലിക്കാൻ കഴിയുന്ന വിധത്തിൽ തംബ്ലറിനു വലിപ്പവും വേണം. എല്ലാം ക്രമീകരിച്ചു കഴിഞ്ഞാൽ ശ്രദ്ധിക്കുക: കാന്തസൂചി തെക്കുവടക്കുദിശയിൽ നിൽക്കുന്നതു കാണാം. സൂചിയുടെ ഉത്തരധ്രുവം ഏതാണെന്ന് നിശ്ചയിക്കാൻ പുറത്തേക്കുന്തിനിൽക്കുന്ന അതിന്റെ അറ്റങ്ങളിൽ ബാർമാഗ്നറ്റിന്റെ ഉത്തരധ്രുവം കാണിച്ചാൽ മതി. വടക്കോട്ടു തിരിഞ്ഞു നിൽക്കുന്ന സൂചിയുടെ അഗ്രം ബാർമാഗ്നറ്റിന്റെ ഉത്തരധ്രുവമടുപ്പിച്ചാൽ വികർഷിക്കും.

4 വില്യം ഗിൽബർട്ടും കാന്തതയും

വൈദ്യുതിയുടെ ചരിത്രമന്വേഷിച്ച് നാം കാലത്തിൽക്കൂടി വീണ്ടും മുന്നോട്ടുപോവുകയാണ്. ക്രിസ്തു ജനിക്കുന്നതിന് ഇരുന്നൂറു വർഷം മുമ്പ് ചൈനക്കാർ കാന്തക്കല്ലിന്റെ ദിശാസൂചക സ്വഭാവം തിരിച്ചറിഞ്ഞ് അതിനെ നാവികർക്ക് കടലിൽ ദിക്കുകണ്ടുപിടിക്കാനുള്ള മാരിനേഴ്സ് കോംപസ്സാക്കി പരിഷ്ക്കരിച്ചു. ഒരു ചെറിയ ഉപകരണമായിരുന്നു അതെങ്കിലും അതുകൊണ്ടുണ്ടായ നേട്ടങ്ങൾ വളരെ വലുതായിരുന്നു. യൂറോപ്പിലെ കച്ചവടക്കാരായ നാവികർക്ക് പുറംകടലിൽ സഞ്ചരിക്കാനും അജ്ഞാതവും വിദൂരസ്ഥവുമായ ഭൂഖണ്ഡങ്ങളിലെത്തിച്ചേരാനും ധൈര്യം നൽകിയത് ഈ ഉപകരണമായിരുന്നു. പക്ഷേ അതിനപ്പുറം കാന്തത്തെക്കുറിച്ചും ഥെയിലിസിന്റെ പരീക്ഷണങ്ങളെക്കുറിച്ചും ആരും കൂടുതൽ ശ്രദ്ധിച്ചില്ല. പിന്നീട് 1700 വർഷത്തിനുശേഷമാണ് ഈ രണ്ടു പ്രതിഭാസങ്ങളെക്കുറിച്ചും ശാസ്ത്രീയമെന്നു പറയാവുന്ന എന്തെങ്കിലും പഠനം നടക്കുന്നത്. നാം ഇപ്പോൾ എത്തിച്ചേർന്നിരിക്കുന്നത് 16-ാം നൂറ്റാണ്ടിലെ ഇംഗ്ലണ്ടിലാണ്. ഒന്നാം എലിസബത്ത് രാജ്ഞി രാജ്യം ഭരിക്കുന്നകാലം. മഹാകവി ഷേക്സ്പിയർ നാടകങ്ങളെഴുതി അവതരിപ്പി ക്കുന്ന സമയം. അക്കാലത്ത് രാജ്ഞിയുടെ ആരോഗ്യ സംരക്ഷണത്തിന്റെ ചുമതല വഹിച്ചിരുന്നത് വില്യം ഗിൽബർട്ട് എന്ന ഡോക്ടറായിരുന്നു. സ്വന്തം തൊഴിലിലെ മിടുക്കുകൊണ്ടും കൊട്ടാരത്തിലുള്ള സ്ഥാനം കൊണ്ടും ആദ്യം മുതൽക്കേ അറിയപ്പെടുന്ന ഒരു വ്യക്തിയായിരുന്നു ഗിൽബർട്ട്. രോഗശമനത്തിനുള്ള പല മാർഗ്ഗങ്ങളുടെ കൂട്ടത്തിൽ കാന്തത്തിനും ചില സ്വാധീനമൊക്കെ ചെലുത്താൻ കഴിയുമെന്ന് അക്കാ ലത്തുതന്നെ പല ഡോക്ടർമാരും വിശ്വസിച്ചിരുന്നു. രോഗവും കാന്തവും തമ്മിലുള്ള ബന്ധമെന്തെന്നറിയാനുള്ള ആഗ്രഹമായിരുന്നു കാന്ത

ത്തെക്കുറിച്ചുള്ള പഠനത്തിൽ ഗിൽ ബർട്ടിന് താൽപ്പര്യം ജനിക്കാനുള്ള ഒരു കാരണം. കാന്തതയെക്കുറിച്ച് ആഴത്തിൽ പഠിക്കാനാരംഭിച്ച തോടെ വൈദ്യത്തോടൊപ്പം ഇതി നും കൂടുതൽ സമയം അദ്ദേഹത്തിന് വിനിയോഗിക്കേണ്ടിവന്നു. ഒടുവി ലൊടുവിൽ അതൊരു തപസ്യയായി ത്തന്നെ ഏറ്റെടുത്തു, അദ്ദേഹം.

മാഗ്നസ് കണ്ടെത്തിയ കാന്ത ക്കല്ലിനെക്കുറിച്ചും ഥെയിലിസ് ആംബറിൽ നടത്തിയ പരീക്ഷണ ങ്ങളെക്കുറിച്ചും കുട്ടിക്കാലത്തു തന്നെ ഗിൽബർട്ട് കേട്ടിരുന്നു. ഇവ യെക്കുറിച്ച് പഠനം നടത്തി കൂടുതൽ വിവരങ്ങൾ അറിയണമെന്നത് അദ്ദേ

വില്യം ഗിൽബർട്ട്

ഹത്തിന്റെ ബാല്യകാല മോഹങ്ങളിൽ ഒന്നായിരുന്നു. മരച്ചീളുകളേയും കടലാസുകഷണങ്ങളേയുമൊക്കെ ആകർഷിക്കാനുള്ള കഴിവ് കമ്പിളി യിൽ ഉരസിയ ആമ്പറിനു മാത്രമല്ല എന്ന് സ്വന്തം പരീക്ഷണത്തിൽക്കൂടി അദ്ദേഹം കണ്ടെത്തി. ഗന്ധകം, ഗ്ലാസ്, അരക്ക് തുടങ്ങി മറ്റു പല പദാർത്ഥ ങ്ങൾക്കും ഇതേകഴിവുണ്ട്. അതേ സമയം, കമ്പിളിയിൽ എത്രനേരം ഉരസിയാലും ആകർഷണശക്തി പ്രകടിപ്പിക്കാത്ത വസ്തുക്കളുമുണ്ട്. മറ്റു പദാർത്ഥങ്ങളെ ആകർഷിക്കുന്നു എന്ന പൊതുസ്വഭാവം കാന്തക്ക ല്ലും ആമ്പറും ഒരുപോലെ പ്രകടിപ്പിക്കുന്നുണ്ടെങ്കിലും അവയുടെ ആകർഷണങ്ങൾക്കു തമ്മിൽ അടിസ്ഥാനപരമായ വ്യത്യാസമുണ്ടെന്ന് ഗിൽബർട്ട് മനസ്സിലാക്കി. കാന്തത്തിന്റെ ആകർഷണം സ്ഥിരമായിട്ടുള്ള താണ്. എന്നാൽ ഘർഷണം കൊണ്ടു മാത്രമേ ആംബറിനും ഗന്ധക ത്തിനുമൊക്കെ ആകർഷണശക്തി കൈവരൂ. അത് സ്ഥിരമായി നിൽക്കു ന്നുമില്ല. അതു കൊണ്ടുതന്നെ ആംബറിന്റെ ആകർഷണം കാന്തത്തി ന്റേതിൽ നിന്നും വിഭിന്നമായ കാരണത്താൽ ഉണ്ടായതായിരിക്കണമെന്ന് അദ്ദേഹം അനുമാനിച്ചു. ഗ്രീക്കു ഭാഷയിൽ ആമ്പറിന് 'ഇലക്ട്രോൺ' എന്നാണു പേര്. അതുകൊണ്ട് ആമ്പറിന്റെ ആകർഷണശക്തിയെ ഗിൽബർട്ട് 'ഇലക്ട്രിസിറ്റി' എന്നു വിളിച്ചു. വസ്തുക്കളെ ആകർഷിക്കുന്ന ആമ്പറിലും കാന്തത്തിലും മാത്രമല്ല, അദ്ദേഹം ശ്രദ്ധിച്ചത്. വിഭിന്ന പദാർത്ഥങ്ങൾ ശേഖരിച്ച് ഗുണധർമങ്ങളുടെ അടിസ്ഥാനത്തിൽ അവയെ വർഗീകരിക്കാൻ അദ്ദേഹം ഒരു ശ്രമം നടത്തി-പ്രത്യേകിച്ച് ഘർഷണ

ത്തിനു വിധേയമായാൽ മറ്റു പദാർത്ഥങ്ങളെ ആകർഷിക്കാനുള്ള അവ യുടെ കഴിവിന്റെ അടിസ്ഥാനത്തിൽ, ഘർഷണം മൂലം ആകർഷണ ശേഷി നേടുന്നവയും അല്ലാത്തവയുമായ പദാർത്ഥങ്ങളുടെ ഒരു പട്ടിക തന്നെ ഗിൽബർട്ട്, നേരിട്ടുള്ള പരീക്ഷണത്തിന്റെ അടിസ്ഥാനത്തിൽ തയ്യാറാക്കിയിരുന്നു. കൂട്ടത്തിൽ ആകർഷണ ശേഷിയുടെ ക്രമാനുഗത മായ വർദ്ധനവിനനുസരിച്ച് ആ വിഭാഗത്തിൽപ്പെട്ട പദാർത്ഥങ്ങളെ അദ്ദേഹം ക്രമീകരിച്ചു. ഇതെല്ലാം വെറും ഊഹത്തിന്റെ അടിസ്ഥാനത്തിൽ ചെയ്തതായിരുന്നില്ല. ബുദ്ധിയുടേയും ചിന്തയുടേയും പിൻബലത്തോ ടെ സിദ്ധാന്തങ്ങളാവിഷ്കരിക്കുക എന്നതായിരുന്നു പഴയ ഗ്രീക്കു തത്ത്വജ്ഞാനികൾ മുതൽക്കിങ്ങോട്ടുള്ള ചിന്തകന്മാരുടെ പ്രവർത്തന രീതി. തങ്ങളാവിഷ്കരിക്കുന്ന സിദ്ധാന്തങ്ങൾക്ക് തെളിവിന്റെ പിൻബലം വേണമെന്നോ അതിനുവേണ്ടി പരീക്ഷണങ്ങൾ നടത്തണമെന്നോളള തോന്നൽ അവർക്കുണ്ടായിരുന്നില്ല. മാത്രമല്ല ചിന്തകന്മാർ പരീക്ഷണത്തി ലേർപ്പെടുന്നത് ഒരു രണ്ടാംകിട ഏർപ്പാടായും കരുതപ്പെട്ടു. എന്നാൽ ഒരു യഥാർത്ഥ ശാസ്ത്രകാരന്റെ ചിട്ടയോടും നിഷ്ഠയോടും കൂടി താനുന്നയിക്കുന്ന സിദ്ധാന്തങ്ങൾ പരീക്ഷണപരമായി തെളിയിച്ചാൽ മാത്രമേ അവയ്ക്ക് സാധുത ലഭിക്കൂ എന്ന അഭിപ്രായക്കാരനായിരുന്നു ഗിൽബർട്ട്. ഘർഷണത്തിനു വിധേയമാക്കുന്ന പദാർത്ഥങ്ങളുടെ ആകർഷണ ശക്തിയുടെ തീവ്രത തെളിയിക്കാൻ 'വെർസോറിയം' എന്ന ഒരുപകരണം അദ്ദേഹം കണ്ടുപിടിച്ചു. ഇന്നത്തെ ഇലക്ട്രോസ്കോപ്പിന്റെ മുൻഗാമിയായി വെർസോറിയത്തെ കണക്കാക്കാം. മുനയുള്ള ഒരു താങ്ങിന്മേൽ സ്വതന്ത്രമായി തിരിയാൻ പറ്റുന്ന വിധത്തിൽ വെച്ചിരിക്കുന്ന കാന്തസൂചിയെ അനു സ്മരിപ്പിക്കുന്ന ഒരു ഉപകരണമാണിത്. കാന്ത

സൂചിക്കുപകരം വെർ സോറിയത്തിൽ നന്നേ കനം കുറഞ്ഞ തടിക്ഷെ ണമോ വൈക്കോലോ ആ ണ് ഉപയോഗിക്കുന്നത്. ഇ തിന് മുനയുള്ള താങ്ങിൽ നിന്ന് സൗകര്യപൂർവ്വം സ്വതന്ത്രമായി ചലിക്കാൻ കഴിയും. ഘർഷണം കൊ ണ്ട് ആകർഷണശക്തി യാർജിച്ച പദാർത്ഥത്തെ വെർസോറിയത്തിനടു ത്തേക്കു കൊണ്ടുവരുന്നു.

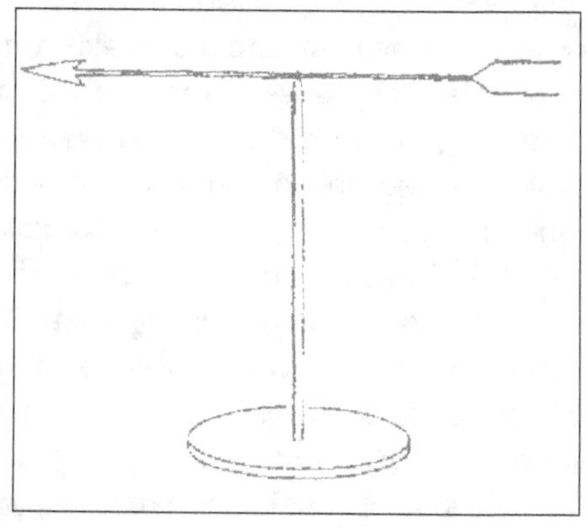

ഗിൽബർട്ടിന്റെ വെർസോറിയം

അവയുടെ സാന്നിധ്യത്തിൽ വെർസോറിയത്തിന്റെ 'സൂചി'ക്കുണ്ടാവുന്ന ചലനം നിരീക്ഷിക്കുന്നു. ചലനം കൂടുതലാണെങ്കിൽ ആകർഷണശക്തി കൂടുതൽ ലഭിച്ചിട്ടുണ്ട്. കുറവാണെങ്കിൽ ആകർഷണ ശക്തിയും കുറവ്. ഇതായിരുന്നു ഗിൽബർട്ടിന്റെ പരീക്ഷണരീതി. ഘർഷണത്തിനു വിധേയമായ ഓരോ വസ്തുവും വെർസോറിയത്തിന്റെ സൂചിയാൽ വരുത്തുന്ന ആകർഷണത്തിന്റെ തീവ്രത ഗിൽബർട്ട് പ്രത്യേകം പ്രത്യേകം രേഖപ്പെടുത്തിയിരുന്നു. എന്തായാലും കമ്പിളിയിലോ സിൽക്കിലോ ഉരസപ്പെട്ട വസ്തുവിന് ആകർഷണശക്തി ലഭിക്കുന്നത് എന്തുകൊണ്ടാ ണെന്ന് മനസ്സിലാക്കാൻ ഗിൽബർട്ടിനു കഴിഞ്ഞില്ല. അക്കാലത്ത് അത് പ്രയാസകരവുമായിരുന്നു. എന്നാൽ ഈ രംഗത്ത് അദ്ദേഹം നടത്തിയ പരീക്ഷണങ്ങൾ വൈദ്യുതിയെക്കുറിച്ചുള്ള പലതരം പഠനങ്ങൾക്കും ഗവേഷണങ്ങൾക്കും പിന്നീട് വഴിയൊരുക്കി. ഭൂഗോളംതന്നെ ചലിച്ചു കൊണ്ടിരിക്കുന്ന ഒരു വലിയ കാന്തമാണെന്നായിരുന്നു ഗിൽബർട്ടിന്റെ നിഗമനം.

കാന്തതയെക്കുറിച്ചും ആമ്പറിന്റെ ആകർഷണ ശക്തിയെക്കുറിച്ചു മൊക്കെയുള്ള തന്റെ പതിനേഴുവർഷക്കാലത്തെ പഠനഗവേഷണ പ്രവർത്തനങ്ങൾ ക്രോഡീകരിച്ചുകൊണ്ട് 1600 ൽ വില്യം ഗിൽബർട്ട് 'ദ മാഗ്നറ്റ്' എന്ന ഗ്രന്ഥം പ്രസിദ്ധീകരിച്ചു. ഈ ഗ്രന്ഥത്തിൽക്കൂടിയായി രുന്നു അദ്ദേഹത്തിന്റെ പ്രവർത്തനരീതികളെക്കുറിച്ചും നിഗമനങ്ങളെ ക്കുറിച്ചുമൊക്കെ ലോകം അറിയുന്നത്. ഗിൽബർട്ടിന്റെ 'ദ മാഗ്നറ്റ്' എന്ന ഗ്രന്ഥം യൂറോപ്പിലെ ചിന്തകന്മാരിലും ശാസ്ത്രജ്ഞന്മാരിലും ക്രമേണ വലിയ പ്രതികരണമുണ്ടാക്കി. പലരും അത്, തുടർന്നുള്ള ശാസ്ത്ര പ്രവർത്തനങ്ങൾക്ക് ഒരു മാർഗരേഖയായെടുത്തു. അവരെ സംബന്ധിച്ചിട ത്തോളം ഇതുവരെ എന്തിനും പ്രമാണം, പണ്ടുകാലത്ത് അരിസ്റ്റോട്ടിലും മറ്റു ഗ്രീക്കു ചിന്തകന്മാരും എഴുതിവെച്ചരേഖകളായിരുന്നു. പണ്ടുള്ളവർ എഴുതിവച്ച പ്രമാണങ്ങളെ അന്ധമായി വിശ്വസിക്കാതെ, സ്വന്തം അനുഭവങ്ങളുടേയും പരീക്ഷണ നിരീക്ഷണങ്ങളുടേയും അടിസ്ഥാന ത്തിലാണ് പ്രകൃതിയെ പഠിക്കേണ്ടത് എന്ന ഒരുൾക്കാഴ്ച വില്യം ഗിൽബർട്ടിന്റെ ഗ്രന്ഥം അനന്തര തലമുറയ്ക്കു നൽകി.

5 ഭ്രാന്തൻ മേയറും ഇലക്ട്രോസ്റ്റാറ്റിക് യന്ത്രവും

'വില്യം ഗിൽബർട്ടിന്റെ ഗ്രന്ഥം കാന്തതയെക്കുറിച്ചും ഇലക്ട്രി സിറ്റിയെക്കുറിച്ചും യൂറോപ്പിൽ ആകമാനം നവമായ ഒരു താൽപ്പര്യവും ഉണർവും ഉണ്ടാക്കി. ശാസ്ത്രരംഗത്തു പ്രവർത്തിച്ചിരുന്ന അനേകം പേർ 'കാന്തത്തെപ്പറ്റി' (ദ മാഗ്നറ്റ്) എന്ന പുസ്തകത്തിൽ നിന്നും പ്രചോദന മുൾക്കൊണ്ട് പലതരം പരീക്ഷണങ്ങൾ നടത്താൻ തുടങ്ങി. ഇക്കൂട്ടത്തി ലൊരാളായിരുന്നു മാഗ്ഡിബർഗിലെ മേയറായിരുന്ന ഓട്ടോ വോൺ ഗാരിക്ക്.

വില്യം ഗിൽബർട്ട് അന്തരിക്കുന്നതിന് ഒരു വർഷം മുമ്പായിരുന്നു ഗാരിക്കിന്റെ ജനനം. 1602ൽ. വളർന്നു വെലുതായപ്പോൾ ഗാരിക്ക് മാഗ്ഡി ബർഗ് നഗരത്തിലെ മേയറായിത്തീർന്നു. മാഗ്ഡി ബർഗ് എന്നത് ജർമ്മനി യിലെ ഒരു ചെറുനഗരം. അവിടത്തെ കാര്യങ്ങൾ ശരിക്കു നടത്തി കഴിവുറ്റ ഒരു ഭരണാധികാരിയാകാൻ ഗാരിക്കിന് ഒരു പ്രയാസവുമുണ്ടായിരുന്നില്ല. ആ നിലയ്ക്കുള്ള സൽപ്പേരും അദ്ദേഹത്തിനു ലഭിച്ചിരുന്നു. എന്നാൽ മേയർ സ്ഥാനത്തിലും ഭരണകാര്യങ്ങളിലും മാത്രം ഒതുങ്ങി നിൽക്കുന്ന തായിരുന്നില്ല ഓട്ടോവോൺ ഗാരിക്കിന്റെ പ്രതിഭ. അടിസ്ഥാനപരമായി, ഒരു ശാസ്ത്രജ്ഞനായിരുന്നു ഗാരിക്ക്. എന്നാൽ ശാസ്ത്രമെന്നത് അക്കാലത്തെ ജനങ്ങൾക്ക് വലിയ പരിചയമുള്ള സംഗതിയായിരുന്നില്ല. ഒഴിവുസമയങ്ങളിൽ ശാസ്ത്രസംബന്ധമായ പരീക്ഷണങ്ങളിൽ ഏർ പ്പെട്ടിരുന്ന മേയറെ പൗരന്മാർ സംശയദൃഷ്ടിയോടെയാണ് വീക്ഷിച്ചിരു ന്നത്. ചെകുത്താന്മാരുമായി ബന്ധമുള്ള ഒരു ദുർമന്ത്രവാദിയാണ് തങ്ങ ളുടെ മേയറെന്ന് പലരും രഹസ്യമായിപ്പറഞ്ഞു. അത് സ്വാഭാവിക വുമാണ്. ശാസ്ത്രപരീക്ഷണങ്ങൾ നടത്തുകയെന്നത് അക്കാലത്തെ സാധാരണക്കാർക്ക് ദഹിക്കുന്നതോ അവരെ പറഞ്ഞു ബോധ്യപ്പെടു

ത്താൻ പറ്റുന്നതോ ആയ കാര്യമല്ലായിരുന്നു. അവർ അതിനെ ദുർമന്ത്ര വാദമായി വ്യാഖ്യാനിച്ചു. കൂടുതൽ അന്ധവിശ്വാസികളായവർ മേയറെ ക്കണ്ടാൽ, അദ്ദേഹത്തിന്റെ കൺവെട്ടത്തിൽനിന്നും സ്വരക്ഷയ്ക്കായി ഓടിരക്ഷപ്പെടാനും തുടങ്ങി. ദുർമന്ത്രവാദികളെ അത്രയ്ക്കു ഭയമായി രുന്നു, അവർക്ക്. എന്നാൽ ജനങ്ങളുടെ അടക്കം പറച്ചിലുകൊണ്ടും ദുർ മന്ത്രവാദി എന്ന ആരോപണം കൊണ്ടും കുലുങ്ങുന്ന ആളായിരുന്നില്ല, ഗാരിക്ക്. ഒരു ദിവസം അദ്ദേഹം പ്രഖ്യാപിച്ചു: ശൂന്യതയുണ്ടാക്കാൻ കഴിയുന്ന ഒരു പമ്പ് താൻ കണ്ടുപിടിച്ചിട്ടുണ്ടെന്ന്. ഈ പ്രഖ്യാപനത്തോ ടെ സാധാരണക്കാർ മാത്രമല്ല പണ്ഡിതന്മാർകൂടി ഗാരിക്കിനെതിരെ തിരിഞ്ഞു. എന്തൊരസംബന്ധമാണിപ്പറയുന്നത്? ശൂന്യതയുണ്ടാക്കു കയോ? 'പ്രകൃതിയാൽ ശൂന്യതയുണ്ടാക്കാൻ സാധ്യമല്ല, പ്രകൃതി ശൂന്യതയെ വെറുക്കുന്നു.' എന്ന് എത്രയോ നൂറ്റാണ്ടുകൾക്കു മുമ്പ് മഹാപണ്ഡിതനായ അരിസ്റ്റോട്ടിൽ എഴുതിവച്ചിട്ടില്ലേ? അരിസ്റ്റോട്ടിലിന്റെ പ്രമാണങ്ങൾക്കു തെറ്റുപറ്റുകയോ? പ്രമാണത്തിനെതിരായ ഒരു സംരംഭത്തിലാണ് നിഷേധിയായ മേയർ ഏർപ്പെടാൻ പോകുന്നതെന്ന അറിവ് പണ്ഡിതലോകത്തെ രോഷാകുലരാക്കി. അരിസ്റ്റോട്ടിലിന്റെ പ്രമാണങ്ങളെ നിഷേധിക്കാനും തെറ്റാണെന്നു തെളിയിക്കാനുമുള്ള വിവരക്കേടുകാണിക്കുന്ന മേയർ ഗാരിക്കിന് ഭ്രാന്തുണ്ടോ എന്ന് പലരും പരസ്യമായിത്തന്നെ ചോദിക്കാൻ തുടങ്ങി. ചോദ്യങ്ങളുടേയും പ്രതിഷേ ധങ്ങളുടേയും സംഖ്യ വർദ്ധിച്ചപ്പോൾ 'ഗൗരവമേറിയ ഈ പ്രശ്നം' ഒരു വൻ പരാതിയുടെ രൂപത്തിൽ അന്നത്തെ ജർമ്മൻ ചക്രവർത്തിയായിരുന്ന ഫെർഡിനെന്റ് മൂന്നാമന്റെ മുന്നിലെത്തി. മാഗ്ഡിബർഗ് നിവാസികളായ പണ്ഡിതന്മാരും യോഗ്യന്മാരുമാണ് പരാതിക്കാർ. ചക്രവർത്തിക്കതു കേട്ടില്ലെന്ന് നടിക്കാൻ പറ്റില്ല. കാര്യങ്ങൾ അന്വേഷിച്ചറിഞ്ഞതിനുശേഷം അദ്ദേഹം ഗാരിക്കിനെഴുതി: 'ശൂന്യത സൃഷ്ടിക്കാൻ പോകുന്ന ഒരുപകര ണം താങ്കൾ കണ്ടുപിടിച്ചിട്ടുണ്ടെന്നറിയുന്നു. താങ്കളുടെ അവകാശവാദം ശരിയാണെന്ന് തെളിയിച്ചു കാണാൻ നാം ആഗ്രഹിക്കുന്നു.' ഇതിന്റെ അർത്ഥമെന്താണെന്നോ? ഗാരിക്കിന്റെ പരീക്ഷണം ചക്രവർത്തിയുടെ മുന്നിൽവച്ചു തെളിയിക്കണമെന്നും അതുകാണാൻ അദ്ദേഹം നേരിട്ട് മാഗ്ഡി ബർഗിൽ എഴുന്നള്ളും എന്നുമായിരുന്നു.

ചക്രവർത്തിയുടെ കൽപ്പന ലഭിച്ചിട്ടും ഗാരിക്കിന് ഒരു കൂസലു മുണ്ടായില്ല. അദ്ദേഹത്തിന്റെ സാന്നിധ്യത്തിൽവച്ചുതന്നെ തന്റെ സിദ്ധാന്തം തെളിയിക്കാനുള്ള ഒരുക്കങ്ങളെല്ലാം അത്യന്തം സൂക്ഷ്മത യോടെ ഗാരിക്ക് പൂർത്തിയാക്കി. അതോടൊപ്പം മേയറെന്ന നിലയിൽ ചക്രവർത്തിയെ സ്വീകരിക്കാനുള്ള എല്ലാ ഏർപ്പാടുകളും ചെയ്തു. നഗരം അലങ്കരിച്ചു. നഗരത്തിലേക്കുള്ള പ്രവേശനകവാടം കമാനങ്ങൾ

കൊണ്ടലങ്കരിച്ചു. ചക്രവർത്തി മാഗ്ഡിബർഗ് നഗരം സന്ദർശിക്കുന്ന വിവരം എല്ലാ പൗരന്മാരെയും അറിയിച്ചു. നഗരസഭാഹാളിൽ വച്ച് പണ്ഡിതന്മാരെയും പൗരമുഖ്യന്മാരെയും പങ്കെടുപ്പിച്ചുകൊണ്ട് ചക്ര വർത്തിക്ക് ഒരു വമ്പിച്ച പൗരസ്വീകരണം നൽകാനുള്ള ഒരുക്കങ്ങൾ പൂർത്തിയാക്കി.

ഔപചാരികമായ സ്വീകരണച്ചടങ്ങുകളെല്ലാം പര്യവസാനിച്ചപ്പോൾ മേയറായ ഗാരിക്ക് ചക്രവർത്തിയോടഭ്യർത്ഥിച്ചു: 'താങ്കൾ നിർദ്ദേശിച്ചതു പോലെ ഞാനെന്റെ ശൂന്യതാ പമ്പിന്റെ പ്രവർത്തനം പരസ്യമായി പ്രദർ ശിപ്പിക്കാനുദ്ദേശിക്കുന്നു. ഈ പമ്പുപയോഗിച്ച് ഒരു ലോഹഗോള ത്തിന്റെ വായു ബഹിഷ്കരിച്ച് അതിനകം ശൂന്യമാക്കാൻ പോവുക യാണ്. ചക്രവർത്തിയുടെ സാന്നിധ്യത്തിൽത്തന്നെ അതു നടത്തണമെ ന്നുണ്ട്. തൊട്ടടുത്തുള്ള മൈതാനത്തിലാണ് പ്രദർശനം നടത്താനുദ്ദേശി ക്കുന്നത്. ദയവുണ്ടായി, അങ്ങോട്ടെഴുന്നള്ളിയാലും.'

സാക്ഷാൽ ഭരണാധികാരിയുടെ മുന്നിൽ വച്ചു തന്നെ ഗാരിക്കിന്റെ 'കൂടോത്രം' പരാജയപ്പെടുന്നതുകണ്ടു തൃപ്തിയടയാൻ തത്പരരായ ഒരു വമ്പിച്ച ജനക്കൂട്ടം മൈതാനത്തിനുചുറ്റും ആകാംക്ഷയോടെ അണി നിരന്നു. എന്താണ് മേയർ ചെയ്യാൻ പോകുന്നതെന്നറിയാനുള്ള ആകാം ക്ഷയോടെ ചക്രവർത്തിയും, അദ്ദേഹത്തിനായി ഒരുക്കിയ വേദിയിൽ ഇരുന്നു.

വോൺ ഗാരിക്ക് തന്റെ പ്രദർശനമാരംഭിച്ചു. ഒരടി വ്യാസത്തിൽ ചെമ്പുകൊണ്ടുണ്ടാക്കിയതും കൂട്ടിച്ചേർത്താൽ ഒന്നാകുന്നതുമായ രണ്ട് അർധഗോളങ്ങൾ അദ്ദേഹം ആദ്യം ചക്രവർത്തിയേയും പിന്നീട് പൗര പ്രമുഖരേയും കാണിച്ചു. അർദ്ധഗോളങ്ങൾ രണ്ടും ഒന്നിച്ചുചേർത്തതിനു ശേഷം അവയോടു ചേർന്നുള്ള വളയങ്ങളിൽപ്പിടിച്ചു വലിച്ച് അദ്ദേഹം അത് എളുപ്പത്തിൽ വേർപ്പെടുത്തി. അവയെ വീണ്ടും ഒന്നിച്ചുചേർത്തു. വീണ്ടും വലിച്ചു വേർപ്പെടുത്തി. ഇവയെ ആർക്കും ഒന്നിച്ചു ചേർക്കാനും വേർപ്പെടുത്താനും നിഷ്പ്രയാസം കഴിയും എന്നു ബോധ്യപ്പെടുത്തിയ തിനുശേഷം ഗാരിക്ക് പ്രസ്താവിച്ചു: 'ഞാൻ ഈ ഗോളത്തിനുള്ളിലെ വായു പമ്പുപയോഗിച്ചു നീക്കം ചെയ്യാൻ പോവുകയാണ്. ഗോളത്തിന്റെ വാൽവുമായി ബന്ധിച്ച പമ്പു ഘടിപ്പിച്ച് അദ്ദേഹം അതിന്റെ പിസ്റ്റൺ പലവട്ടം മേലോട്ട് വലിക്കുകയും കീഴ്പ്പോട്ടമർത്തുകയും ചെയ്തു. കുറേ നേരം പമ്പു പ്രവർത്തിച്ച് ഗോളത്തിലെ വായു കുറേശ്ശെക്കുറേശ്ശെയായി നീക്കം ചെയ്തുകൊണ്ടിരുന്നു. ഗാരിക്കിന്റെ നെറ്റിയിൽ ഉരുണ്ടുകൂടി താഴോട്ടുവീണ വിയർപ്പുതുള്ളികൾ അത് വളരെ അധ്വാനമുള്ള പണിയാ ണെന്ന് സൂചിപ്പിക്കുന്നുണ്ടായിരുന്നു. പമ്പുപയോഗിച്ചു പുറത്തെടുക്കാൻ വേണ്ടത്ര വായു ഗോളത്തിലില്ലെന്ന് ബോധ്യമായതിനുശേഷം ഗാരിക്ക്

മാഗ്ഡി ബർഗ് അർദ്ധഗോളങ്ങൾ കുതിരകളെക്കൊണ്ട് വേർപെടുത്തുന്നു

പമ്പിൽനിന്നും ഗോളം വേർപ്പെടുത്തിയെടുത്തു. കാണികളുടെ മുന്നിൽ ഗോളം ഉയർത്തിപ്പിടിച്ചുകൊണ്ട് അതിന്റെ രണ്ടു വളയങ്ങളിലും ശക്തി യോടെ പിടിച്ചുവലിച്ച്, അതിനെ അർദ്ധഗോളങ്ങളായി വേർപ്പെടുത്താൻ ശ്രമിച്ചു. പലവട്ടം പരിശ്രമിച്ചിട്ടും കഴിയാതെവന്നപ്പോൾ, ഗാരിക്ക് ആ ചുമതല ചക്രവർത്തിയെത്തന്നെ ഏൽപ്പിച്ചു. സാമാന്യം നല്ല കായബല മുള്ള ആളായിരുന്നു ചക്രവർത്തി. ആകാവുന്നത്ര ഊക്കോടെ അദ്ദേഹം വളയങ്ങളിൽപ്പിടിച്ചു, പലവട്ടം. ഒന്നും സംഭവിച്ചില്ല. പണ്ഡിത സമൂഹ ത്തിൽ നിന്നും തടിമിടുക്കുള്ള ഒന്നുരണ്ടുപേരും അർദ്ധഗോളങ്ങളെ വലിച്ചു വേർപ്പെടുത്താൻ വൃഥാ ശ്രമംനടത്തിനോക്കി. എല്ലാവരും പരാജയപ്പെട്ടപ്പോൾ ഗാരിക്ക് സമീപത്തുണ്ടായിരുന്ന സഹായിക്ക് ഒരു സൂചന നൽകി. അന്നേരം നാല് കുതിരകളേയും കൊണ്ട് രണ്ടുപേർ അവിടെ വന്നു. ഓരോ അർദ്ധഗോളത്തിന്റേയും പിറകിലെ കൊളുത്തു മായി ബന്ധിച്ച കയർ ഈ രണ്ടു കുതിരകളുടെ കഴുത്തിൽക്കെട്ടി. ഓരോ അർദ്ധഗോളത്തിൽ നിന്നും വരുന്ന കയറും വലിച്ച് ഈ രണ്ടു കുതിരകൾ, കുതിരക്കാരുടെ ചാട്ടവാറടിയേറ്റ് എതിർദിശയിലേക്കു പാഞ്ഞു. കുതിരകൾ എല്ലാ ശക്തിയുമുപയോഗിച്ചു വലിച്ചിട്ടും അർദ ഗോളങ്ങൾ വേർപ്പെട്ടില്ല. ഗാരിക്ക് വീണ്ടും ഒരു സൂചനനൽകിയപ്പോൾ, ഓരോ ഭാഗത്തും ഈ രണ്ടു കുതിരകൾക്കുപകരം നന്നാലു കുതിരക

ളായി. അവ ആഞ്ഞുവലിച്ചിട്ടും ഗോളങ്ങൾ വേർപ്പെടുന്നമട്ടില്ല. മൂന്നാമത്തെ തവണ ഓരോ ഭാഗത്തും എട്ടെട്ടു കുതിരകളെവീതം നിയോ ഗിച്ചു. കമ്പവലി മത്സരംപോലെ അവ ആഞ്ഞുവലിച്ചു. അപ്പോൾ 'ഭം' എന്ന ഒരു ശബ്ദത്തോടെ അർധഗോളങ്ങൾ വേർപ്പെട്ടു.

ഗാരിക്കിന്റെ പരാജയവും പതനവും കാണാൻ സന്നദ്ധരായി വന്ന ജനക്കൂട്ടം ഈ അത്ഭുതം കണ്ട് ആഹ്ലാദപൂർവ്വം ആർത്തുവിളിച്ചു. ചക്രവർത്തിക്കും വളരെ സന്തോഷമായി. വായുശൂന്യമായ ഗോളത്തെ അർധഗോളങ്ങളായി വേർപ്പെടുത്താൻ പതിനാറു കുതിരകളുടെ കരുത്ത് ഉപയോഗിക്കേണ്ടിവന്നതിന്റെ കാരണം, ഗാരിക്ക് ചക്രവർത്തിക്കും അവിടെ കൂടിയ ജനങ്ങൾക്കും വിവരിച്ചു കൊടുത്തു: 'ഇതിൽ യാതൊരു മന്ത്രവാദവുമില്ല. ഗോളത്തിനകത്തു വായുവുണ്ടായിരുന്നപ്പോൾ അതിന്റെ അകത്തും പുറത്തുമുള്ള മർദം സമമായിരുന്നു. അതുകൊണ്ടാണ് അതിനെ നിഷ്പ്രയാസം അർധഗോളങ്ങളായി വേർപ്പെടുത്താൻ കഴിഞ്ഞത്. ഗോളത്തിനകത്തെ വായു പമ്പുപയോഗിച്ചു വലിച്ചെടുത്ത് അകം ശൂന്യമാക്കിയപ്പോൾ, അകത്തു മർദമില്ലാതാവുകയും, പുറത്തുള്ള വായുവിന്റെ മർദം സർവ്വശക്തിയോടുംകൂടി ഗോളത്തെ അമർത്തുകയും ചെയ്തു. അദൃശ്യമെങ്കിലും ഇതൊരു വലിയബലമാണ്. ഗോളത്തിന്റെ പുറത്തുനിന്ന് അതിനെ ഞെരുക്കിയ വായുവിന്റെ മർദത്തെ ചെറുത്തു തോൽപ്പിക്കാൻ പതിനാറുകുതിരകളുടെ ശക്തി ഉപയോഗിക്കേണ്ടി വന്നത് നിങ്ങൾ കണ്ടതാണല്ലോ?'

ജനക്കൂട്ടത്തിന്റെ മുന്നിൽവച്ച് ചക്രവർത്തി മേയറെ ഹാർദമായി അഭിനന്ദിച്ചു. സ്വന്തം ശാസ്ത്രപരീക്ഷണങ്ങൾ നിർബാധം നടത്താൻ അദ്ദേഹത്തിന് അനുവാദം നൽകി. കൂട്ടത്തിൽ ഒരു കാര്യംകൂടി അദ്ദേഹം മേയറെ ഓർമ്മിപ്പിച്ചു: 'നിങ്ങൾ മറ്റൊരു കണ്ടുപിടിത്തം കൂടി നടത്തുക യാണെങ്കിൽ എന്നെക്കൂടി അറിയിക്കാൻ മറക്കരുത്. ശാസ്ത്രത്തിന് നിങ്ങളിൽനിന്ന് ഇതിലും വലിയ സംഭാവനകൾ ലഭിക്കുമെന്നകാര്യ ത്തിൽ സംശയമില്ല.'

വായുമർദത്തിന്റെ ശക്തി വ്യക്തമാക്കാൻ വേണ്ടി എടുത്തു പറയുന്ന ഒരു പരീക്ഷണമാണിത്. ഇതിനും വൈദ്യുതിക്കും തമ്മിൽ എന്താണു ബന്ധം എന്നു നീ ചോദിക്കും. ഈ പരീക്ഷണം പരാജയപ്പെട്ട് ചക്രവർ ത്തിയുടെ അപ്രീതിക്കും ജനങ്ങളുടെ വിരോധത്തിനും ഗാരിക്ക് വിധേയ നായിരുന്നെങ്കിൽ, അദ്ദേഹത്തിന് തന്റെ ശാസ്ത്ര പരീക്ഷണങ്ങൾ നിർ ത്തിവെയ്ക്കേണ്ടിവന്നേനെ. വൈദ്യുതിയെ സംബന്ധിക്കുന്ന ശാ സ്ത്രത്തിന് അദ്ദേഹത്തിൽ നിന്നു ലഭിച്ച സംഭാവന, ഒരുപക്ഷേ, ഈ പ്രതികൂല സാഹചര്യം മൂലം നഷ്ടപ്പെടില്ലെന്നാരുകണ്ടു. ചക്രവർ

46

ത്തിയുടെ അംഗീകാരം ലഭിക്കുകയും ജനങ്ങളുടെ എതിർപ്പുകുറയു കയും ചെയ്തതോടെ ഗാരിക്കിന്റെ ശ്രദ്ധ തിരിഞ്ഞത് വൈദ്യുതിയേയും കാന്തതയേയും സംബന്ധിച്ച പരീക്ഷണങ്ങളിലേക്കായിരുന്നു. ഡോക്ടർ വില്ല്യം ഗിൽബർട്ടിന്റെ ഗ്രന്ഥത്തിൽ ക്രോഡീകരിച്ചിരിക്കുന്ന നിരീക്ഷ ണങ്ങളും രൂപീകരിച്ചിരുന്ന അഭിപ്രായങ്ങളും ഇക്കാര്യത്തിൽ അദ്ദേഹ ത്തിനു മാർഗദീപമായി. ഘർഷണംമൂലം ഇലക്ട്രിസിറ്റി ഉത്പാദിപ്പി ക്കുന്ന പരീക്ഷണങ്ങളായിരുന്നു ഗാരിക്കിനെ കൂടുതൽ ആകർഷിച്ചത്. ആമ്പറിലോ ഗ്ലാസിലോ കമ്പിളി കൊണ്ടുരസിയാൽ കിട്ടുന്ന വൈദ്യുതാ കർഷണം വളരെ ദുർബലവും താൽക്കാലികവുമാണ്. കാര്യമായ എന്തെങ്കിലും പരീക്ഷണം ഇത്രയും ദുർബലമായ ആകർഷണ ശക്തിയു പയോഗിച്ചു നടത്താൻ പറ്റില്ല. ഘർഷണംവഴി കൂടിയ അളവിൽ വൈദ്യുതി ഉത്പാദിപ്പിക്കാൻ സഹായിക്കുന്ന എന്തെങ്കിലുമൊരു സംവിധാനം ഉണ്ടാക്കണമെന്നതായിരുന്നു ഗാരിക്കിന്റെ ലക്ഷ്യം. ഇതിനു വേണ്ടി പല പരീക്ഷണങ്ങളും അദ്ദേഹം നടത്തിനോക്കി. അവസാനം ഗന്ധകമുരുക്കി പാകപ്പെടുത്തി സാമാന്യം വലിപ്പത്തിൽ ഒരു ഗോളമുണ്ടാക്കി. ഗോളത്തിന്റെ ഒത്തനടുവിൽക്കൂടി ഒരു ലോഹദണ്ഡു കടത്തി. ദണ്ഡിന്റെ ഒരറ്റത്ത് ക്രാക്കുപോലെ വളഞ്ഞ ഒരു പിടിയും ഘടിപ്പിച്ചു. ഗോളത്തെ ഒരു താങ്ങിലുറപ്പിച്ച്, കൈപ്പിടി തിരിച്ചാൽ ഗന്ധകഗോളം കറങ്ങും. ഉറയിട്ട കൈകൊണ്ട് ഗന്ധകഗോളം സ്പർശിച്ച് കൈപ്പിടി തിരിച്ച് ഗോളത്തെ അതിവേഗത്തിൽ കറക്കിയാൽ ധാരാളം വൈദ്യുതി ലഭിക്കുമെന്ന് ഗാരിക്ക് തെളിയിച്ചു. പക്ഷേ ആമ്പറിലെന്നതു പോലെ ഇപ്രകാരമുണ്ടാകുന്ന വൈദ്യുതി അതുണ്ടാകുന്ന സ്ഥാനത്തു തന്നെ കേന്ദ്രീകരിച്ചു നിൽക്കുന്നതല്ലാതെ മറ്റൊരിടത്തേക്ക് പ്രവഹിക്കു ന്നില്ല. ഇക്കാരണത്താൽ ഘർഷണം കൊണ്ടുണ്ടാവുന്ന വൈദ്യുതിക്ക്, ഗാരിക്ക് നിശ്ചലവൈദ്യുതി അല്ലെങ്കിൽ സ്ഥിതവൈദ്യുതി എന്നു പേര് കൊടുത്തു. കൂടിയ തീവ്രതയോടെ സ്ഥിതവൈദ്യുതി ഉത്പാദിപ്പിക്കാൻ അദ്ദേഹം നിർമ്മിച്ച കറക്കാവുന്ന ഗന്ധകഗോളത്തിനും ഒരു പേരു വേണമല്ലോ. അതിനെ ഇലക്ട്രോസ്റ്റാറ്റിക് മെഷീൻ എന്നു വിളിക്കുന്നു. ഗന്ധകഗോളം കൊണ്ടുള്ള ഇലക്ട്രോ സ്റ്റാറ്റിക്‌യന്ത്രത്തിന് ഉത്തേജിതാ വസ്ഥയിൽ കടലാസ്, മരച്ചീളുകൾ, തുവലുകൾ എന്നിവയെ ശക്തമായി ആകർഷിക്കാൻ കഴിയും.

വൈദ്യുതിയെ സംബന്ധിച്ച പഠനങ്ങളിൽ വോൺ ഗാരിക്കു നൽകിയ മറ്റൊരു സംഭാവന വൈദ്യുതചാർജ് ഒരു പദാർഥത്തിൽ നിന്നും മറ്റൊന്നിലേക്ക് മാറ്റാൻ കഴിയുമെന്നതായിരുന്നു. ഉദാഹരണമായി, ശക്തിയോടെ കറങ്ങിക്കൊണ്ടിരിക്കുന്ന ഗന്ധകഗോളവുമായി തൊട്ടിരി

47

ഗാരിക്കിന്റെ ഇലക്ട്രോസ്റ്റാറ്റിക് യന്ത്രം

ക്കുന്ന ഒരു ലോഹത്തകിടും വൈദ്യുതീകരിക്കപ്പെടുന്നു. ഇതിനർത്ഥം വൈദ്യുതവത്കരിക്കപ്പെട്ട ഒരു പദാർത്ഥവുമായി സമ്പർക്കത്തിലിരിക്കുന്ന മറ്റൊരു പദാർത്ഥവും വൈദ്യുതവത്കരിക്കപ്പെടുമെന്നതാണ്. വൈദ്യുതിയെക്കുറിച്ചുള്ള പഠനത്തിൽ വോൺഗാരിക്കിന്റെ മികച്ച സംഭാവന അദ്ദേഹം നിർമ്മിച്ച ഇലക്ട്രോസ്റ്റാറ്റിക് മെഷീൻതന്നെയാ കുന്നു. ഇതുപയോഗിച്ച് ഏതു നിമിഷത്തിലും സ്ഥിതവൈദ്യുതി ഉത്പാ ദിപ്പിക്കാം. ഈ ഉപകരണം യൂറോപ്പിലെ ഉന്നതപരീക്ഷണശാലകളിൽ സ്ഥാനം പിടിച്ചു.

6 ഒഴുകുന്ന വൈദ്യുതിയും ലെയ്ഡൻജാറും

വൈദ്യുതിയുടെ കഥയന്വേഷിച്ച് ഒരു സാങ്കൽപ്പികയന്ത്രത്തിൽ നാം കാലത്തിൽക്കൂടി രണ്ടായിരത്തറുന്നൂറു വർഷം പിറകോട്ടു പോവുക യായിരുന്നു. ഫെയ്ലിസിന്റെ ആമ്പർപരീക്ഷണത്തിൽ നിന്നാരംഭിച്ച നമ്മുടെ അന്വേഷണം പതിനേഴാം നൂറ്റാണ്ടിൽ ഓട്ടോവാൻ ഗാരിക്ക് കണ്ടുപിടിച്ച ഇലക്ട്രോസ്റ്റാറ്റിക്ക് യന്ത്രത്തിൽ വന്നുനിൽക്കുന്നു. പരീക്ഷ ണത്തിനുവേണ്ടി വസ്തുക്കളെ വൈദ്യുതീകരിക്കാൻ ഗാരിക്കിന്റെ ഉപകരണം യൂറോപ്പിലെ സർവ്വകലാശാലകളും ഗവേഷണശാലകളും ഏറെക്കാലം ഉപയോഗിച്ചിരുന്നു. പക്ഷേ മറ്റു പദാർത്ഥങ്ങളെ വൈദ്യുതീ കരിക്കുകയെന്നതല്ലാതെ നാം ഇന്നുകാണുന്ന രീതിയിൽ ചാലകങ്ങളിൽ ക്കൂടി വൈദ്യുതി യഥേഷ്ടം പ്രവഹിപ്പിക്കാൻ കഴിയുമെന്നും അത് പലതരം ആവശ്യ ങ്ങൾക്കുപയോഗിക്കാമെന്നും അന്നാരും സ്വപ്നം കണ്ടിട്ടുപോലുമുണ്ടായിരിക്കില്ല. എന്നാൽ വോൺ ഗാരിക്കിന്റെ മരണശേഷം അരനൂറ്റാണ്ടിനുള്ളിൽ വൈദ്യുതിയെക്കുറിച്ചുള്ള പഠനത്തിൽ എടുത്തുപറയാവുന്ന ഒരു കുതിച്ചുചാട്ടമുണ്ടായി. സ്റ്റീഫൻ ഗ്രേ എന്ന പാവപ്പെട്ട ശാസ്ത്രകാരന്റെ പരീക്ഷണങ്ങളും പഠനങ്ങളു മാണ് ഇതിനു വഴിയൊരുക്കിയത്.

ഇംഗ്ലണ്ടിൽ ഒരു ദരിദ്രകുടുംബത്തിലായിരുന്നു സ്റ്റീഫൻ ഗ്രേ ജനിച്ചത്. ഒരു ചെറിയ ജോലിയുമായാണ് അദ്ദേഹം ജീവിതമാരംഭിച്ചത്. പരിമിതമായ വരുമാനംകൊണ്ട് അരിഷ്ടിച്ചുജീവിക്കുകയാ യിരുന്നെങ്കിലും ഗ്രേയുടെ തലയിൽ വൈദ്യുതിയെക്കുറിച്ച് ധാരാളം ആശയങ്ങളും അതിലേറെ പ്രതീക്ഷകളുമുണ്ടായിരുന്നു. എന്നാൽ കൈയിൽ കാശില്ലാതിരുന്നതുകൊണ്ട് പഠിക്കാൻവേണ്ട പുസ്തക ങ്ങളോ, പരീക്ഷണത്തിനാവശ്യമുള്ള ഉപകരണങ്ങളോ വാങ്ങാൻ

അദ്ദേഹത്തിനു കഴിഞ്ഞില്ല. പ്രാവർത്തികമാകാത്ത ആശയങ്ങളും പേറി വിഷാദമൂകനായ സ്റ്റിഫൻ ഗ്രേ നാളുകൾ നീക്കി.

ഭാഗ്യവശാലെന്നു പറയട്ടെ, മാന്യനായ ഒരു വ്യക്തിയുടെ സൗഹൃദ ത്തിനു പാത്രമാവാൻ ഗ്രേക്കു കഴിഞ്ഞു. ഗ്രാൻവിൽ വേലർ എന്ന ആ മാന്യൻ സമ്പന്നനായിരുന്നെങ്കിലും സഹൃദയനായിരുന്നു. എന്തോ ആലോചിച്ചുകൊണ്ട് തലയും കുനിച്ചു നടന്നുപോകുന്ന സ്റ്റിഫൻ ഗ്രേയെ വഴിക്കുവെച്ച് ഒരു ദിവസം വേലർ കാണാനിടയായി. കുശലം ചോദിക്കുന്നതിനിടയിൽ അദ്ദേഹം അന്വേഷിച്ചു: 'സ്റ്റിഫൻ ഗ്രേ, നിങ്ങളുടെ മുഖത്ത് എന്താണൊരു വിഷാദഭാവം. പല്ലുവേദനയുണ്ടോ?' 'പല്ലുവേദന വന്നാൽ പല്ലെടുത്തുകളയാം. പക്ഷേ മനസ്സിന്റെ വേദന എങ്ങനെ മാറ്റും?' ഗ്രേയുടെ മറുപടി.

സംഗതിയെന്താണെന്നറിയാൻ വേലർ, സ്റ്റിഫൻ ഗ്രേയെ തന്റെ വസതിയിലേക്കു ക്ഷണിച്ചു. ലണ്ടനിൽ ഓട്ടർഡെൻ എന്ന സ്ഥലത്ത് കൊട്ടാരസദൃശമായ ഒരു വീട്ടിലായിരുന്നു ഗ്രാൻവിൽ വേലർ താമസിച്ചിരുന്നത്. വേലറുടെ ആതിഥ്യം സ്വീകരിച്ച് അവിടെയെത്തിയ ഗ്രേ തന്റെ പ്രയാസങ്ങൾ അദ്ദേഹത്തെ അറിയിച്ചു: 'ഞാൻ ഒരിക്കലും ഒരു ധനികനാകാൻ ആഗ്രഹിച്ചിട്ടില്ല. പേരെടുക്കണമെന്നും പദവികൾ നേടണമെന്നും ഉള്ള ആഗ്രഹവും എനിക്കില്ല.' വില്യംഗിൽബർട്ടിന്റെ 'കാന്തത്തെപ്പറ്റി' എന്ന പുസ്തകം വായിക്കുകയും ഗാരിക്കിന്റെ ഇലക്ട്രോസ്റ്റാറ്റിക്ക് യന്ത്രം കാണുകയും ചെയ്തതിന്റെ ഉന്മേഷത്തിൽ, സ്റ്റിഫൻ ഗ്രേ തുടർന്നു: 'എന്നാൽ വൈദ്യുതിയെക്കുറിച്ച് എനിക്ക് ചില ആശയങ്ങളുണ്ട്. പക്ഷേ എന്റെ ആശയങ്ങൾ എത്രമാത്രം ശരിയാണോ എന്ന് പരീക്ഷണം നടത്തി മാത്രമേ നിശ്ചയിക്കാനൊക്കൂ. പക്ഷേ അതിനാ ണെങ്കിൽ ഉപകരണങ്ങളുടെ സജ്ജീകരണങ്ങളും ലബോറട്ടറിയു മൊക്കെ വേണം. ഇവയൊക്കെ ഉണ്ടാവണമെങ്കിൽ പണം വേണം. പ്രിയപ്പെട്ട വേലർ, താങ്കൾക്കറിയാമോ, ഞാൻ വെറുതെ കിറുക്കു പറയുകയല്ല. ഇന്ന് ഗവേഷകർക്കുമാത്രം താൽപ്പര്യമുള്ള ഈ വൈദ്യുതിയുണ്ടല്ലോ കുറച്ചുകാലത്തിനകം അത് നമ്മുടെ ജീവിതത്തിൽ അത്ഭുതങ്ങൾ സൃഷ്ടിക്കും, തീർച്ച.'

സ്റ്റിഫൻ ഗ്രേയുടെ ആത്മാർത്ഥതയും ശുഭപ്രതീക്ഷ നിറഞ്ഞ ആശയങ്ങളും ഗ്രാൻവിൻ വേലറെ ഏറെ ആകർഷിച്ചു.

'വിഷമിക്കാതിരിക്കൂ സ്റ്റിഫൻ.' ഗ്രേയെ സമാശ്വസിപ്പിച്ചുകൊണ്ട് വേലർ പറഞ്ഞു: 'എല്ലാറ്റിനും ഒരു വഴിയുണ്ടാകും. നിങ്ങൾക്ക് ധാരാളം ആശയങ്ങളുണ്ട്, പണമില്ല. എനിക്കാകട്ടെ, പണം വേണ്ടത്രയുണ്ട്, പക്ഷേ ഭാവനയോ ആശയങ്ങളോ ഇല്ല. പക്ഷേ താങ്കൾ പറയുന്നതിന്റെ പ്രാധാന്യം ഗ്രഹിക്കാൻ എനിക്കു കഴിയും. ഇന്നല്ലെങ്കിൽ നാളെ,

വൈദ്യുതി നമ്മുടെ നിത്യജീവിതത്തിന്റെ അഭേദ്യഘടകമായിമാറും. അതിനുവേണ്ടിയുള്ള ശ്രമത്തിൽ കാര്യമായ പങ്കുവഹിക്കാൻ താങ്കൾക്കു കഴിയുമെന്നും എനിക്കു തോന്നുന്നു. ആ നിലയിൽ താങ്കളെ ലോകം അറിഞ്ഞാദരിക്കുന്ന ഒരുദിനം വരും.'

'പക്ഷേ എന്തുചെയ്യാം. എല്ലാത്തിനും അതിന്റേതായ സൗകര്യങ്ങൾ വേണ്ടേ?' വളരെക്കാലമായി തന്നെ ബാധിച്ച നിരാശയിൽ നിന്നും ഗ്രേ ഇപ്പോഴും വിമോചിതനായിരുന്നില്ല.

'ഒരു കാര്യം ചെയ്യാം. പരീക്ഷണം നടത്താനുള്ള ഉപകരണങ്ങ ളൊക്കെ നമുക്കു വാങ്ങാം. ഈ വീട്ടിലാണെങ്കിൽ ധാരാളം സ്ഥല സൗകര്യങ്ങളുമുണ്ട്. ഇവിടത്തെ വിശാലമായ ഒരു മുറി പരീക്ഷണ ശാലയായി താങ്കൾക്കുപയോഗിക്കാം. ഇഷ്ടമുള്ള പരീക്ഷണങ്ങൾ നടത്തുകയും ചെയ്യാം. ഒരു വ്യവസ്ഥമാത്രം: എന്നെ താങ്കളുടെ അസിസ്റ്റന്റായി അംഗീകരിക്കണം.' വേലറുടെ ഈ വാഗ്ദാനം മരുഭൂമിയിൽപ്പെയ്ത മഴപോലെയാണ് സ്റ്റിഫൻ ഗ്രേക്കനുഭവപ്പെട്ടത്.

'വൈദ്യുതിയെ ഒരിടത്തുനിന്നും മറ്റൊരിടത്തേക്ക് പ്രവഹിപ്പി ക്കാനാകുമോ എന്നതായിരുന്നു സ്റ്റിഫൻ ഗ്രേയെ അലട്ടിയിരുന്ന വിഷയം.' രശ്മി വിശദീകരിച്ചു.

'ഓഹോ, ഇതാണോ ഇത്രവലിയ ആനക്കാര്യം? ഒരു ബാറ്ററിവാങ്ങി അതിന്റെ നെഗറ്റീവും പോസിറ്റീവുമായി ഒരു കമ്പി ഘടിപ്പിച്ചാൽ അതിൽക്കൂടി സുന്ദരമായി വൈദ്യുതി പ്രവഹിക്കും. അതുകണ്ടെത്താൻ ഗവേഷണമൊന്നും വേണ്ട.' ഇതുവരെ കേൾവിക്കാരിമാത്രമായി മിണ്ടാതിരുന്നിരുന്ന സുമി പറഞ്ഞു.

'സുമിക്ക് ഇവിടെയിരുന്ന് ഇപ്പോൾ ഇതൊക്കെപ്പറയാം. ഇന്ന് കമ്പിയിൽക്കൂടിയും കമ്പിയില്ലാതെയും എത്ര ദൂരത്തേക്കുവേണ മെങ്കിലും വൈദ്യുതി കൊണ്ടുപോകാം. പക്ഷേ സ്റ്റിഫൻ ഗ്രേ സ്വപ്നം കണ്ടകാലം ഏതാണെന്നോർക്കണം. അന്ന്, നീ പറയുന്ന ബാറ്ററി പോലും കണ്ടുപിടിച്ചിട്ടില്ലായിരുന്നു. വൻതോതിൽ കറന്റുണ്ടാക്കുന്ന ജനറേറ്ററിനെക്കുറിച്ചുള്ള സ്വപ്നംപോലും ആർക്കുമുണ്ടായിരുന്നില്ല. ആകെയുണ്ടായിരുന്നത് ദുർബലവും രൂപംകൊള്ളുന്ന സ്ഥലത്ത് കേന്ദ്രീകരിക്കുകയും ചെയ്യുന്ന സ്ഥിത വൈദ്യുതിമാത്രം. അതിനെ ഒരു സ്ഥലത്തുനിന്ന് മറ്റൊരിടത്തേക്ക് പ്രവഹിപ്പിക്കാൻ കഴിയുമോ എന്നാലോചിക്കുകയും അതിനു വേണ്ടി പരീക്ഷണം നടത്താൻ ഏതു ബുദ്ധിമുട്ടും സഹിക്കാൻ തയ്യാറാവുകയും ചെയ്യുന്ന ആൾ എത്ര ധീരമായ ഭാവനയുള്ളവനാണ്. നീ സ്റ്റിഫൻ ഗ്രേയെ കാര്യമറിയാതെ വിലകുറച്ചു കാട്ടുന്നതു ശരിയല്ല. ഏതു കാര്യവും കാലത്തെ അടിസ്ഥാന

മാക്കി വേണം പരിശോധിക്കാൻ. ഇന്നു നമുക്ക് ട്രാൻസിസ്റ്ററുകളും ഐ.സി. ചിപ്പുകളുമൊക്കെയുണ്ട്. ഇവയൊന്നും രണ്ടായിരത്തറുന്നൂറു കൊല്ലം മുമ്പ് ഥെയ്ലിസ് കണ്ടുപിടിച്ചില്ലെന്നു പറഞ്ഞ് അദ്ദേഹത്തെ ആക്ഷേപിച്ചിട്ടെന്തുകാര്യം? ഓരോ കണ്ടുപിടിത്തവും അതിനുമുമ്പുള്ളവ യുടെ തുടർച്ചയെന്നനിലയിൽ നടക്കുന്നു. ഓരോന്നിനും അതതിന്റെ സമയവും സന്ദർഭവുമൊക്കെയുണ്ട്.' സുമിയുടെ വിവരക്കേടിനു മറുപടി പറഞ്ഞുകൊണ്ട് രശ്മി സ്റ്റിഫൻ ഗ്രേയുടെ കഥ തുടർന്നു: 'വൈദ്യുതിയെ ക്കുറിച്ച് അന്നേവരെ ലഭ്യമായിരുന്ന വിവരങ്ങളെല്ലാം ഗ്രേ വായിച്ചും മറ്റുള്ളവരുമായി ചർച്ച ചെയ്തും മനസ്സിലാക്കിയിരുന്നു. താൻ നടത്താനുദ്ദേശിക്കുന്ന പരീക്ഷണങ്ങൾക്കുവേണ്ട ഉപകരണങ്ങൾ വാങ്ങി. വളരെ അധികമൊന്നുമുണ്ടായിരുന്നില്ല, അവ. നീളമുള്ള ഒരു ചരട്, ഒരു ഐവറിഗോളം, ഒരു വലിയ ഗ്ലാസ്ദണ്ഡ്, സിൽക്കുകഷണം, ഒരു തൂവൽ, ചുമരിൽ ചരടുപിടിപ്പിക്കാൻവേണ്ടി കുറെ ലോഹക്കൊളുത്തുകൾ, ഇത്രതന്നെ. ഗ്രാൻവിൽ വേലറുടെ വീട്ടിലെ വിശാലമായ മുറി പരീക്ഷണത്തിനു തെരഞ്ഞെടുത്തു. മുറിയിൽ ഒരറ്റം മുതൽ മറ്റേ അറ്റം വരെ വിലങ്ങനെ ചരടുകൾ ബന്ധിച്ചുനിർത്തി. എല്ലാം ബന്ധിച്ചു കഴിഞ്ഞപ്പോൾ ചരടുകൾകൊണ്ടുള്ള ഒരു പന്തൽ പോലെ തോന്നി, അത്. ചരടിന്റെ ഒരറ്റം നീളമുള്ള ഗ്ലാസ്ദണ്ഡുമായി ഘടിപ്പിച്ചു. മറ്റേ അറ്റത്ത് ഐവറിഗോളം ഘടിപ്പിച്ചു. എല്ലാം തയ്യാറായപ്പോൾ മുറിയുടെ ഒരു ഭാഗത്തുള്ള ഗ്ലാസ്ദണ്ഡിനടുത്ത് സ്റ്റിഫൻ ഗ്രേ കൈയിൽ ഒരു സിൽക്കുകഷണവുമായി ഇരുന്നു. മറ്റേ അറ്റത്ത് ചരടുമായി ബന്ധിച്ചുള്ള ഐവറി ഗോളത്തിനടുത്ത് കൈയിൽ ഒരു തൂവലുമായി ഗ്രാൻവിൽ വേലറും ഇരുന്നു. ഗ്രേയുടെ നിർദേശം കിട്ടിയ ഉടൻ തൂവലിനെ ഐവറി

ഗോളത്തിനു സമീപം കൊണ്ടുവരിക. അതായിരുന്നു വേലറുടെ ചുമതല. ഐവറിഗോളത്തിനു വൈദ്യുതച്ചാർജ് ലഭിച്ചാൽ തൽക്ഷണം അതു തൂവലിനെ ആകർഷിക്കും.

സ്റ്റിഫൻ ഗ്രേ ചരടുമായി ബന്ധിച്ച ഗ്ലാസ്ദണ്ഡിൽ സിൽക്കു കഷണം കൊണ്ട് ശക്തിയായി ഉരസാനാരംഭിച്ചു. കുറെനേരം അങ്ങനെ ഉരസി. ഗ്ലാസ്ദണ്ഡിന് വൈദ്യുതച്ചാർജ് ലഭിച്ചിട്ടുണ്ടെന്ന് ബോധ്യമായപ്പോൾ കൂട്ടുകാരനോടു വിളിച്ചുചോദിച്ചു: 'ഐവറി ഗോളം തൂവലിനെ ആകർഷി ക്കുന്നുണ്ടോ?' 'ഏയ്, ഇല്ല' വേലറുടെ മറുപടി.

ഗ്രേ വീണ്ടും ഗ്ലാസ്ദണ്ഡിനെ ഉരസിക്കൊണ്ടിരുന്നു.

'ഗോളം തൂവലിനെ ആകർഷിക്കുന്നുണ്ടോ?' ഗ്രേ വീണ്ടും അന്വേ ഷിച്ചു.

'ഇല്ല, ഒരനക്കവുമില്ല.' വേലറുടെ മറുപടി.

സ്റ്റിഫൻ ഗ്രേയുടെ നിരാശ കരച്ചിലിന്റെ വക്കത്തെത്തി.

തന്റെ പരീക്ഷണം ഒരിക്കലും വിജയിക്കില്ലെന്ന് ആ നിമിഷത്തിൽ ഗ്രേക്കു തോന്നി. എന്നാൽ അതിന്റെ വിജയത്തെക്കുറിച്ച് കൂടുതൽ വിശ്വാസം ഗ്രാൻവിൽ വേലറിനായിരുന്നു. അദ്ദേഹം ഗ്രേയെ ആശ്വസി പ്പിച്ചു: 'സ്റ്റിഫൻ, പരിഭ്രമിക്കാതിരിക്കൂ. ഉപകരണങ്ങൾ ക്രമീകരിച്ചതിൽ എവിടെയെങ്കിലും താങ്കൾക്ക് പിശകുപറ്റിക്കാണും. പരിഭ്രമിക്കാതെയും ദുഃഖിക്കാതെയും അതെന്തെന്നാലോചിക്കൂ. ഇന്നിനി ഈ പരിപാടി തുട രേണ്ട. താങ്കൾപോയി നദിക്കരയിലെ ശാന്തമായ അന്തരീക്ഷത്തിലിരുന്ന് ആലോചിച്ച് തകരാറെന്താണെന്ന് കണ്ടുപിടിക്കൂ.'

സംഗതി ശരിയാണെന്ന് ഗ്രേക്കും തോന്നി. ചൂടുപിടിച്ച തലയിൽ ചിന്തയ്ക്കു സ്ഥാനമില്ല. എവിടെയാണ് പിഴവെന്ന് തെംസിന്റെ കരയിലി രുന്ന് ശാന്തമായാലോചിക്കാം.

ദിവസങ്ങൾ കടന്നുപോയി.

മഞ്ഞുപെയ്യുന്ന ഒരു ശീതക്കാലരാത്രി. സമയം 8 മണിയോടടു ത്തുകാണും. തണുപ്പുകാരണം റോഡിൽ ആൾപ്പെരുമാറ്റം കുറവ്. ഇടയ്ക്കിടെ മൂടിക്കെട്ടിയ ചില കുതിരവണ്ടികൾ മാത്രം കടന്നുപോ കുന്നുണ്ടായിരുന്നു. ആൾപ്പെരുമാറ്റം കുറഞ്ഞ തെരുവിൽക്കൂടി അന്നേരം കക്ഷത്തൊരു പൊതിക്കെട്ടും അടക്കിപ്പിടിച്ച്, അസ്ഥി തുളയ്ക്കുന്ന തണുപ്പിനെ വകവെയ്ക്കാതെ ഒരാൾ അതിവേഗം നടന്നുപോകുന്നുണ്ടാ യിരുന്നു. എന്തൊക്കെയോ ഗാഢമായി ആലോചിക്കുന്നതു കൊണ്ടായി രിക്കണം, ചുറ്റുപാടും എന്തുനടക്കുന്നു എന്ന് ശ്രദ്ധിച്ചു കൊണ്ടായിരു ന്നില്ല, അയാളുടെ യാത്ര. യാത്രക്കാരൻ നേരെചെന്നു കയറിയത് ഓട്ടർഡെനിലുള്ള ഗ്രാൻവിൽ വേലറുടെ വീട്ടിലായിരുന്നു.

വാതിൽക്കൽ മുട്ടുകേട്ട് വേലർ നേരിട്ടുവന്ന് വാതിൽ തുറന്നു.

'എന്താണ് സ്റ്റിഫൻ ഈ അസമയത്ത്? പുറത്തു നല്ല തണുപ്പു ണ്ടല്ലോ. വരൂ, നമുക്കു കുറച്ചുനേരം നെരിപ്പോടിനടുത്തിരുന്ന് തീ കാഞ്ഞ് തണുപ്പുമാറ്റാം.' വേലർ, സ്റ്റിഫൻ ഗ്രേയെ അകത്തേക്കു ക്ഷണിച്ചു.

എന്നാൽ ഗ്രേയുടെ മനസ്സിലുണ്ടായിരുന്ന ചൂട് പുറത്തെ തണു പ്പിനെ നിസ്സാരമാക്കുന്നതായിരുന്നു.

'അതൊക്കെ പിന്നെയാകാം. പരീക്ഷണത്തിന്റെ തകരാറ് ഞാൻ കണ്ടെത്തിയിരിക്കുന്നു. തീർച്ചയായും ഇത്തവണ അതു വിജയിക്കും. വരൂ, ഗ്രാൻവിൽ, ഈ പരീക്ഷണം നടത്താൻ എന്നെയൊന്നു സഹായിക്കൂ.'

സ്റ്റിഫൻ ഗ്രേയും വേലറുംകൂടി പരീക്ഷണമുറിയിലേക്കു നീങ്ങി. ഗ്രേ കൈയിലിരുന്ന പൊതി അഴിച്ചു. ചരടിന്റെ ഒരു വലിയ റീലും ഒരു ഐവറിഗോളവുമായിരുന്നു അതിനുള്ളിൽ. പന്തലിടുന്ന മാതിരി ഗ്രേയും വേലറുംകൂടി ചുമരിൽ ഘടിപ്പിച്ചിരുന്ന കൊളുത്തുകളിൽ നിരനിരയായി ചരടുകൾ പിടിപ്പിച്ചു. ചുമരിലെ ലോഹക്കൊളുത്തുകളിൽ ചരടുറപ്പിക്കു മ്പോൾ ഇത്തവണ സ്റ്റിഫൻ ഗ്രേ പ്രത്യേകം ശ്രദ്ധിക്കുന്നുണ്ടായിരുന്നു. 276 മീറ്റർ നീളമുള്ള ഒരു ചരടായിരുന്നു അവർ ഏറെ നേരം പണിപ്പെട്ട തിനുശേഷം ഒരു പന്തൽപോലെ മുറിയിൽ ക്രമീകരിച്ചത്. ചരടിന്റെ ഒറ്റം പതിവുപോലെ ഗ്ലാസ്ദണ്ഡിനോടും മറ്റേയറ്റം ഐവറിഗോളത്തോടും ബന്ധിച്ചിരുന്നു. ഐവറി ഗോളത്തിനു സമീപം, കൈയിൽ ഒരു തൂവലുമായി വേലർ ഇരുന്നു. സ്റ്റിഫൻഗ്രേയാവട്ടെ മുറിയുടെ മറ്റേ അറ്റത്ത്, ഗ്ലാസ്ദണ്ഡിൽ സിൽക്കുകൊണ്ട് ശക്തിയായി ഉരസാനും തുടങ്ങി. വാശിയോടെയെന്നോണം ഗ്രേ ഗ്ലാസ്ദണ്ഡിനെ ഉരസി ക്കൊണ്ടിരുന്നു.

'സ്റ്റിഫൻ, നിങ്ങളുടെ പരീക്ഷണം വിജയിച്ചിരിക്കുന്നു.' അൽപ്പ സമയത്തിനുള്ളിൽ മുറിയുടെ മറ്റേഅറ്റത്തുനിന്നും ഗ്രാൻവിൽ വേലർ വിളിച്ചുപറഞ്ഞു. 'എത്ര ശക്തിയോടെയാണ് ഐവറിഗോളം ഇപ്പോൾ തൂവലിനെ ആകർഷിക്കുന്നത്. അതിന് നല്ലപോലെ ചാർജ്ജ് ലഭിച്ച മട്ടുണ്ട്.' വിശ്വാസംവരാഞ്ഞ് അവർ പരീക്ഷണം പലവട്ടം ആവർത്തിച്ചു. വേലറുടെ നിരീക്ഷണം ശരിയാണ്. ഐവറിഗോളം തൂവലിനെ നന്നായി ആകർഷിക്കുന്നുണ്ട്.

സന്തോഷം നിറഞ്ഞ മനസ്സോടെ ആ സുഹൃത്തുക്കൾ നെരിപ്പോടി നടുത്തേക്ക് തീ കായാൻ പോയി.

'കഴിഞ്ഞ തവണയും നാം ഇതുപോലെയൊക്കെത്തന്നെയാണല്ലോ ചെയ്തത്. എന്തേ അന്നത്തെ പരീക്ഷണം വിജയിക്കാതിരുന്നത്?' ഗ്രാൻവിൽ അന്വേഷിച്ചു.

'എന്താണെന്ന് എനിക്കും നിശ്ചയമുണ്ടായിരുന്നില്ല. ഇന്നു വൈകുന്നേരമാണ് അതിന്റെ യഥാർത്ഥകാരണം ഞാൻ കണ്ടെ ത്തിയത്. നമ്മൾ ചരടുറപ്പിച്ചിരുന്നത് ചുമരിൽത്തറച്ചിരുന്ന ലോഹ ക്കൊളുത്തു കളിലായിരുന്നുവല്ലോ. ഗ്ലാസ്ദണ്ഡിൽനിന്നും ചരടിലേക്കു വരുന്ന വൈദ്യുതിയെല്ലാം ഈ ലോഹക്കൊളുത്തുകൾ തട്ടിയെടുത്ത് ഭൂമിയിലേക്കയയ്ക്കും. പിന്നെങ്ങനെയാണത് ഐവറിഗോള ത്തിലെത്തുക? ഈ സംഗതി പിടികിട്ടിയതോടെ എനിക്കാശ്വാസമായി. ഇത്തവണ ചരടു ഘടിപ്പിച്ചപ്പോൾ കൊളുത്തിനും ചരടിനുമിടയ്ക്ക് ഞാൻ ഓരോ സിൽക്കുകഷണം കൂടിവെച്ചു. സിൽക്ക് വൈദ്യുത വാഹിയല്ലാത്തതിനാൽ, ചരടിൽക്കൂടിവരുന്ന വൈദ്യുതിയെ ലോഹ ക്കൊളുത്തിനു ചോർത്തിക്കൊടുക്കില്ല. അതുനേരെ ഐവറിഗോള ത്തിലെത്തുന്നു.' സ്റ്റിഫൻ ഗ്രേ തനിക്കു പറ്റിയ നോട്ടപ്പിശകു വിശദീ കരിച്ചു.

'എന്തായാലും സ്റ്റിഫൻ, ചരിത്രത്തിലാദ്യമായാണ് മനുഷ്യന് വൈദ്യുതിയെ ഒരിടത്തുനിന്നും മറ്റൊരു സ്ഥലത്തേക്ക് പ്രവഹിപ്പിക്കാൻ കഴിയുന്നത്. അതിനുള്ള ബഹുമതി താങ്കൾക്കുള്ളതാണ്.' ഗ്രാൻവിൽ വേലർ സ്റ്റിഫൻ ഗ്രേയെ അഭിനന്ദിച്ചു. 1729 ലായിരുന്നു ഈ സംഭവം.

'താങ്കളുടെ അകമഴിഞ്ഞ സഹായമില്ലായിരുന്നെങ്കിൽ ഞാനിത് കണ്ടുപിടിക്കുമായിരുന്നില്ല.' ആ സുഹൃത്തുക്കൾ പരസ്പരം നന്ദി പറഞ്ഞു.

വേലറുടെ സഹായത്തോടെ സ്റ്റിഫൻ ഗ്രേ പിന്നെയും ചില പരീക്ഷണങ്ങൾ നടത്തി. ചില പദാർത്ഥങ്ങൾ വൈദ്യുതിയുടെ നല്ല ചാലകങ്ങളാണെന്നും മറ്റു ചിലവ വൈദ്യുതി കടത്തിവിടുകയില്ലെന്നും അദ്ദേഹം മനസ്സിലാക്കി. അവയെ അദ്ദേഹം സുചാലകങ്ങളെന്നും കുചാലകങ്ങളെന്നും വർഗീകരിച്ചു. നമുക്കറിയാം മിക്ക ലോഹങ്ങളും സുചാലകങ്ങളാണെന്ന്. റബ്ബർ, പ്ലാസ്റ്റിക് എന്നിവ കുചാലകങ്ങൾ. സുചാലകങ്ങൾ വൈദ്യുതവാഹികളും കുചാലകങ്ങൾ ഇൻസുലേറ്റ റുകളുമായി ഉപയോഗിച്ചുവരുന്നു. സ്റ്റിഫൻ ഗ്രേയുടെ സുപ്രധാന കണ്ടുപിടിത്തത്തിന്റെ പരിഷ്കൃതരൂപമാണ് ഇന്നു നാം ഉപയോ ഗിക്കുന്ന ഇലക്ട്രിക് വയറുകൾ. അതായത് പ്ലാസ്റ്റിക്കുകൊണ്ടോ റബ്ബറുകൊണ്ടോ പൊതിഞ്ഞ ചെമ്പുകമ്പികൾ.

രണ്ടുതരം ചാർജ്ജുകൾ:-

ഇതിനിടയിൽ ചാൾസ്ദുഫെ എന്ന ഫ്രെഞ്ചുകാരൻ വൈദ്യുതിയുടെ സ്വഭാവത്തെക്കുറിച്ചു പഠനം നടത്തുന്നുണ്ടായിരുന്നു. പരീക്ഷണ ത്തിനു വേണ്ട വൈദ്യുതി ഘർഷണം കൊണ്ടുലഭിക്കുന്നതു മാത്ര മായിരുന്നല്ലോ. ഇന്നത്തേതുപോലെ ആറ്റത്തിന്റെ ഘടനയൊന്നും

വെളിവായിട്ടില്ലാതിരുന്ന അക്കാലത്ത് നേരിട്ടുള്ള നിരീക്ഷണങ്ങൾ വഴിയും പരീക്ഷണം നടത്തിയും കാര്യങ്ങൾ ഗ്രഹിക്കാനേ കഴിയുമായി രുന്നുള്ളൂ. ഒരു ഗ്ലാസ്ദണ്ഡിന്മേൽ സിൽക്കുകൊണ്ടുരസിയാൽ കിട്ടുന്ന വൈദ്യുതിയ്ക്കും ആമ്പറിനെ കമ്പിളികൊണ്ടുരസി ലഭിക്കുന്ന വൈദ്യു തിയ്ക്കും തമ്മിൽ വ്യത്യാസമുണ്ടെന്ന് ചാൾസ് ദുഫെ മനസ്സിലാക്കി. കനം കുറഞ്ഞ രണ്ട് ഗ്ലാസ്ദണ്ഡുകൾ സിൽക്കുകഷണം കൊണ്ട് നല്ല പോലെ ഉരസി വൈദ്യുതീകരിച്ചതിനുശേഷം അടുത്തടുത്തായി കെട്ടിത്തൂക്കിയാൽ അവ വികർഷിക്കുന്നു. ഇതിനർത്ഥം രണ്ടു ദണ്ഡിലും ഉണ്ടായ വൈദ്യുതച്ചാർജ്ജ് ഒരേ തരത്തിലുള്ളതാണെന്നാണ്. കാന്ത ത്തിൽ സജാതീയ ധ്രുവങ്ങളെന്നതുപോലെ വൈദ്യുതിയിൽ ഒരേജാതി ചാർജ്ജുകൾ തമ്മിൽ വികർഷിക്കുന്നു. എന്നാൽ വൈദ്യുതിചാർജ്ജു ലഭിച്ച ഗ്ലാസ്ദണ്ഡിനു സമീപം കമ്പിളികൊണ്ടുരസി വൈദ്യുതീകരിച്ച ഒരു കഷണം ആമ്പറോ പ്ലാസ്റ്റിക്കോ കൊണ്ടുവന്നാൽ അവ തമ്മിൽ ആകർഷിക്കുന്നതുകാണാം. ആകർഷണമുണ്ടെങ്കിൽ അവ സ്വാഭാവിക മായും വിജാതീയ ചാർജ്ജുകളായിരിക്കണമല്ലോ. ചാർജ്ജുചെയ്ത രണ്ട് ആമ്പർകഷണങ്ങൾ അടുത്തടുത്തു കൊണ്ടുവന്നാൽ എന്തായി രിക്കും അനുഭവം. വികർഷണം തന്നെ. കാരണം ആമ്പറുകളിലുള്ളത് ഒരേ ജാതി ചാർജ്ജുകളാണ്. അപ്പോൾ ആമ്പറിലുള്ള വൈദ്യുത ചാർജ്ജ് ഗ്ലാസിലുള്ളതിൽനിന്നും വിഭിന്നമാണെന്നുവരുന്നു. ഇതി നർത്ഥം ഘർഷണം മൂലം വൈദ്യുതീകരിക്കപ്പെടുന്ന ഏതൊരു വസ്തു വിലും ഒന്നുകിൽ ഗ്ലാസിലുള്ളപോലത്തേയോ അല്ലെങ്കിൽ ആമ്പറിലു ള്ളതുപോലത്തേയോ ഏതെങ്കിലും ഒരുതരം ചാർജ്ജ് മാത്രമേ ഉണ്ടാ യിരിക്കൂ. വൈദ്യുതചാർജ്ജ് പ്രകടിപ്പിക്കുന്ന ഏതൊരു വസ്തുവിലും ഈ രണ്ടു ചാർജ്ജുകളും ഒരേ സമയം ഒരുമിച്ചു പ്രവർത്തിക്കാൻ സാധ്യമല്ല. താൻ നടത്തിയ പരീക്ഷണങ്ങളുടെ വെളിച്ചത്തിൽ ഇപ്രകാരം ഒരു നിഗമനത്തിലെത്തിയ ദുഫെ, ഗ്ലാസിലെ ചാർജ്ജിന് 'വിട്രിയസ് ഇലക്ട്രിസിറ്റി' എന്നും വിളിച്ചു. തീരെ രസമില്ലാത്ത പേരുകൾ, അല്ലേ. അവയ്ക്ക് ഗ്ലാസിലുള്ളതും പശയിലുള്ളതുമായ വൈദ്യുത ചാർജ്ജുകൾ എന്നേ അർത്ഥമുള്ളൂ. ഗ്ലാസിലുണ്ടാവുന്ന ഇലക്ട്രിക് ചാർജ്ജാണ് 'പോസിറ്റീവ് ചാർജ്ജ്' എന്നും ആമ്പറിലുള്ളതിനെ 'നെഗറ്റീവ് ചാർജ്ജ്' എന്നും പേരുമാറ്റിയിട്ടത് പിന്നീട് വൈദ്യുതിശാസ്ത്രത്തിൽ ഒരു പ്രഗൽഭനായിത്തീർന്ന ബെഞ്ചമിൻ ഫ്രാങ്ക്ലിനാണ്. പറയാനും മനസ്സിലാക്കാനും എളുപ്പമായതിനാൽ ഫ്രാങ്ക്ളിന്റെ പേരുകൾ ഉറച്ചു.

അടുക്കുന്ന ബലൂണുകൾ, അകലുന്ന ബലൂണുകൾ:-

'നിനക്ക് ധാരാളം പരീക്ഷണങ്ങൾ കാണിച്ചുതരാം എന്നല്ലേ രശ്മി ച്ചേച്ചി എന്നോടു പറഞ്ഞിരുന്നത്? എന്നിട്ടിപ്പോൾ ശാസ്ത്രജ്ഞന്മാർ

നടത്തിയ പരീക്ഷണങ്ങളുടെ കഥ പറയുക മാത്രമേ ചെയ്യുന്നുള്ളൂ.' രശ്മിയുടെ വിശദീകരണം കേട്ട്, ഒരു പരിഭവമെന്നമട്ടിൽ സുമി പറഞ്ഞു.

'സുമീ, ഈ ശാസ്ത്രജ്ഞന്മാരുടെ പരീക്ഷണങ്ങളാണ് ശാസ്ത്രത്തിന്റേയും വൈദ്യുതിയുടേയുമൊക്കെ വളർച്ചയ്ക്കാധാരം. അവരെ അനുകരിച്ചാണ് നമ്മൾ നമ്മുടെ പരീക്ഷണങ്ങൾ ചെയ്യേണ്ടത്. അതുകൊണ്ട് വൈദ്യുതിയുടെ കഥ പറയുമ്പോൾ അതുമായി ബന്ധപ്പെട്ട ശാസ്ത്രജ്ഞരെ വിസ്മരിക്കാനൊക്കില്ല. അവർ സഹിച്ച ത്യാഗങ്ങളുടെയും അധ്വാനത്തിന്റെയും കഥ നമുക്കാവേശവും പ്രചോദനവും നൽകും. പിന്നെ നമുക്കു ചെയ്തുനോക്കാനുള്ള പരീക്ഷണങ്ങൾ എത്രയോ എണ്ണം പിറകെ വരുന്നുണ്ട്. വൈദ്യുതിയെപ്പേടിച്ച് സ്വിച്ചിടാൻ പോലും മടിയായിരുന്ന പെണ്ണിനാണ് ഇപ്പോൾ സ്വന്തമായി പരീക്ഷണം ചെയ്യാത്തതുകൊണ്ട് പരിഭവം. ഇതു നല്ല ലക്ഷണമാണ്. നിനക്ക് നിർബന്ധമാണെങ്കിൽ ഒരു ചെറിയ പരീക്ഷണം ഞാൻ ഇപ്പോൾ ത്തന്നെ പറഞ്ഞുതരാം. അതു ചെയ്യേണ്ടത് നീ തന്നെയാണ്. ശരിയായി ചെയ്യുകയും വേണം.' രശ്മി പറഞ്ഞു.

'എന്തുപരീക്ഷണമാ ചേച്ചീ, ഷോക്കടിക്കുന്ന ജാതിയാണോ?' സുമി അൽപ്പം ആശങ്കയോടെ അന്വേഷിച്ചു.

'ഏയ്, അങ്ങനെയൊന്നും ഭയപ്പെടേണ്ടതില്ല. വൈദ്യുതച്ചാർജ്ജു കളെക്കുറിച്ചുള്ള ഒരു ചെറുപരീക്ഷണമാണിത്. അതിന് ഒരുപാട് ഉപകരണങ്ങളൊന്നും വേണ്ട. ഒന്നാമതായി വേണ്ടത് എണ്ണമയമില്ലാത്ത നിന്റെ തലമുടി അല്ലെങ്കിൽ ഒരു കഷണം കമ്പിളി പിന്നെ രണ്ടു ബലൂണു കൾ. ഒരേ വലിപ്പത്തിലുള്ള അവ രണ്ടും രണ്ടു നിറത്തിലുള്ളതായിരി ക്കണം. അരമീറ്റർ നീളത്തിലുള്ള രണ്ടു ചരടുകൾ. ഇവയിൽ ബലൂൺ മാത്രമേ പുറമേനിന്നും വാങ്ങേണ്ടതുള്ളൂ.

ഇനി എന്താണ് ചെയ്യേണ്ടതെന്നല്ലേ? അക്കമിട്ടു പറഞ്ഞുതരാം.

1. രണ്ടു ബലൂണുകളും ഒരുപോലെ വീർപ്പിച്ച് കാറ്റുപോകാത്ത വിധം അവയുടെ വായ്ഭാഗം ചരടുകൾകൊണ്ട് മുറുക്കിക്കെട്ടുക.

2. വീർപ്പിച്ചുകെട്ടിയ രണ്ടു ബലൂണുകളേയും അവ തമ്മിൽ ആറു സെന്റീമീറ്റർ മാത്രം അകന്നുനിൽക്കുന്നവിധം ജനാലമേലോ അയക്കയറിൻമേലോ അടുത്തടുത്ത് കെട്ടിത്തൂക്കി ഇടുക. ശ്രദ്ധിക്കുക: ബലൂണുകൾ രണ്ടും ഒരേ തരത്തിലായിരിക്കണം. ഒന്ന് ഉയർന്നും മറ്റൊന്ന് താഴ്ന്നും നിൽക്കരുതെന്നർത്ഥം.

3. നിന്റെ തലയിൽ എണ്ണമയം തീരെ ഇല്ലെന്നുറപ്പാണെങ്കിൽ ചുവന്ന ബലൂൺ തലമുടിയിൽ പത്തുപ്രാവശ്യം ഉരസുക. കൂടിയാലും വിരോധമില്ല. എന്നിട്ട് ബലൂണിനെ പഴയതുപോലെ തൂക്കിയിടുക. എന്തു സംഭവിക്കുന്നു?

4. ചുവന്ന ബലൂണിനേയും പച്ച ബലൂണിനേയും ഒരേസമയം തലയിൽ പതിനഞ്ചുപ്രാവശ്യം ഉരസുക. അനന്തരം നേരത്തെ ചെയ്തതു പോലെ അവതമ്മിൽ ആറുസെന്റീമീറ്റർ അകലം വരുന്നമട്ടിൽ തൂക്കിയിടുക. ഇപ്പോൾ എന്തു സംഭവിക്കുന്നു എന്ന് നിരീക്ഷിക്കുക.

നിരീക്ഷണം എന്നുവച്ചാൽ വെറുതെ നോക്കിക്കാണലല്ല. ബോധപൂർവ്വം നോക്കി, കാണുന്ന തെല്ലാം അപ്പപ്പോൾ ഒരു കടലാസിൽ കുറിച്ചിടുകയും വേണം.

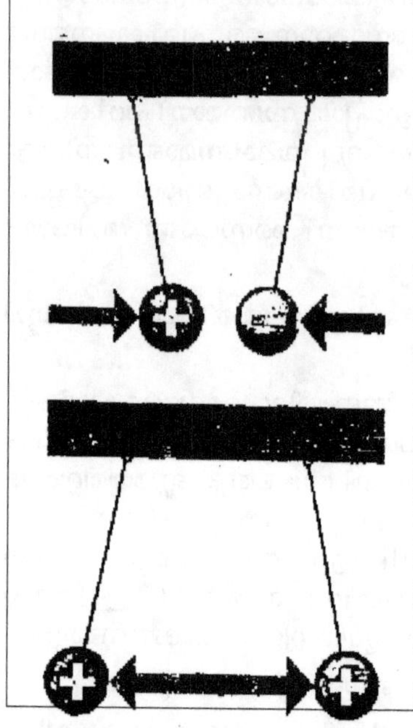

ഇനി നിന്റെ പരീക്ഷണങ്ങൾ എന്തായിയെന്നതിന് ശേഷം മാത്രമേ ഞാൻ വൈദ്യുതിയുടെ കഥ തുടരൂ. ഇപ്പോൾ എല്ലാം നിർത്തിവച്ചിരിക്കുന്നു. ശരി, പോകൂ, പോയ് പരീക്ഷണം നടത്തിവാ. അതിന്റെ ഫലങ്ങൾ ഒന്നൊഴിയാതെ ഈ നോട്ടുബുക്കിൽ കുറിച്ചെടുക്കണം. കുറിച്ചെടുത്ത ഫലങ്ങൾ മാത്രമേ എന്നെ കേൾപ്പിക്കാവൂ. കാര്യം ഗൗരവമാണ്.' സുമിക്ക് ഒരു നോട്ടുപുസ്തകം കൊടുത്ത് രശ്മി അവളെ യാത്രയാക്കി.

അടുത്തനാൾ വൈകുന്നേരം കൈയിൽ നോട്ടുപുസ്തകവുമായി സുമി വന്നു. അവളെ കണ്ട യുടനെ രശ്മി ചോദിച്ചു: 'എന്തു ണ്ടായി, നീ എന്തെല്ലാം കണ്ടു?'

നോട്ടുപുസ്തകം തുറന്ന് സുമി വായിച്ചു.

അടുക്കുന്ന ബലൂണുകൾ അകലുന്ന ബലൂണുകൾ

1. തലയിൽ ഉരസിയ ചുവന്ന ബലൂൺ പച്ച ബലൂണിനെ ആകർഷിച്ചു.

2. രണ്ടു ബലൂണുകളും ഒരുമിച്ച് ഉരസിയതിനുശേഷം സ്വതന്ത്രമായി തൂക്കിയിട്ടപ്പോൾ അവ തമ്മിൽ അകലുന്നു.

'തമ്മിൽ പിണങ്ങിയമാതിരിയാണ് ബലൂണുകൾ അകന്നു നീങ്ങിയത്. ബലൂണുകൾ പിണങ്ങുമോ ചേച്ചീ.'

സുമിയുടെ വിഡ്ഢിച്ചോദ്യംകേട്ട് രശ്മി ചിരിച്ചു.

'കുട്ടികളെപ്പോലെ ബലൂണുകൾ ഇണങ്ങുകയും പിണങ്ങുകയും ഇല്ല. ഇവിടെ സംഭവിച്ചത് ഇത്രയുമാണ്: തലയിൽ ഉരസിയപ്പോൾ ചുവന്ന ബലൂണിന് നെഗറ്റീവ് ചാർജ്ജു ലഭിച്ചു. വൈദ്യുതച്ചാർജ്ജിന്റെ ശക്തിയിൽ അതു പച്ച ബലൂണിനെ ആകർഷിച്ചു. രണ്ടു ബലൂണുകളും ഒരുമിച്ചുരസിയപ്പോൾ രണ്ടിനും നെഗറ്റീവ് ചാർജ്ജ് ലഭിച്ചു. ഒരേ ചാർജ്ജുള്ള രണ്ടുവസ്തുക്കൾ തൊട്ടടുത്തിരുന്നാൽ എന്തുണ്ടാവും?'

'വികർഷണം.' സുമി പറഞ്ഞു.

'അതെ, അതുതന്നെയാണിവിടെയും സംഭവിച്ചത്.'

വൈദ്യുതി സൂക്ഷിക്കുന്ന ഭരണി

ഓട്ടോവോൺ ഗാരിക്കിന്റെ ഇലക്ട്രോസ്റ്റാറ്റിക്ക് യന്ത്രം പരീക്ഷണ ങ്ങൾക്ക് ആവശ്യമുള്ള വൈദ്യുതി ഉത്പാദിപ്പിച്ചു. വൈദ്യുതി ഒരിടത്തു നിന്നും മറ്റൊരിടത്തേക്ക് പ്രവഹിപ്പിക്കാൻ കഴിയുമെന്ന് സ്റ്റീഫൻ ഗ്രേ തെളിയിച്ചു. ഇതിനെത്തുടർന്ന് വൈദ്യുതിയെക്കുറിച്ചുള്ള ഗവേഷണ ത്തിൽ കൂടുതൽ കൂടുതൽ സ്ഥാപനങ്ങളും വ്യക്തികളും താത്പര്യ പൂർവ്വം മുഴുകാൻ തുടങ്ങി. എന്നാൽ ഒരു പ്രയാസം. ഏതെങ്കിലുമൊരാ വശ്യത്തിന് വൈദ്യുതി ആവശ്യമായിവന്നാൽ, ഗാരിക്കിന്റെ ഗന്ധക ഗോളം കറക്കേണ്ടിവരും. ഒരു കപ്പ് വെള്ളത്തിനുവേണ്ടി, മോട്ടോർ നടത്തുന്നതുപോലെയുള്ള ഒരേർപ്പാടായിരുന്നു ഇത്. ഈ പ്രയാസ ത്തിനൊരറുതി വരണമെങ്കിൽ അത്യാവശ്യത്തിന് വൈദ്യുതി സംഭരിച്ചു വയ്ക്കാൻ കഴിയുന്ന എന്തെങ്കിലും ഒരുപകരണം ഉണ്ടാവണം. വൈദ്യുതിരംഗത്ത് പ്രവർത്തിച്ചുവന്നിരുന്ന അക്കാലത്തെ മുഴുവൻ ശാസ്ത്രജ്ഞന്മാരുടേയും ഒരാഗ്രഹമായിരുന്നു, അത്. പക്ഷേ എങ്ങനെ സാധിക്കും? ജർമ്മനിയിലും ഹോളണ്ടിലുമൊക്കെ, ഇതിനുവേണ്ടിയുള്ള പരീക്ഷണങ്ങൾ നടന്നിരുന്നു. അവസാനം, 1744ൽ ഹോളണ്ടിലെ ലെയ്ഡൻ സർവ്വകലാശാലയിലെ ഒരു ശാസ്ത്രജ്ഞൻ വൈദ്യുതി സംഭരിച്ചുവെയ്ക്കാൻ കഴിവുള്ള ഒരു ഭരണി കണ്ടുപിടിച്ചു. സർവ്വകലാ ശാലയുമായി ബന്ധപ്പെടുത്തി ഈ ഭരണിയ്ക്ക് ലെയ്ഡൻജാർ എന്നാണ് പേരുകൊടുത്തത്.

സാമാന്യം വലിയ വാവട്ടമുള്ള ഒരു കണ്ണാടിഭരണിയാണ് ലെയ്ഡൻ ജാറിന്റെ മുഖ്യഭാഗം. കുപ്പിഭരണിയുടെ കഴുത്തിൽ നിന്നല്പം താഴെ യായി അകത്തും പുറത്തും ടിൻതകിടു കൊണ്ട് പൊതിയുകയോ, ടിൻ പൂശുകയോ വേണം. ഒത്ത നടുവിൽക്കൂടി നീളമുള്ള ഒരാണിയോ ഇരുമ്പുകമ്പിയോ കടത്തിയ ഒരു വലിയ കോർക്കുകൊണ്ട് ജാർ മുറുക്കി അടയ്ക്കുക. ആണിയുടെ കീഴറ്റം ജാറിന്റെ അടിയിലെത്തണം. അതു

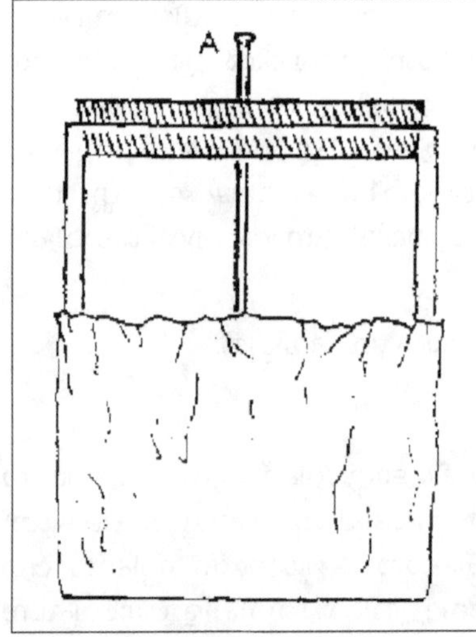

ലെയ്ഡൻ ജാർ

പോലെ മേലറ്റം ഒരു മൊട്ടു പോലെ കോർക്കിൽ നിന്ന് അൽപ്പം ഉയർന്നിരിക്കയും വേണം. മാത്രമല്ല കമ്പിയുടെ അടിഭാഗം ജാറിനകത്തെ ടിൻ പാളിയുമായി സമ്പർക്കത്തിലായിരിക്കുകയും വേണം. ഇത്രയുമായാൽ ലെയ്ഡൻ ജാറായി. നമുക്കുവേണമെങ്കിൽ ഇത്തരത്തിൽ ഒരെണ്ണം ഉണ്ടാക്കാവുന്നതേയുള്ളൂ.'

'ജാറിൽ വൈദ്യുതി നിറച്ചിട്ടുവേണ്ടേ അതടയ്ക്കാൻ?' വൈദ്യുതി സൂക്ഷിക്കുന്ന ഭരണിയെക്കുറിച്ച് താത്പര്യം തോന്നിയ സുമി ചോദിച്ചു. 'ഇതെന്തു ചോദ്യമാണ് സുമി.

വൈദ്യുതി വെള്ളംപോലെ ഒരു ദ്രാവകമാണെന്നായിരിക്കും നീ ധരിച്ചത്. എന്തിന് നിന്നെപറയുന്നു, പണ്ടു കാലത്ത് അങ്ങനെ ധരിച്ച ശാസ്ത്രജ്ഞന്മാർപോലുമുണ്ടായിരുന്നു.' രശ്മി തുടർന്നു. 'ഞാൻ നേരത്തെ സൂചിപ്പിച്ചതുപോലെ ജാർ തയ്യാറാക്കിയതിനുശേഷമാണ് അതിൽ വൈദ്യുതി സംഭരിക്കുന്നത്. ഇതിനായി ഇലക്ട്രോസ്റ്റാറ്റിക് യന്ത്രത്തിന്റെ ഗന്ധകഗോളത്തെ ജാറിന്റെ കോർക്കിൽ ഉയർന്നു നിൽക്കുന്ന ആണിയുമായി സമ്പർക്കത്തിൽ കൊണ്ടു വരിക. അനന്തരം ക്രാങ്ക് തിരിച്ച് ഗന്ധകഗോളം ആവശ്യമുള്ളത്ര സമയം ശക്തിയായി കറക്കണം. ഗോളത്തിൽനിന്നും ആണിയിൽ കൂടി വരുന്ന വൈദ്യുതി ജാറിൽ ശേഖരിക്കപ്പെട്ടുകൊള്ളും. ചാർജ്ജ് ചെയ്തുകഴിഞ്ഞതിനുശേഷം, ഗോളം നീക്കി, ജാറിലെ ആണിയിൽ മെല്ലെയൊന്നു സ്പർശിച്ചാൽ മതി, ഷോക്കടിച്ചു വൈദ്യുതിയുടെ സജീവസാന്നിധ്യം തിരിച്ചറിയാൻ. ജാറിൽ ധാരാളം വൈദ്യുതിയുണ്ടെങ്കിൽ തൊടുന്നവനേൽക്കുന്ന ഷോക്കും വലുതായിരിക്കും. ഏതെങ്കിലുമൊരു വസ്തുവിനെ വൈദ്യുതീകരിക്കണമെങ്കിൽ ആ വസ്തു ലെയ്ഡൻ ജാറിന്റെ ആണിയുമായി തൊട്ടുവച്ചാൽമതി. ജാറിലെ വൈദ്യുതിയുടെ അളവ് കൂടുതലാണെങ്കിൽ വൈദ്യുതീകരിക്കേണ്ട വസ്തു ആണിയുമായി സമ്പർക്കത്തിൽവരുന്നതിനു മുമ്പുതന്നെ അതിനും

ആണിയ്ക്കുമിടയിൽ ഒരു സ്പാർക്ക് (ചെറിയ മിന്നൽ) പ്രത്യക്ഷപ്പെടും. യഥാർത്ഥത്തിൽ ഇന്നത്തെ കപ്പാസിറ്ററിന്റെ ആദിമരൂപമാണ് ലെയ്ഡൻ ജാർ.

ലെയ്ഡൻജാറിനെക്കുറിച്ചുള്ള വാർത്ത അത് പുറത്തിറങ്ങിയ ഉടനെ യൂറോപ്പിലെങ്ങും പരന്നു. വൈദ്യുതിയെ സംബന്ധിച്ചുള്ള ഗവേഷണങ്ങളിൽ ഏർപ്പെട്ടിരുന്ന സ്ഥാപനങ്ങളിൽ ഇലക്ട്രോസ്റ്റാറ്റിക് യന്ത്രത്തോടൊപ്പം ലെയ്ഡൻജാറും ഒരു അത്യാവശ്യ ഉപകരണമായി അൽപ്പകാലത്തിനുള്ളിൽ മാറിക്കഴിഞ്ഞു. ഈ ഉപകരണത്തെക്കുറിച്ച് വായിച്ചറിഞ്ഞ അമേരിക്കക്കാരനായ ബഞ്ചമിൻ ഫ്രാങ്ക്ളിൻപോലും ഇംഗ്ലണ്ടിലേക്കെഴുതി ഒരു ലെയ്ഡൻജാർ വരുത്തി.

7 'ആകാശത്തിൽ വൈദ്യുതിയുണ്ടോ?'

'**ആ**രാണീ ചോദ്യം ചോദിച്ചത്?'

'ആരെങ്കിലുമാകട്ടെ. ഈ ചോദ്യം ആദ്യം ചോദിച്ചയാളെ കണ്ടുപി
ടിക്കാൻ നമുക്ക് അമേരിക്കവരെ ഒന്നു പോകേണ്ടിവരും. എന്താ പൊയ്
ക്കൂടേ?' രശ്മി ചോദിച്ചു.

'അയ്യയ്യോ. ഇതുവരെ കേരളംവിട്ട് പുറത്തുപോകാത്ത ഞാൻ
അമേരിക്കയിൽ പോകുകയോ. ഇത്തരം വിഡ്ഢിത്തം പറയാൻ രശ്മി
ച്ചേച്ചിക്കിതെന്തുപറ്റി?'

'എനിക്കൊന്നും പറ്റിയിട്ടില്ല. നമ്മുടെ കൈയിൽ ഒന്നാന്തരമൊരു
വാഹനമില്ലേ. ആ സാങ്കൽപ്പികവാഹനത്തിൽ നാം എവിടെയെല്ലാം
പോയി. കാലത്തിൽക്കൂടിയും സ്ഥലത്തിൽക്കൂടിയും. ഏഷ്യാമൈനറിൽ
ത്തുടങ്ങി നാം ചൈനയിലെത്തി. അവിടെനിന്നും അറേബ്യവഴി യൂറോ
പ്പിൽ. യൂറോപ്പിൽനിന്നും അമേരിക്കയിലെത്താനാണോ പ്രയാസം.
നമ്മളിപ്പോൾ പതിനെട്ടാം നൂറ്റാണ്ടിലാണ് എത്തിനിൽക്കുന്നത്. സ്റ്റിഫൻ
ഗ്രേ വൈദ്യുതിക്ക് പ്രവഹിക്കാൻ കഴിയുമെന്നൊക്കെ കണ്ടുപിടിച്ചെ
ങ്കിലും ശാസ്ത്രജ്ഞന്മാർപോലും പരീക്ഷണത്തിനു സ്ഥിതവൈദ്യുതി
യെമാത്രം ആശ്രയിക്കുന്നകാലം. പതിനെട്ടാം നൂറ്റാണ്ടിന്റെ മധ്യത്തിൽ
കൃത്യമായി പറഞ്ഞാൽ 1746 ൽ എഡിൻബറോക്കാരനായ പ്രൊഫസർ
സ്പെൻസർ അമേരിക്കയിലെ ഫിലാഡെൽഫിയയിൽവെച്ച് വൈദ്യുതി
യെക്കുറിച്ച് ഒരു പ്രസംഗപരമ്പര നടത്തി. ഇന്നത്തെ അമേരിക്കയല്ല,
അന്ന് എന്നോർക്കണം. കുടിയേറ്റക്കാർ നിറഞ്ഞ ആ രാജ്യം അന്ന്
ബ്രിട്ടന്റെ കോളനിയായിരുന്നു. സ്പെൻസറുടെ പ്രസംഗത്താൽ ഏറ്റവും
ആകർഷിക്കപ്പെട്ടത് ബെഞ്ചമിൻ ഫ്രാങ്ക്ളിൻ എന്ന ആളായിരുന്നു.
വിഖ്യാതമായ കണ്ടുപിടിത്തങ്ങളുടെ പേരിൽ അനേകം നോബൽസമ്മാന

ജേതാക്കളെ സൃഷ്ടിച്ച, ആദ്യമായി മനുഷ്യനെ ചന്ദ്രനിലിറക്കി ഒരു പോറൽപോലുമേൽക്കാതെ ഭൂമിയിൽ തിരിച്ചുകൊണ്ടുവന്ന, അമേരിക്കൻ ഐക്യനാടുകളിലെ ആദ്യത്തെ ശാസ്ത്രജ്ഞനായിരുന്നു ബെഞ്ചമിൻ ഫ്രാങ്ക്ളിൻ. 1706ൽ ജനിച്ച് 80 വയസ്സുവരെ ജീവിച്ച ഫ്രാങ്ക്ളിൻ ഒരു ബഹുമുഖപ്രതിഭാശാലിയായിരുന്നു. മനുഷ്യനാവശ്യമുള്ള എല്ലാ കാര്യങ്ങളിലുമുള്ള താത്പര്യമായിരുന്നു ഫ്രാങ്ക്ളിന്റെ സ്വഭാവത്തിലെ വലിയ സവിശേഷത. ഇതേ ജിജ്ഞാസ തന്നെയാണ് അദ്ദേഹത്തെ ഒരു ശാസ്ത്രജ്ഞനാക്കി മാറ്റിയത്. പ്രൊഫസർ സ്പെൻസറുടെ പ്രസംഗംകേട്ട ഫ്രാങ്ക്ളിൻ വൈദ്യുതിയെ സംബന്ധിക്കുന്ന പഠനങ്ങളിൽ അതീവതത്പരനായി. ഈ വിഷയത്തെക്കുറിച്ച് ലഭ്യമായ പുസ്തകങ്ങളും പ്രബന്ധങ്ങളുമൊക്കെ വരുത്തിവായിക്കുന്നതിനുപുറമെ സ്വന്തമായി ചില പരീക്ഷണങ്ങൾപോലും ഈ വിഷയത്തിൽ അദ്ദേഹം നടത്തിയിരുന്നു. ഇതിനായി ഒരു ഇലക്ട്രോ സ്റ്റാറ്റിക് യന്ത്രവും ലെയ്ഡൻ ജാറും അദ്ദേഹം യൂറോപ്പിൽനിന്നും വരുത്തി.

ചാൾസ് ദുഫെയുടെ രണ്ടുതരം വൈദ്യുതചാർജ്ജുകളുണ്ടെന്ന സിദ്ധാന്തങ്ങൾക്കാസ്പദമായ പരീക്ഷണങ്ങൾ പലതും ഫ്രാങ്ക്ളിനും നടത്തിനോക്കി. അദ്ദേഹം അവയ്ക്ക് യഥാക്രമം പോസിറ്റീവ് ചാർജ്ജ് എന്നും (+), നെഗറ്റീവ് ചാർജ്ജ് (-) എന്നും പേരിട്ടു. ആ പേരുകൾ ഇന്നും നിലനിൽക്കുന്നു. ഘർഷണം വഴി നാം ഒരു വസ്തുവിൽ പുതുതായി വൈദ്യുതി ഉത്പാദിപ്പിക്കുകയല്ല, മറിച്ച് കൈമാറ്റം ചെയ്യപ്പെടുകയാണെന്നായിരുന്നു ഫ്രാങ്ക്ളിന്റെ അഭിപ്രായം. നേരത്തെപറഞ്ഞ രണ്ടു ചാർജ്ജുകളിൽ ഒന്നിന്റെ സംഖ്യ ഉരസപ്പെടുന്ന വസ്തുവിൽ കൂടുകയോ കുറയുകയോ ആണ് ഘർഷണം മൂലം സംഭവിക്കുന്നത്.

ഇലക്ട്രോസ്റ്റാറ്റിക് യന്ത്രം ഉപയോഗിച്ച് ലെയ്ഡൻജാറിൽ ധാരാളം വൈദ്യുതി സംഭരിച്ചശേഷം ജാറിന്റെ കോർക്കിനു മുകളിൽ ഉയർന്നു നിൽക്കുന്ന ഇരുമ്പാണിയുടെ സമീപത്തേക്ക് ഒരു ചെറിയ ലോഹക്കഷണം കൊണ്ടുചെന്നാൽ, ആണിക്കും ലോഹക്കഷണത്തിനുമിടയ്ക്ക് പൊട്ടലോടുകൂടിയ ഒരു മിന്നൽ ഉണ്ടാകുന്നത് ഫ്രാങ്ക്ളിന്റെ ശ്രദ്ധയാകർഷിച്ചു. വൈദ്യുതിമൂലം ഉണ്ടാകുന്ന ഇത്തരം ഒരു വലിയ സ്പാർക്കല്ലേ ആകാശത്തിലെ ഇടിമിന്നൽ എന്ന് അദ്ദേഹത്തിനു തോന്നി. പക്ഷേ ആകാശത്തിൽ വൈദ്യുതിയുണ്ടായിട്ടുവേണ്ടേ ഇങ്ങനെയൊക്കെ സംഭവിക്കാൻ. അന്തരീക്ഷത്തിൽ എങ്ങനെയാണ് വൈദ്യുതിയുണ്ടാകുന്നത്? ഇടിനാദത്തെക്കുറിച്ചും മിന്നലിനെക്കുറിച്ചും അവിശ്വസനീയമായ അനേകം കെട്ടുകഥകൾ പ്രചരിച്ചിരുന്ന അക്കാലത്ത് അത് വൈദ്യുതി മൂലം ഉണ്ടാകുന്നതെന്നു പറഞ്ഞാൽ വിശ്വസിക്കാൻ ആളെക്കിട്ടാൻ പ്രയാസമായിരുന്നു. വൈദ്യുതിയും മിന്നലും തമ്മിലുള്ള സാദൃശ്യത്തെ

ബെഞ്ചമിൻ ഫ്രാങ്ക്ളിൻ

ക്കുറിച്ച് ഒരു പ്രബന്ധം ഫ്രാങ്ക്ളിൻ ഇംഗ്ലണ്ടിലെ റോയൽ സൊസൈറ്റിയിൽ വായിച്ചപ്പോൾ ശാസ്ത്രജ്ഞന്മാർ ആ വാദഗതിയെ പുച്ഛിച്ചുതള്ളുകയാണ് ചെയ്തത്. ശാസ്ത്രപണ്ഡിതന്മാർ പരിഹസിച്ചാലും തന്റെ നിലപാട് ശരിയാണെന്ന വിശ്വാസം, ബെഞ്ചമിൻ ഫ്രാങ്ക്ളിന്റെ മനസ്സിൽ വളർന്നു കൊണ്ടിരുന്നു. പക്ഷേ ഇതെങ്ങനെ തെളിയിക്കും? ഇടിമിന്നലുണ്ടാകുന്നത് വൈദ്യുതിമൂലമാണെന്ന തന്റെ സിദ്ധാന്തം എങ്ങനെയെങ്കിലും ഒന്നു തെളിയിക്കാൻ ഫ്രാങ്ക്ളിനു തിടുക്കമായി. എന്തു വേണമെന്നാലോചിച്ചു നടന്ന അദ്ദേഹത്തിന് ഒരുപായം തോന്നി. ആകാശത്തിൽ മിന്നലുണ്ടാകാവുന്ന സ്ഥലത്ത് എത്താ വുന്ന ഉയരത്തിൽച്ചെല്ലുന്ന ഒരു വലിയ പട്ടമുണ്ടാക്കി പരീക്ഷിച്ചുനോക്കിയാലെന്താ? കാറ്റിൽ കീറിപ്പോകാത്ത ഒരു പട്ടം സിൽക്കുകൊണ്ട് അദ്ദേഹം നിർമ്മിച്ചു. എത്ര ഉയരത്തിൽവേണമെങ്കിലും പട്ടത്തിനു പൊങ്ങാവുന്ന ഒരു ചരട് അതുമായി ബന്ധിച്ചു. ചരടിൽക്കൂടിവരുന്ന വൈദ്യുതി കൈയിൽക്കയറാതിരിക്കാൻ അതിന്റെ അറ്റം സിൽക്കുകൊണ്ടു പൊതിഞ്ഞു. തൊട്ടുതാഴെയായി ചരടിൽ ഒരു താക്കോൽ കെട്ടിത്തൂക്കിയിട്ടു.

അന്തരീക്ഷത്തിൽ കാർമേഘങ്ങൾ നിറയുകയും ശക്തിയായി കാറ്റടിക്കുകയും ചെയ്ത ഒരു വൈകുന്നേരം ഫ്രാങ്ക്ളിൻ വീടിനടുത്തുള്ള തുറസ്സായ സ്ഥലത്തെത്തി, തന്റെ പട്ടം ചരടയച്ചുവിട്ടു. ആഞ്ഞടിക്കുന്ന കാറ്റിൽ പട്ടം ഉയർന്നുകൊണ്ടിരുന്നു. പെട്ടെന്ന് നല്ല മഴപെയ്തു. ആകാശത്ത് മിന്നലും ഇടിനാദവുമുണ്ടായി. മിന്നൽ പ്രത്യക്ഷപ്പെട്ട പ്പോൾ, ഫ്രാങ്ക്ളിൻ തന്റെ കയ്യിനു താഴെയുള്ള താക്കോലിൽ മെല്ലെ യൊന്നു തൊട്ടു. ഭയങ്കരമായ ഷോക്ക്. ചാർജ്ജ്ചെയ്ത ലെയ്ഡൻ ജാറിൽനിന്നും ലഭിക്കുന്നതിന്റെ ഒരു പത്തിരട്ടി ശക്തിയോടെ. പെട്ടെന്നു കൈവലിച്ചില്ലായിരുന്നെങ്കിൽ ചത്തുപോയേനെ. മഴയിൽ നനഞ്ഞ ചരടിൽക്കൂടി വൈദ്യുതി താക്കോലിലെത്തിയതാണെന്ന് അദ്ദേഹത്തിനു മനസ്സിലായി. ഷോക്കുകൊണ്ടുണ്ടായ ആഘാതത്തിനിടയിലും തന്റെ പരീക്ഷണം വിജയിച്ചതിലുള്ള ആഹ്ളാദമായിരുന്നു ഫ്രാങ്ക്ളിന്. കൂടെ സഹായത്തിനെത്തിയിരുന്ന മകൻ വില്യമിനെ ലെയ്ഡൻ, ജാർ എടുത്തു കൊണ്ടുവരാൻ വീട്ടിലേക്കോടിച്ചു. വില്യം ജാർ കൊണ്ടുവന്നു.

ഫ്രാങ്ക്ളിന്റെ പട്ടം

ഫ്രാങ്ക്ളിൻ താക്കോലിനെ ജാറിന്റെ ആണിയിൽ മുട്ടിച്ചു. അതാ ആണിക്കും താക്കോലിനുമിടയിൽ വൈദ്യുത സ്പാർക്ക്. നനഞ്ഞ ചരടിൽക്കൂടി ഒഴുകിയെത്തിയ വൈദ്യുതി കൊണ്ട് ജാർ നിറഞ്ഞിരുന്നു. അങ്ങനെ ആകാശത്തുള്ള വൈദ്യുതിയെ തന്റെ ലെയ്ഡൻ ജാറിൽ നിറയ്ക്കാൻ ഫ്രാങ്ക്ളിനു കഴിഞ്ഞു. ഭവിഷ്യത്തറിയാതെ ചെയ്തതാണെ ങ്കിലും ജീവൻ പണയംവച്ചു കൊണ്ടുള്ള ഒരു പരീക്ഷണമായിരുന്നു അത്. ഇടിമിന്നലുണ്ടാകുന്നത് അന്തരീക്ഷത്തിലെ വൈദ്യുതിമൂല മാണെന്ന് ബഞ്ചമിൻ ഫ്രാങ്ക്ളിൻ തെളിയിച്ചത് 1752ൽ ആയിരുന്നു.

കൂടുതൽ പഠനങ്ങളുടെ അടിസ്ഥാനത്തിൽ, കെട്ടിടങ്ങളെ ഇടിമിന്ന ലിൽനിന്നും രക്ഷിക്കാനുള്ള ഒരു ഉപായം അദ്ദേഹം കണ്ടുപിടിച്ചു. കെട്ടിടത്തിനുമുകളിൽ ഒരു മിന്നൽ രക്ഷാചാലകം സ്ഥാപിക്കുക. മുന യുള്ള ഒരു ഇരുമ്പുദണ്ഡ് കെട്ടിടത്തിന്റെ മുകളിൽ ഉറപ്പിച്ച് അതിൽ നിന്നും ഒരു കമ്പി ഭൂമിയുമായി ബന്ധിക്കുന്ന ലളിതമായ ഏർപ്പാടാണ് മിന്നൽ രക്ഷാചാലകം. മിന്നൽമൂലമുണ്ടാകുന്ന വൈദ്യുതിയെ ലോഹ ദണ്ഡ് അപ്പപ്പോൾ ആകർഷിച്ച് കമ്പിയിൽക്കൂടി ഭൂമിയിലേക്കയച്ചു കൊള്ളും. അങ്ങനെ സാധാരണ ഗതിയിൽ കെട്ടിടം ഇടിമിന്നൽ മൂലമുണ്ടാ കുന്ന ആഘാതത്തിൽ നിന്നും രക്ഷപ്പെടും. ബെഞ്ചമിൻ ഫ്രാങ്ക്ളിന്റെ മിന്നൽരക്ഷാചാലകം അതിവേഗത്തിൽ പ്രചരിച്ചു. ധാരാളം ആളുകൾ അതുപയോഗിക്കാൻ തുടങ്ങി. വൈദ്യുതിയെക്കുറിച്ചുള്ള പഠനത്തിന്റെ ആദ്യത്തെ പ്രായോഗികഫലമായിരുന്നു മിന്നൽ രക്ഷാചാലകം.

8 തവളക്കാലും ബാറ്ററിയും

'തവളക്കാലും ബാറ്ററിയും തമ്മിൽ എന്താണ് ബന്ധം?' സുമി ചോദിച്ചു.

'ബന്ധമുള്ളതുകൊണ്ടല്ലേ ഇവയെ കൂട്ടിച്ചേർത്തു പറഞ്ഞത്.' രശ്മി.

'തവളക്കാലിൽ ഒരു ശാസ്ത്രജ്ഞൻ നടത്തിയ പരീക്ഷണം മറ്റൊരു ശാസ്ത്രകാരൻ ബാറ്ററി കണ്ടുപിടിക്കുന്നതിൽ ചെന്നവസാനിച്ചു.'

'അതെങ്ങനെ?'

'അക്കഥയല്ലേ പറയാൻ തുടങ്ങുന്നത്: ഇറ്റലിയിൽ ബോളോഗ്ന സർവ്വകലാശാലയിലെ അനാട്ടമി പ്രൊഫസറായിരുന്നു ലൂയിഗാൽവനി. കുട്ടികളെ പഠിപ്പിക്കുന്നതിനോ ഗവേഷണസംബന്ധമായ ആവശ്യത്തി നോ, എന്തിനാണെന്നറിയില്ല, അദ്ദേഹം ഒരു ഇരുമ്പു സ്റ്റാന്റിൽ ഘടിപ്പിച്ച ചെമ്പുകൊളുത്തിന്മേൽ തവളക്കാലുകൾ ഉണക്കാനായി കൊളുത്തിയിട്ടി രിക്കുകയായിരുന്നു. കാറ്റടിച്ച് തവളക്കാലുകൾ ചിലപ്പോൾ അത് തൂക്കി യിട്ടിരിക്കുന്ന ഇരുമ്പ് സ്റ്റാന്റിൽ വന്നുമുട്ടും. ഇരുമ്പുസ്റ്റാന്റിൽ മുട്ടുമ്പോ ഴൊക്കെ തവളക്കാലിൽ ഒരു ഞെട്ടൽ ഉണ്ടായിക്കൊണ്ടിരുന്നു. പ്രൊഫ സർ ഗാൽവനിയുടെ ഭാര്യ ലൂക്കാഗാൽവനിയായിരുന്നു സവിശേഷമായ ഈ സംഗതി ആദ്യം കണ്ടത്. അവരത് പ്രൊഫസർ ഗാൽവനിയുടെ ശ്രദ്ധയിൽപ്പെടുത്തി.'

'എന്തുകൊണ്ടാണ് ചത്ത തവളയുടെ കാൽ ഇരുമ്പുദണ്ഡിൽത്തട്ടു മ്പോൾ ഞെട്ടിയത്?' സുമി ചോദിച്ചു.

'ഇതേ ചോദ്യം തന്നെയായിരുന്നു ഡോക്ടർ ഗാൽവനിയേയും കുഴക്കിയത്. ജീവനുള്ള ശരീരത്തിൽ വൈദ്യുതി പ്രവേശിച്ച് ഷോക്കേൽ ക്കുമ്പോൾ പേശികൾ സങ്കോചിക്കുന്നതുകൊണ്ട് ഒരു ഞെട്ടലുണ്ടാകും.

പക്ഷേ ഇവിടെ വൈദ്യുതി ഇല്ല. തവള ക്കാലിന് ജീവനുമില്ല. പിന്നെ ങ്ങനെ ഇതു സംഭവിച്ചു? ചിലജാതിമത്സ്യ ങ്ങൾ ഇലക്ട്രിക് ഷോക്കേൽപ്പിച്ച് ഇര പിടിക്കാറുണ്ട്. ഇത്തരം മത്സ്യങ്ങളെ ത്തൊടാൻ മീൻപിടുത്തക്കാർക്കുപോ ലും ഭയമാണ്. ഇരയെ ഷോക്കേൽ പ്പിക്കുന്ന വൈദ്യുതമത്സ്യങ്ങളുടെ മാതിരിയല്ലെങ്കിലും എല്ലാ ജന്തുക്കളു ടെയും ശരീരത്തിൽ വൈദ്യുതിയുണ്ടാ യിരിക്കാമെന്ന് ഗാൽവനി വിചാരിച്ചു. ഇതിന് 'ജന്തുവൈദ്യുതി' എന്നു പേരും നൽകി അദ്ദേഹം. ഇപ്രകാര മുള്ള ജന്തു വൈദ്യുതിയായിരിക്കണം ഉണങ്ങാൻവച്ചിരുന്ന തവളക്കാലിനെ ഞെട്ടിച്ചതെന്ന് ഗാൽവനി അനുമാ നിച്ചു. വിചിത്രമായ തന്റെ അനുഭ വവും അതിനോട് ബന്ധപ്പെടുത്തി

തവളക്കാലിന് ഞെട്ടൽ

രൂപം കൊടുത്ത ജന്തു വൈദ്യുതി സിദ്ധാന്തവും ഗാൽവനി ശാസ്ത്രലോകത്ത് അവതരിപ്പിച്ചു.

ഗാൽവനിയുടെ ജന്തുവൈദ്യുതിയെന്ന ആശയം പല ശാസ്ത്ര ജ്ഞന്മാരെയും ആകർഷിച്ചു. ഇത് തവളകളുടെ ജീവന് ഭീഷണിയായി ക്കലാശിച്ചു. പല ശാസ്ത്രജ്ഞന്മാരും തവളക്കാലിൽ പരീക്ഷണം നടത്തി. ഗാൽവനിക്കുണ്ടായ അനുഭവം പഠനവിധേയമാക്കി. ഇപ്രകാരം തവളക്കാൽപ്പരീക്ഷണം, താൽപ്പര്യപൂർവ്വം ആവർത്തിച്ച് പഠനവിധേയ മാക്കിയ ഒരാളായിരുന്നു, അലെസാൻ ഡ്രോവോൾട്ട. ഇറ്റലിയിൽത്ത ന്നെയുള്ള പാവിയ സർവ്വകലാശാലയിൽ ഭൗതിക ശാസ്ത്രാദ്ധ്യാപകനാ യിരുന്നു വോൾട്ട. അദ്ദേഹത്തിന്റെ ജീവിതകാലം 1745 മുതൽ 1827 വരെ. ഗാൽവനിയുടെ ജന്തുവൈദ്യുതി സിദ്ധാന്തം അപ്പടെ അംഗീകരിക്കാതെ, തവളക്കാലിനുണ്ടായ ഞെട്ടൽ എങ്ങനെ സംഭവിച്ചു എന്ന് സ്വതന്ത്രമായി ചിന്തിക്കാനാണ് വോൾട്ട ആഗ്രഹിച്ചത്. തവളക്കാലുപയോഗിച്ചുള്ള പരീക്ഷണവേളയിൽ ഒരു കാര്യം അദ്ദേഹം പ്രത്യേകം ശ്രദ്ധിച്ചു: ഇരുമ്പു ദണ്ഡിലെ ചെമ്പുകൊളുത്തിനുപകരം ഇരുമ്പുകൊളുത്തുപയോഗിച്ചാൽ ഞെട്ടൽ സംഭവിക്കുന്നില്ല. ഇതിനർത്ഥം തവളക്കാലിൽ ഞെട്ടലു ണ്ടാക്കാൻ രണ്ടുതരം ലോഹങ്ങൾ വേണമെന്നല്ലേ? ഗാൽവനി സിദ്ധാന്തിച്ചതു പോലെ ജന്തുക്കളുടെ ശരീരത്തിൽ സ്വതവേയുള്ള

വൈദ്യുതിയാണ് തവളക്കാലിലെ ഞെട്ടലിനു നിദാനമെങ്കിൽ ഏതെ ങ്കിലും ഒരു ലോഹത്തിന്റെ സാന്നിധ്യത്തിലും അതു സംഭവിച്ചേനെ. അപ്പോൾ ജന്തുശരീരത്തിൽ സ്വതവേ ഉള്ള വൈദ്യുതിയല്ല, അതിൽവച്ച് രണ്ടു ലോഹങ്ങളുടെ പ്രവർത്തനം കൊണ്ടുണ്ടായ വൈദ്യുതിയായി രിക്കണം തവളക്കാലിൽ ഞെട്ടലുളവാക്കിയത്. അതായത് ഇരുമ്പ്, ചെമ്പ് ഈ ലോഹങ്ങൾ ചേർന്ന് തവളക്കാലിലെ ദ്രാവകത്തിൽവച്ച് നടത്തിയ രാസപ്രവർത്തനം കൊണ്ടായിരിക്കണം ഞെട്ടലിനാസ്പദ മായ വൈദ്യുതിയുണ്ടായതെന്ന് വോൾട്ട അനുമാനിച്ചു. തന്റെ അനുമാനം ശരിയാണോ എന്നു പരിശോധിക്കാൻ അദ്ദേഹം മറ്റൊരു പരീക്ഷണം നടത്തി. അതിപ്രകാരമായിരുന്നു: ചെമ്പുകൊണ്ടും സിങ്കു കൊണ്ടുമുള്ള കുറേ തകിടുകൾ അദ്ദേഹം തയ്യാറാക്കി. ഈ തകിടു കളെ ഒന്നിടവിട്ട് അട്ടിയായിവച്ചു. തകിടുകൾക്കിടയിൽ നേർത്ത ആസി ഡിൽ കുതിർത്ത ഒപ്പു കടലാസുകഷണങ്ങൾ വച്ചു. ഈ അട്ടിയിൽ ആദ്യത്തെതകിട് ചെമ്പാണെങ്കിൽ അവസാനത്തേത് സിങ്കായി രിക്കു മല്ലോ. അട്ടിയിലെ ആദ്യത്തേതും അവസാനത്തേതുമായ തകിടുകളെ വോൾട്ട ഒരു കമ്പികൊണ്ടു ബന്ധിച്ചു. ഫലമോ, കമ്പിയിൽക്കൂടി വൈദ്യുതിപ്രവാഹം! ഇതു കണ്ടപ്പോൾ തന്റെ അനുമാനം ശരിയാണെന്ന് വോൾട്ടയ്ക്ക് ബോധ്യമായി. ഇവിടെ സിങ്കും ആസിഡും തമ്മിലുള്ള

രാസപ്രവർത്തനം കൊണ്ടാണ് വൈദ്യുതി ഉണ്ടാവുന്നത്. വോൾട്ട നിർമ്മിച്ച ഈ ഉപകരണത്തിന് 'വോൾട്ടെയിക് പൈൽ' എന്നു പറയുന്നു. ആദ്യത്തെ വൈദ്യുത സെൽ ആണിത്. രാസപ്രവർ ത്തനം മൂലം വൈദ്യുതി ഉത്പാദി പ്പിച്ചു എന്നതു മാത്രമല്ല വോൾട്ടെ യിക് പൈലിന്റെ പ്രാധാന്യം. ഇതിൽ നിന്നും ലഭിക്കുന്നത്, കമ്പിയിൽക്കൂടി നിരന്തരമായി പ്രവഹിക്കാൻ കഴിയുന്ന വൈദ്യു തിയാകുന്നു ഇലക്ട്രിക് കറന്റ്. ഇലക്ട്രോസ്റ്റാറ്റിക് യന്ത്രത്തിൽ നിന്നുള്ള സ്ഥിതവൈദ്യുതിയിൽ നിന്നും ഭിന്നമായി സ്ഥിരമായി പ്രവ ഹിപ്പിക്കാൻ കഴിയുന്ന വൈദ്യുതി. വോൾട്ടെയിക് പൈലിൽനിന്നും ലഭിക്കുന്ന വൈദ്യുതിയുടെ അളവ്

വോൾട്ടെയിക് പൈൽ

നന്നേ കുറവായിരുന്നുവെങ്കിലും വൈദ്യുതധാരയുത്പാദിപ്പിക്കുന്ന ആദ്യത്തെ ഉപകരണം എന്ന നിലയിൽ അതിന് വളരെ പ്രാധാന്യമുണ്ട്. 1800 മാർച്ച് മാസത്തിൽ തന്റെ പുതിയ കണ്ടുപിടിത്തത്തെക്കുറിച്ചുള്ള റിപ്പോർട്ട് അദ്ദേഹം ഇംഗ്ലണ്ടിലെ റോയൽ സൊസൈറ്റിക്ക് അയച്ചു കൊടുത്തു. പല ശാസ്ത്രജ്ഞന്മാരും വോൾട്ടയുടെ പരീക്ഷണം ആവർത്തിച്ചു ചെയ്തുനോക്കി. കറന്റിന്റെ അളവു വർദ്ധിപ്പിക്കാൻ പിന്നീട് പലരും അതിൽ പരിഷ്കാരങ്ങൾ വരുത്തി. നാം ടോർച്ചിൽ ഉപയോഗിക്കുന്ന ഡ്രൈസെൽ വോൾട്ടാ സെല്ലിന്റെ പരിഷ്കരിച്ച രൂപമാണ്. ലഭിക്കുന്ന കറന്റിന്റെ അളവുകൂട്ടാൻ ഒന്നിൽക്കൂടുതൽ സെല്ലുകൾ ചേർത്തുപയോഗിക്കുന്നു. ഇതിനെയാണ് സാങ്കേതികാർത്ഥത്തിൽ ബാറ്ററി എന്നു വിളിക്കുക. പക്ഷേ സാധാരണ ഭാഷയിൽ ഒറ്റ സെല്ലി നേയും ബാറ്ററി എന്ന് നാം വിളിക്കുന്നു.

വോൾട്ടയുടെ ഈ കണ്ടുപിടിത്തം വൈദ്യുതിയുടെ ചരിത്രത്തിൽ ഒരു പുതിയ കാലഘട്ടത്തിന്റെ ആരംഭം കുറിച്ചു. ഇതുവരെ ഉപയോഗിച്ചിരുന്ന സ്ഥിത വൈദ്യുതിക്കുപകരം ഒഴുകുന്ന വൈദ്യുതി നൽകുന്ന വോൾട്ടാസെല്ലോ അതിന്റെ പരിഷ്കൃതരൂപങ്ങളോ ശാസ്ത്രജ്ഞന്മാർ പരീക്ഷണങ്ങൾക്കായി ഉപയോഗിക്കാൻ തുടങ്ങി. കൂടുതൽ വൈദ്യുതി ആവശ്യമായി വരുമ്പോൾ സെല്ലു കൾ ചേർത്ത് ബാറ്ററിയായി ഉപയോഗിക്കും. ടോർച്ച്, ട്രാൻസിസ്റ്റർ ഉപയോഗിച്ച് പ്രവർത്തിക്കുന്ന റേഡിയോ തുടങ്ങിയ ഉപകരണങ്ങളിൽ ഇന്നും ബാറ്ററി തന്നെയാണ് ഉപയോഗിച്ചു വരുന്നത്. സ്വന്തം കണ്ടുപിടിത്തത്തിന്റെ പേരിൽ ധാരാളം അനുമോദന ങ്ങളും പദവികളുമൊക്കെ വോൾട്ടയെ തേടിയെത്തി. പൊട്ടെൻഷ്യൽ വ്യത്യാസം അളക്കുന്ന യൂണിറ്റിന് വോൾട്ട് എന്ന് പേരിട്ടുകൊണ്ട് ശാസ്ത്ര ലോകം അദ്ദേഹത്തെ ആദരിച്ചു. വീട്ടിൽ ബൾബുകൾ മങ്ങി പ്രകാശിക്കുമ്പോൾ വോൾട്ടേജ് കുറവാണെന്ന് നാം പറയാറുണ്ടല്ലോ. ജന്തു വൈദ്യുതി എന്ന സിദ്ധാന്തം തെറ്റായിരുന്നു വെങ്കിലും, തവളക്കാലിന്റെ ഞെട്ടലിനെക്കുറിച്ച് ഗാൽവനി നടത്തിയ നിരീക്ഷണങ്ങളായിരുന്നു, വോൾട്ടാസെല്ലിന്റെ കണ്ടുപിടിത്തത്തിൽ കലാശിച്ചത്. പലപ്പോഴും തെറ്റായ നിഗമനങ്ങൾ ശരിയിലേക്കെത്താൻ സഹായിക്കുന്നു. ആ നിലയ്ക്ക് അവയ്ക്കൊരു വിലയുണ്ട്. വൈദ്യുതി പ്രവാഹത്തിന്റെ സാന്നിധ്യമറിയാനുപയോഗിക്കുന്ന ഉപകരണത്തിന് ഗാൽവനോസ്കോപ്പ് എന്ന പേർ നൽകിയിരിക്കുന്നത് ലൂയി ഗാൽവനി യോടുള്ള ആദരവിന്റെ സൂചനയായിട്ടാണ്.

ചെറുനാരങ്ങയിൽനിന്നും വൈദ്യുതി

'ഞങ്ങളുടെ ക്ലാസിലെ ലക്ഷ്മിക്കുട്ടി പറയ്യാണ് ചെറുനാരങ്ങയിൽ കറന്റുണ്ടെന്ന്. നാരങ്ങയിലെ വൈദ്യുതിയെ പുറത്തു കൊണ്ടുവരാൻ

വോൾട്ട

അവളൊരു സൂത്രം കണ്ടുപിടി ച്ചിട്ടുണ്ടത്രേ. എന്താണെന്ന് ചോദിച്ചിട്ടു പറഞ്ഞു തന്നില്ല. നൊണയായിരിക്കും. ചെറുനാര ങ്ങയിൽ വൈദ്യുതിയുണ്ടെന്ന് പറയുന്നത് ശരിയാണോ ചേച്ചീ. അങ്ങനെയാണെങ്കിൽ ഇനി ഞാൻ ലെമൺ ജൂസു കുടി ക്കില്ല.' സുമി ചോദിച്ചു.

'ചെറുനാരങ്ങയിൽ വൈദ്യു തിയില്ല.' രശ്മി

'ഞാൻ പറഞ്ഞില്ലേ, ആ ലക്ഷ്മിക്കുട്ടി ഒരു നുണച്ചിയാ ണെന്ന്.'

'പക്ഷേ ചെറുനാരങ്ങയുപയോഗിച്ച് വൈദ്യുതിയുണ്ടാക്കാം.'

'ചെറുനാരങ്ങകൊണ്ട് അമ്മ അച്ചാറുണ്ടാക്കുന്നതു കണ്ടിട്ടുണ്ട്. അതുകൊണ്ട് വൈദ്യുതിയും ഉണ്ടാക്കാമെന്ന് ഇപ്പോളാണറിയുന്നത്. രശ്മിച്ചേച്ചിക്കറിയാമോ ആ വിദ്യ?' സുമിയുടെ ചോദ്യം.

'ആട്ടെ നമുക്കതൊന്നു പരീക്ഷിച്ചുനോക്കാം. അതിനു നാരങ്ങ വേണ്ടേ. നീ പോയി ഒരു ചെറുനാരങ്ങ കൊണ്ടുവാ.' രശ്മി പറഞ്ഞു. 'നാരങ്ങയ്ക്കുപുറമെ മറ്റു ചില സാധനങ്ങൾകൂടി വേണം. നീ വരുമ്പോ ഴേക്കും ഞാൻ അതെല്ലാം തെരഞ്ഞെടുത്തു വെയ്ക്കാം. ചിലതെല്ലാം എന്റെ പരീക്ഷണപ്പെട്ടിയിൽകാണും.' പരീക്ഷണപ്പെട്ടി എന്നുപേർ കൊടുത്തിരിക്കുന്ന ഒരു കാർഡ്ബോർഡ്പെട്ടിയിൽനിന്ന്, പഴയ ഡ്രൈ സെല്ലിൽനിന്നും വെട്ടിയെടുത്തു വെച്ചിരുന്ന ഒരു സിങ്കുകഷണവും വണ്ണമുള്ള ഒരു ചെമ്പുകമ്പിക്കഷണവും രശ്മി തെരഞ്ഞുപിടിച്ചു. തത്ക്കാലത്തെ ആവശ്യത്തിന് ഇതുമതി. പെട്ടിയിൽത്തന്നെ ഉണ്ടായി രുന്ന വണ്ണംകുറഞ്ഞ പ്ലാസ്റ്റിക് വയറിൽനിന്ന് ഏകദേശം ഒരു മീറ്റർ നീളം വരുന്ന ഒരു കഷണം മുറിച്ചെടുത്തു. ബ്ലേഡുപയോഗിച്ച് വയറിന്റെ രണ്ടറ്റത്തേയും ഇൻസുലേഷൻ നീക്കി. മേശവലിപ്പു തുറന്ന് അവൾ തന്റെ പ്രിയപ്പെട്ട കോമ്പസ് പുറത്തെടുത്തു. പ്ലാസ്റ്റിക് വയറുകൊണ്ട് കോമ്പ സ്സിന്മേൽ അഞ്ചാറുവട്ടം ചുറ്റി.

'ചെറുനാരങ്ങ വീട്ടിൽത്തന്നെ ഉണ്ടായിരുന്നു. കടയിൽപ്പോകേണ്ടി വന്നില്ല' എന്നും പറഞ്ഞ് സുമി ഓടിവന്നു. അവളുടെ കൈയിൽ രണ്ടു ചെറുനാരങ്ങകളുണ്ടായിരുന്നു. അതിൽ വലുതെടുത്ത് രശ്മി ബലമായി

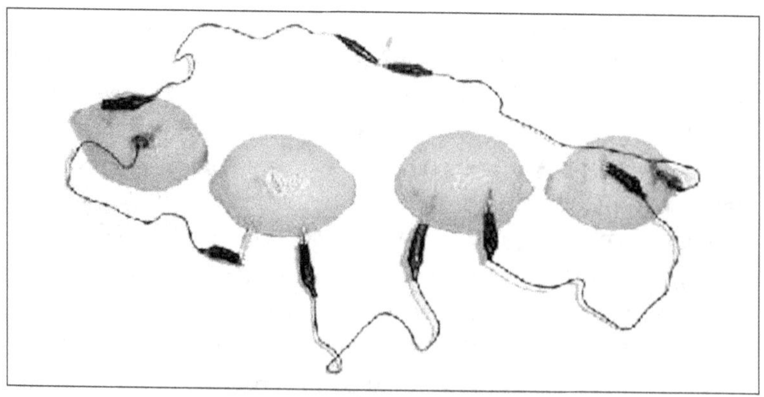

ചെറുനാരങ്ങയിൽനിന്നും വൈദ്യുതി

മേശപ്പുറത്തുരുട്ടി നല്ലപോലെ കശക്കി. നാരങ്ങയിലെ നീരുവേർ പെട്ടുപോരാനായിരുന്നു ഇങ്ങനെ ചെയ്തത്. ഇപ്പോൾ ചെറുനാരങ്ങ നല്ലപോലെ ഞെങ്ങുന്നുണ്ട്. ചെറുനാരങ്ങയുടെ മുകളിൽ ഒരു ഭാഗ ത്തായി സിങ്കുകഷണം തുളച്ചു കയറ്റി. അതിന്റെ കുറച്ചുഭാഗം നാരങ്ങ യിൽനിന്നും മുകളിലോട്ടുന്തി നിന്നിരുന്നു. സിങ്കുതകിടിൽനിന്നും കുറച്ചു നീങ്ങി മറുഭാഗത്തായി ചെമ്പുകമ്പിക്കഷണവും തുളച്ചുകയറ്റി. കമ്പി യുടെ ഒരുഭാഗവും പുറത്തേക്കുതള്ളി നിൽക്കുന്നുണ്ട്. എന്നിട്ട് കോമ്പ സ്സുമായി ചുറ്റിയ പ്ലാസ്റ്റിക് വയറിന്റെ ഇൻസുലേഷൻ നീക്കിയ ഒറ്റം സിങ്ക് തകിടുമായി ബന്ധിച്ചു; നാരങ്ങയിൽനിന്ന് അൽപ്പം അകലെയായി മേശപ്പുറത്ത് കോംപസ്സ് വെച്ചിരുന്നു.

'സുമി, കോമ്പസ്സിലെ കാന്തസൂചി ഏതുദിശയിലാണ് നിൽക്കുന്ന തെന്നു നോക്കൂ.'

'തെക്കുവടക്കുദിശയിൽ. അതു കാന്തസൂചിയുടെ സ്വഭാവമല്ലേ.'

'ശരി. സൂചിയുടെ ദിശയ്ക്ക് എന്തെങ്കിലും മാറ്റമുണ്ടാവുന്നു ണ്ടോ എന്നു നോക്കിക്കോളൂ.' ഇത്രയും പറഞ്ഞ് രശ്മി പ്ലാസ്റ്റിക് കമ്പിയുടെ ഇൻസുലേഷൻ നീക്കിയ മറ്റേ അറ്റം നാരങ്ങയിലെ ചെമ്പുകമ്പിയുമായി ചുറ്റിക്കെട്ടി.

'രശ്മിച്ചേച്ചി, കാന്തസൂചി കുറേശ്ശെ ചലിക്കുന്നുണ്ട്. ദിശയിലും തെല്ലു മാറ്റമുണ്ട്.' അതിന്റെ കാരണമെന്തെന്നറിയാതെ സുമി പറഞ്ഞു.

'പ്ലാസ്റ്റിക് വയറിൽക്കൂടി വൈദ്യുതി ഒഴുകുന്നതിന്റെ ലക്ഷണ മാണത്. കമ്പിയിൽ വൈദ്യുതിയുണ്ടെങ്കിൽ അതിനു സമീപത്തുള്ള കാന്തസൂചിക്കു ചലനമുണ്ടാവും. പ്ലാസ്റ്റിക് കമ്പിയെ നമ്മൾ ചെറു

നാരങ്ങയിലെ ലോഹക്കഷണങ്ങളുമായി ബന്ധിച്ചിരിക്കയല്ലേ. അതിൽ നിന്നും വരുന്ന കറന്റാണ് കോംപസ്സിലെ സൂചിക്കു ചലനമുണ്ടാക്കിയത്.' കോംപസ്സിലെ സൂചിയുടെ ചലനം പരിശോധിച്ചുകൊണ്ട് രശ്മി പറഞ്ഞു.

'കമ്പിയിൽ കറന്റുണ്ടെങ്കിൽ അതുകൊണ്ട് ടോർച്ചിലുപയോഗി ക്കുന്ന ബൾബ് കത്തിക്കാൻ പറ്റില്ലേ?' നാരങ്ങയിൽനിന്നും വൈദ്യുതിയു ണ്ടാവുന്ന വസ്തുത ഇനിയും ബോധ്യമാവാത്ത സുമി ചോദിച്ചു.

'വളരെ ചെറിയ തോതിലുള്ള കറന്റുമാത്രമേ നമ്മുടെ നാരങ്ങ ബാറ്ററിയിൽനിന്നും കിട്ടൂ. ഏറിയാൽ അരവോൾട്ട്. ടോർച്ചിലെ ബൾബു കത്തണമെങ്കിൽ ഒന്നരവോൾട്ടുള്ള കറന്റെങ്കിലും വേണം.'

രശ്മിയുടെ വിശദീകരണം സുമിക്ക് പൂർണമായും ബോധ്യ മായില്ല. കമ്പിയിൽ കറന്റുണ്ടെങ്കിൽ ബൾബ് കത്തും എന്നാണ് അവളുടെ വിശ്വാസം. എന്തായാലും രശ്മിച്ചേച്ചി പറഞ്ഞതല്ലേ എന്നതുകൊണ്ട് കമ്പിയിൽക്കൂടി വൈദ്യുതിയൊഴുകുന്നുണ്ടെന്ന് അവൾ സമ്മതിച്ചു. എന്നാലും ചെറുനാരങ്ങയിൽനിന്നും കറന്റുണ്ടാകുന്നതെങ്ങനെയാ ണെന്ന് അവൾക്കിപ്പോഴും മനസ്സിലായില്ല. രശ്മി അവൾക്കത് വിശദീ കരിച്ചുകൊടുത്തു. 'ചെറുനാരങ്ങ നീരിന്റെ രുചിയെന്താ? പുളി. നാരങ്ങ നീരിനു പുളിരസമുണ്ടാവാൻ കാരണം അതിൽ ഒരു ആസിഡ് ഉള്ളതു കൊണ്ടാണ്. സിട്രിക്കാസിഡ്. നാരങ്ങനീരിൽ മുങ്ങിയിരിക്കുന്നവിധം നാം അതിലേക്ക് ഒരു ചെമ്പുകമ്പിയും സിങ്കുകഷണവും കടത്തിവെച്ചിരി ക്കുന്നു. സിങ്ക് തകിട് അമ്ല ഗുണമുള്ള നാരങ്ങാനീരുമായി രാസപ്രവർത്ത നത്തിൽ ഏർപ്പെടുന്നു. ഇതുകാരണമാണ് സിങ്കുമായി ബന്ധിച്ചിട്ടുള്ള കമ്പിയിൽക്കൂടി കറന്റുവരുന്നത്. വോൾട്ടാസെല്ലിലും ഇതേ പ്രവർത്തന മാണ് നടക്കുന്നത്. പക്ഷേ അതിലുപയോഗിച്ചത് നാരങ്ങനീരിനുപകരം നേർപ്പിച്ച സൾഫ്യൂരിക്കാസിഡാണെന്നുമാത്രം. അതുകൊണ്ട് പ്രവർ ത്തനത്തിന് ശക്തികൂടും. സിങ്കുമായി രാസപ്രവർത്തനം നടത്തുന്ന നാര ങ്ങ നീരിനേയും നേർപ്പിച്ച സൾഫ്യൂരിക്കാസിഡിനേയും നാം സാങ്കേതിക ഭാഷയിൽ ഇലക്ട്രോലൈറ്റ് എന്നു വിളിക്കുന്നു. സിങ്കുതകിടിന്റേയും ചെമ്പു കമ്പിയുടേയും പേർ ഇലക്ട്രോഡുകൾ എന്നാണ്. സിങ്ക് നെഗറ്റീ വ് ഇലക്ട്രോഡ്, ചെമ്പ് പോസിറ്റീവ് ഇലക്ട്രോഡ്. ഇലക്ട്രോഡുകളും ഇലക്ട്രോലൈറ്റും തമ്മിലുള്ള പ്രവർത്തനം കൊണ്ടാണ് വൈദ്യുതിയു ണ്ടായി, ഇലക്ട്രോഡുകളുമായി ബന്ധിച്ചിട്ടുള്ള കമ്പികളിൽക്കൂടി പ്രവഹിക്കുന്നത്.' രശ്മി തുടർന്നു. 'ചെറുനാരങ്ങയ്ക്കുപകരം വിനാഗിരി ഉപയോഗിച്ചാലും വൈദ്യുതിയുണ്ടാകും. സുമിക്കു വേണമെങ്കിൽ ഇതേ പരീക്ഷണം ഉരുളക്കിഴങ്ങുപയോഗിച്ചും ആവർത്തിച്ചുനോക്കാം. കാണാ മല്ലോ, എന്തുസംഭവിക്കുമെന്ന്.'

9 കൗതുകത്തിൽനിന്ന് ജീവിതത്തിലേക്ക്

'നാം ഇപ്പോൾ വന്നെത്തിയിരിക്കുന്നത് പത്തൊമ്പതാം നൂറ്റാണ്ടിന്റെ ആദ്യത്തെ പകുതിയിലാണ്. നമ്മൾ സഞ്ചരിച്ചിരുന്ന വാഹനം അവിടെ ഇത്തിരിനേരം വിശ്രമിക്കട്ടെ. ചുറ്റുപാടും നമുക്കൊന്ന് നടന്നുനോക്കാം, എന്തൊക്കെയാണ് സംഭവിച്ചിരിക്കുന്നതെന്നറിയണമല്ലോ. പത്തൊ മ്പതാം നൂറ്റാണ്ടിന്റെ ആരംഭം വരെ വൈദ്യുതി മനുഷ്യന്റെ ജീവിതത്തിന് നേരിട്ടു പ്രയോജനം ചെയ്യുന്ന നേട്ടങ്ങളൊന്നും കൈവരിച്ചിരുന്നില്ല. ശാസ്ത്രത്തിനു തന്നെ ആ ശാഖയിൽനിന്ന് കനപ്പെട്ട സംഭാവനകൾ ഏറെയൊന്നും ലഭിച്ചിരുന്നുമില്ല. വടക്കുനോക്കിയന്ത്രം നാവികരെ നേർവ ഴിക്കു നയിച്ചതും, ബെഞ്ചമിൻ ഫ്രാങ്ക്ളിന്റെ 'മിന്നൽരക്ഷാ ചാലകം' അനേകം വീടുകളെ ഇടിമിന്നലിന്റെ ആക്രമണത്തിൽ നിന്നു രക്ഷിച്ചതും മറന്നുകൊണ്ടല്ല, ഇതുപറയുന്നത്. എങ്കിൽത്തന്നെയും ശാസ്ത്രകാര ന്മാർക്ക് കൗതുകകരമായ ഒരു ഗവേഷണ വിഷയം എന്നതിൽക്കവിഞ്ഞ് സാമൂഹ്യജീവിതത്തിലേക്ക് നേരിട്ടുകടന്നുവന്ന്, അതിൽ കാര്യമായ സ്വാധീനം ചെലുത്താൻ വൈദ്യുതിക്ക് കഴിഞ്ഞിരുന്നില്ല. നിത്യജീവിത ത്തിൽ വൈദ്യുതിക്ക് ഇന്നുള്ള സ്ഥാനവുമായി താരതമ്യപ്പെടുത്തിക്കൊ ണ്ടാണ് ഞാനിതു പറയുന്നത്. ഈ സ്വാധീനത്തിനാസ്പദമായ കണ്ടുപി ടിത്തങ്ങളും സിദ്ധാന്തങ്ങളുമുണ്ടാവുന്നത് പത്തൊമ്പതും ഇരുപതും നൂറ്റാണ്ടുകളിലായിരുന്നു.' രശ്മി പറഞ്ഞു.

'എന്താണ് വിശേഷം' എന്ന അർത്ഥത്തിൽ സുമി രശ്മിയുടെ മുഖ ത്തേക്ക് നോക്കി.

'ഇതുവരെ ശാസ്ത്രജ്ഞന്മാരുടെ മുഖ്യപരിഗണന വൈദ്യുതിയുടെ സ്വഭാവത്തെക്കുറിച്ചും അതെങ്ങനെ ഉത്പാദിപ്പിക്കാമെന്നതിനെക്കുറിച്ചു മായിരുന്നു. എന്നാൽ വോൾട്ടാസെല്ലും കൂടുതൽ കറന്റു നൽകാൻ

കഴിവുള്ള അതിന്റെ പരിഷ്കൃതരൂപങ്ങളും വന്നതോടെ പരീക്ഷണ ങ്ങൾക്കാവശ്യമുള്ള വൈദ്യുതി ചെറിയ അളവിലാണെങ്കിലും ലഭിക്കു മെന്നുറപ്പായി. അതുപയോഗിച്ച് എങ്ങനെ ശാസ്ത്രത്തിനും സമൂഹ ത്തിനും ഗുണകരമായ നേട്ടങ്ങൾ കൈവരിക്കാം എന്ന കാഴ്ചപ്പാടിലേക്ക് ശാസ്ത്രം ക്രമേണ നീങ്ങുന്ന പ്രവണതയാണ് പത്തൊമ്പതാം നൂറ്റാ ണ്ടിന്റെ ആരംഭത്തിൽ നാം കാണുന്നത്.'

'ഇങ്ങനെ പൊതുപ്രസ്താവനകൾ ചെയ്താൽ എനിക്കൊരു പിടിയും കിട്ടില്ല. എന്തൊക്കെയോ സംഭവിച്ചിട്ടുണ്ടെന്നുമാത്രം മനസ്സി ലാവും. അതുകൊണ്ടെന്താ കാര്യം? സംഗതിയെന്താണെന്ന് വിശദമായി പ്പറയൂ.' നടക്കുന്നതിനിടയിൽ സുമി പറഞ്ഞു.

'ശരിയാണ്, നീയൊരു മണ്ടിയാണെന്ന കാര്യം ഞാൻ മറന്നു.' രശ്മിയും വിട്ടുകൊടുത്തില്ല.

'അങ്ങനെ കുറച്ചുകാണുകയൊന്നും വേണ്ട. എന്നെപ്പോലെയുള്ള വർക്കാണ് നാട്ടിൽ ഭൂരിപക്ഷം.' സുമി.

'സെല്ലും ബാറ്ററിയും തമ്മിലുള്ള വ്യത്യാസം നിനക്കറിയാമല്ലോ. സാധാരണഭാഷയിൽ ഒറ്റസെല്ലിനേയും നാം ബാറ്ററി എന്നു വിളിക്കുന്നു. പക്ഷേ ശക്തികൂടിയ കറന്റുകിട്ടാൻ ഒന്നിലേറെ സെല്ലുകൾ പ്രത്യേക രീതിയിൽ സംയോജിപ്പിച്ചുപയോഗിക്കുന്നതിനെയാണ്, ശരിയായ അർത്ഥത്തിൽ ബാറ്ററി എന്നുവിളിക്കുക. 1800ൽ തന്നെ കൂടുതൽ സെല്ലു കൾ കൂട്ടിച്ചേർത്ത് ശക്തമായ കറന്റു നൽകുന്ന ബാറ്ററികൾ ഇംഗ്ല ണ്ടിലെ റോയൽ ഇൻസ്റ്റിറ്റ്യൂഷൻ നിർമ്മിച്ചിരുന്നു. ശാസ്ത്രജ്ഞന്മാരുടെ കേന്ദ്രസ്ഥാനമായ റോയൽ ഇൻസ്റ്റിറ്റ്യൂഷന്റെ സ്ഥാപകൻ ബഞ്ചമിൻ റംഫോർഡ് പ്രഭുവായിരുന്നു. തന്റെ സ്ഥാപനത്തിൽ മറ്റുള്ളവയുടെ കൂട്ട ത്തിൽ വൈദ്യുതിയെ സംബന്ധിക്കുന്ന ഗവേഷണങ്ങൾക്കുള്ള സൗകര്യ ങ്ങൾ പരമാവധി വർധിപ്പിക്കണമെന്ന ആഗ്രഹം റംഫോർഡിനുണ്ടായി രുന്നു. പക്ഷേ ഉപകരണങ്ങൾ വാങ്ങാൻ പണം വേണ്ടേ. എങ്ങനെയു ണ്ടാക്കും? അവസാനം റംഫോർഡ് പ്രഭുവിന് ഒരുപായം തോന്നി. വളർന്നുവരുന്ന ഒരു ശാസ്ത്രശാഖയെന്നനിലയിൽ വൈദ്യുതിയെക്കുറി ച്ചുള്ള വിവരങ്ങളും പരീക്ഷണ ങ്ങളുമൊക്കെ, ഒരു മാജിക്ക് കാണുന്ന താത്പര്യത്തോടെയാണ് അക്കാലത്തെ ജനങ്ങൾ വീക്ഷിച്ചിരുന്നത്. വൈദ്യുതിയെക്കുറിച്ച് ജനങ്ങൾക്കുള്ള ഈ താത്പര്യം പ്രയോജനപ്പെടു ത്തിയാലെന്തെന്ന് റംഫോർഡ് പ്രഭു ആലോചിച്ചു. ഒരു ചെറിയ സംഖ്യ യ്ക്കുള്ള ടിക്കറ്റുവച്ചുകൊണ്ട് വൈദ്യുതിയെ സംബന്ധിക്കുന്ന കാര്യങ്ങൾ ജനങ്ങൾക്കു പറഞ്ഞുകൊടുക്കുകയും അതുമായി ബന്ധപ്പെട്ട പരീക്ഷ ണങ്ങൾ നടത്തിക്കാണിക്കുകയും ചെയ്താൽ, റോയൽ ഇൻസ്റ്റിറ്റ്യൂഷന

ഉപകരണങ്ങൾ വാങ്ങാൻ പണംകിട്ടും. ജനങ്ങൾക്ക് ശാസ്ത്രകാ ര്യ ങ്ങൾ മനസ്സിലാവുകയും ചെയ്യും. ഒരുവെടിക്ക് രണ്ടുപക്ഷി, ഉടൻതന്നെ ഇപ്രകാരം ഒരു പ്രസംഗപര മ്പരയും പ്രദർശനവും നടത്തുന്നുണ്ടെന്ന വാർത്ത അദ്ദേഹം പത്രങ്ങൾക്ക് നൽകി. റംഫോർഡിന്റെ ഊഹം ശരി യായിരുന്നു. ധാരാളംപേർ ടിക്കറ്റെടുത്ത് പ്രസംഗപരമ്പര കേൾക്കാൻ തയ്യാറായി. പക്ഷേ ഒരു പ്രയാസം. റോയൽ ഇൻസ്റ്റിറ്റ്യൂഷനിൽ അക്കാ ലത്ത് താന്താങ്ങളുടെ വിഷയത്തിൽ പ്രഗൽഭരായ ശാസ്ത്രജ്ഞന്മാർ വേണ്ടത്രയുണ്ടായിരുന്നെങ്കിലും അവ സാധാരണക്കാർക്ക് മനസ്സിലാവു കയും രസിക്കുകയും ചെയ്യുന്ന ഭാഷയിൽ അവതരിപ്പിക്കാൻ സന്നദ്ധ രായി ആരും മുന്നോട്ടു വന്നില്ല. വിഷയത്തിൽ പരിജ്ഞാനവും അതേ സമയം അതു രസകരമായി അവതരിപ്പിക്കാൻ കഴിവുമുള്ള ഒരാളെ കിട്ടണം. പരിപാടി പ്രഖ്യാപിച്ചുകഴിഞ്ഞതിനാൽ, നിശ്ചിത തീയതിക്കകം പറ്റിയ ആളെക്കണ്ടെത്താനുള്ള നെട്ടോട്ടമായി. അവസാനം, റംഫോർഡ് പ്രഭുവിന്റെ ഒരു സുഹൃത്ത് ഒരു ചെറുപ്പക്കാരനെ ഇക്കാര്യത്തിനുവേണ്ടി അദ്ദേ ഹത്തിനു പരിചയപ്പെടുത്തിക്കൊടുത്തു. 23 വയസ്സുപ്രായമുണ്ടാ യിരുന്ന ആ യുവാവിന്റെ പേർ ഹംഫ്രിഡേവി എന്നായിരുന്നു. അയാൾക്ക് രസതന്ത്രത്തിൽ നല്ല വിവരമുണ്ടെന്ന് ആദ്യസംഭാഷണ ത്തിൽത്തന്നെ പ്രഭുവിനു ബോധ്യമായി. ഇനി ഉറപ്പുവരുത്തേണ്ടത്, സദസ്യർക്ക് മനസ്സിലാകുന്നവിധത്തിലും രസകരമായും ശാസ്ത്ര വിഷയങ്ങൾ അവതരിപ്പിക്കാൻ അയാൾക്കുള്ള കഴിവിനെക്കുറിച്ചാണ്. ഡേവി നടത്തിയ ആദ്യത്തെ ക്ലാസിൽ, ശ്രോതാക്കളുടെ കൂട്ടത്തിൽ റോയൽ ഇൻസ്റ്റിറ്റ്യൂഷന്റെ തലവനായ ബെഞ്ചമിൻ റംഫോർഡ് പ്രഭുവും ഉണ്ടായിരുന്നു. വിശദാംശ ങ്ങളിലുള്ള വിവരവും ഉപകരണങ്ങൾ കൈകാര്യം ചെയ്യുന്നതിലുള്ള പാടവവും ആവിഷ്കരണത്തിലുള്ള പുതുമയുംകൊണ്ട് ചുരുങ്ങിയ സമയത്തിനകം റംഫോർഡ് പ്രഭു വടക്കമുള്ള ശ്രോതാക്കളുടെ മനം കവരാൻ ഡേവിക്കു കഴിഞ്ഞു. ഒന്നുരണ്ടു ക്ലാസുകൾ കഴിയേണ്ട താമസമേ ഉണ്ടായുള്ളൂ, ഡേവിയുടെ പ്രസംഗപരമ്പര കേൾക്കാൻ ആളുകൾ തിക്കി ത്തിരക്കിവന്നു. വളരെ മുൻകൂട്ടി ത്തന്നെ ടിക്കറ്റുകൾ റിസർവ്വുചെയ്യപ്പെട്ടു. കഴിവുറ്റ ഒരു യുവശാസ്ത്രജ്ഞൻ, സമർത്ഥനായ ഒരു പ്രഭാഷകൻ എന്നീ നിലകളിൽ, ഹംഫ്രിഡേവി റംഫോർഡ് പ്രഭുവിനു മാത്രമല്ല, ലണ്ടനിലെ പ്രമാണിമാർക്കൊക്കെ അതിവേഗത്തിൽ പ്രിയങ്കരനായി. അദ്ദേഹം റോയൽ ഇൻസ്റ്റിറ്റ്യൂഷനിൽ നിയമിക്കപ്പെട്ടു.

എന്നാൽ അധ്യാപകനെന്നനിലയിലും പ്രഭാഷകനെന്നനില യിലും ലഭിച്ച ജനപ്രീതികൊണ്ടുമാത്രം സംതൃപ്തമാകുന്ന ഒരു മനസ്സായിരു ന്നില്ല, ഹംഫ്രിഡേവിയുടേത്. അടിസ്ഥാനപരമായി പ്രതിഭാശാലിയായ

ഒരു ശാസ്ത്രജ്ഞനായിരുന്നു, അദ്ദേഹം. റോയൽ ഇൻസ്റ്റിറ്റ്യൂഷ നിലെ സൗകര്യങ്ങൾ പ്രയോജന പ്പെടുത്തി അദ്ദേഹം ഗവേഷണത്തിൽ ഏർപ്പെട്ടു. 'ചിരിവാതകം' എന്ന പേരിൽ പ്രസിദ്ധമായ നൈട്രസ് ഓക് സൈഡ് കണ്ടുപിടിച്ചതിന്റെ ബഹു മതി ഡേവിക്ക് ശാസ്ത്രലോകത്തിൽ അംഗീകാരം നേടിക്കൊടുത്തു. എന്നാൽ അദ്ദേഹത്തിന് ഏറ്റവും ഇഷ്ടപ്പെട്ട ശാസ്ത്രശാഖ വൈദ്യുത രസതന്ത്രമായിരുന്നു.

റോയൽ ഇൻസ്റ്റിറ്റ്യൂഷനിലെ ശക്തിയേറിയ ബാറ്ററി വൈദ്യുത രസതന്ത്രപരമായ പലതരം പരീക്ഷ

ഹംഫ്രിഡേവി

ണങ്ങൾ നടത്താൻ ഡേവിക്കു പ്രചോദനവും സൗകര്യവും നൽകി. വെള്ളത്തിൽക്കൂടി വൈദ്യുതി കടത്തി വിട്ടാൽ അത് ഘടകപദാർത്ഥ ങ്ങളായ ഹൈഡ്രജനും ഓക്സിജനുമായി വിഘടിക്കുമെന്ന് ആയിടെ കണ്ടുപിടിക്കപ്പെട്ടിരുന്നു. വോൾട്ടാസെല്ലുപയോഗിച്ച് ജലത്തിന്റെ വൈദ്യുതവിശ്ലേഷണം ഡേവി സ്വയം നടത്തി നോക്കി. ഒരളവ് വെള്ളം വിഘടിക്കുമ്പോൾ സ്വതന്ത്രമാകുന്ന ഹൈഡ്രജന്റെ വ്യാപ്തം ഓക്സിജന്റെ ഇരട്ടിയാണ്. ഇത് വെള്ളത്തിന്റെ ഘടനയെക്കുറിച്ചു വിവരം നൽകുന്ന ഒരു കണ്ടുപിടിത്തമാണ്. ജലത്തെ ഘടകപദാർത്ഥ ങ്ങളായി വിഘടിപ്പിക്കാൻ വൈദ്യുതിക്കുകഴിയുമെങ്കിൽ വൈദ്യുത ചാലകങ്ങളായ മറ്റു പദാർത്ഥങ്ങളേയും എന്തുകൊണ്ട് ഈ രീതിയിൽ വിഘടിപ്പിച്ചുകൂടാ? ഡേവിയുടെ ഈ പുതിയ ആശയം വൈദ്യുത രസതന്ത്രത്തിനും ലോഹശാസ്ത്രത്തിനും ഒരുപോലെ വമ്പിച്ച നേട്ടങ്ങളുണ്ടാക്കി. പല ധാതുക്കളേയും അവയുടെ ഘടകങ്ങളാക്കി വേർതിരിക്കാൻ നിലവിലുള്ള ഒരു പ്രക്രിയയ്ക്കും സാധിക്കില്ലെന്ന് ഒരു രസതന്ത്രജ്ഞനെന്ന നിലയിൽ അദ്ദേഹം മനസ്സിലാക്കിയിരുന്നു. ഇവയെ വേർതിരിക്കാൻ വൈദ്യുതിക്കു കഴിയുമോ എന്ന് എന്തുകൊണ്ട് പരീക്ഷിച്ചുനോക്കിക്കൂടാ? പക്ഷേ ഇത്തരം പരീക്ഷണങ്ങൾ നടത്താൻ ശക്തമായ വൈദ്യുതിവേണം. മുന്നൊരുക്കമെന്ന നിലയിൽ അതിനു പറ്റിയ ഒരു ബാറ്ററി ഡേവി സ്വന്തം ഗവേഷണാവശ്യങ്ങൾക്കായി നിർമിച്ചു.

ഉരുകിയ പൊട്ടാഷിൽക്കൂടി വൈദ്യുതി കടത്തിവിട്ടപ്പോൾ കാഥോ ഡിൽ അന്നേവരെ ആരും തനിരൂപത്തിൽ കണ്ടിട്ടില്ലാത്ത ഒരു പുതിയ ലോഹത്തിന്റെ തുള്ളികളുണ്ട് തിളങ്ങുന്നു. ആ ലോഹത്തിന് അദ്ദേഹം പൊട്ടാസ്യം എന്ന പേര് കൊടുത്തു. ഇതേ രീതിയിൽത്തന്നെയാണ് സോഡയിൽനിന്ന് സോഡിയം വേർതിരിച്ചത്. വൈദ്യുത വിശ്ലേഷണ രീതിയുപയോഗിച്ച് ആറു പുതിയ ലോഹങ്ങൾ അവയുടെ ധാതു ക്കളിൽനിന്ന് വേർതിരിച്ചെടുക്കാൻ ഡേവിക്കു കഴിഞ്ഞു. സോഡിയം, പൊട്ടാസ്യം, സ്ട്രോൺഷ്യം, കാത്സ്യം, ബേറിയം, മഗ്നീഷ്യം എന്നിവ യാണ് അദ്ദേഹം കണ്ടുപിടിച്ച ലോഹങ്ങൾ. ഇവ കണ്ടുപിടിക്കാൻ എടുത്ത സമയം വെറും രണ്ടുവർഷം. വ്യാവസായികമായി വൈദ്യുത വിശ്ലേഷണത്തിനുള്ള പ്രാധാന്യം ആദ്യമായി മനസ്സിലാക്കിയ ശാസ്ത്ര കാരൻ ഡേവി തന്നെ. സാധാരണ മാർഗങ്ങളിൽക്കൂടി വേർതിരി ച്ചെടുക്കാൻ കഴിയാത്ത ലോഹങ്ങൾ അവയുടെ ധാതുക്കളിൽനിന്ന് വ്യാവസായികമായി വൻതോതിൽ വേർതിരിച്ചെടുക്കുന്നത് വൈദ്യുത വിശ്ലേഷണരീതി ഉപയോഗിച്ചാണ്.

വൈദ്യുതരസതന്ത്രത്തിനപ്പുറത്തും ഹംഫ്രിഡേവിയുടെ കണ്ടുപിടി ത്തങ്ങൾ വ്യാപിച്ചുകിടക്കുന്നു. റോയൽ സൊസൈറ്റിയുടെ അധ്യ ക്ഷനും ഒരു വലിയ ശാസ്ത്രജ്ഞനുമൊക്കെയായി സർ ഹംഫ്രിഡേവി അംഗീകാരം നേടിയകാലത്ത് ഒരു പത്രപ്രവർത്തകൻ അദ്ദേഹത്തോടു ചോദിച്ചു: 'താങ്കളുടെ ഏറ്റവും വലിയ കണ്ടുപിടിത്തം ഏതാണ്?' ഒറ്റവാക്കിലായിരുന്നു ഉത്തരം: 'മൈക്കേൽ ഫാരഡെ.' വൈദ്യുതിയുടെ ചരിത്രത്തിൽ ഫാരഡെയോടൊപ്പം മാനിക്കപ്പെടുന്ന പേരുകൾ ഏറെയില്ല.

10 വൈദ്യുതിയും അലൂമിനിയവും

'സർ ഹംഫ്രിഡേവിയുടെ കാലത്തോടെ വൈദ്യുതിക്ക്, ശാസ്ത്ര ത്തിലും സമൂഹത്തിലും ഒരുപോലെ പരിഗണന ലഭിക്കാൻ തുടങ്ങി. അന്നേവരെ ആരും തനിസ്വരൂപത്തിൽ കണ്ടിട്ടില്ലാതിരുന്ന ആറു ലോഹ ങ്ങൾ ഡേവി വേർതിരിച്ചെടുത്തത് വൈദ്യുതവി ശ്ലേഷണം വഴിയായിരു ന്നല്ലോ. എന്നാൽ ഡേവിയുടെ കണ്ടുപിടിത്തങ്ങൾക്ക് സാഹചര്യമൊരു ക്കിയത് അലസാൻഡ്രൊ വോൾട്ടയാണെന്നു പറയാം. വോൾട്ടാസെൽ കണ്ടുപിടിക്കുകവഴി ഡേവിയുടെ പരീക്ഷണങ്ങൾക്കുള്ള വൈദ്യുതി ലഭ്യമാക്കിയത് അദ്ദേഹമായിരുന്നല്ലോ. ശാസ്ത്രത്തിൽ പലപ്പോഴും കാര്യങ്ങളുടെ കിടപ്പ് അങ്ങനെയാണ്. ഒരാളുടെ കണ്ടുപിടിത്തം തുടർന്നു വരുന്നവർക്ക് പ്രചോദനവും സഹായകവുമാകുന്നു. വോൾട്ട രാസപ്രവർ ത്തനം വഴി വൈദ്യുതിയുണ്ടാക്കാമെന്നു കണ്ടെത്തി. ഡേവിയാകട്ടെ വൈദ്യുതി ഉപയോഗിച്ച് രാസപ്രവർത്തനം നടത്താമെന്നും സ്ഥാപിച്ചു. ഇവിടെയും കാണാം ഒരു പരസ്പരബന്ധം. ഒന്നും ഒറ്റപ്പെട്ടതല്ല.

വൈദ്യുതിയുപയോഗിച്ച് ഡേവി നടത്തിയ രാസപ്രവർത്തന ങ്ങളുടെ പ്രാധാന്യം പരീക്ഷണശാലയിലും ശാസ്ത്രലോകത്തും മാത്രമായി ഒതുങ്ങിനിന്നില്ല. അത് ലോഹശാസ്ത്രത്തിനും ചില രാസ വ്യവസായങ്ങൾക്കും അടിത്തറപാകി. ഈ വസ്തുത ബോധ്യമാകണ മെങ്കിൽ പാത്രം മുതൽ വിമാനം വരെ നിർമ്മിക്കാനുപയോഗിക്കുന്ന അലൂമിനിയം എങ്ങനെ വേർതിരിക്കപ്പെട്ടുവെന്നറിയണം.'

'അലൂമിനിയം എവിടെയുമുണ്ടല്ലോ. അതിന്റെ കണ്ടുപിടിത്തം ഇത്ര വലിയ സംഭവമാണോ?' രശ്മിയുടെ പ്രസംഗം ഇഷ്ടപ്പെടാത്ത മട്ടിൽ സുമി ചോദിച്ചു.

'നീ ഇങ്ങനെ പറയാതിരു ന്നെങ്കിലേ അത്ഭുതമുള്ളൂ. കാരണം അത്രയും സുലഭമായ ഒരു ലോഹമാണ്, അലൂമിനിയം, ഇന്ന്. വില

വളരെ കുറവായതിനാൽ ഏതു പാവപ്പെട്ടവന്റെ വീട്ടിലും ഒന്നു രണ്ട് അലുമിനിയപ്പാത്രങ്ങളെങ്കിലും കാണും. പക്ഷേ നൂറു നൂറ്റമ്പതു വർഷം മുമ്പത്തെ സ്ഥിതി ഇതായിരുന്നില്ല. വെളുത്ത് തിളങ്ങുന്നതും കനംകുറഞ്ഞതുമായ ഈ ലോഹത്തിന്റെ പ്രാധാന്യം അന്നുള്ളവർക്കറിയാമായിരുന്നു. ഭൂമിയുടെ ഉപരിതലത്തിൽ ഏറ്റവും കൂടുതലുള്ള ലോഹങ്ങളിൽ ഒന്നാണിതെന്നും അറിയാമായിരുന്നു. നമ്മുടെ നാട്ടിലെ കളിമണ്ണില്ലേ അതിലുമുണ്ട് അലൂമിനിയം. പക്ഷേ ധാതുരൂപത്തിൽ നിലനിൽക്കുന്ന ഇതിനെ വേർ പെടുത്തിയെടു

ചാൾസ് മാർട്ടിൻഹാൾ

ക്കാൻ പറ്റണ്ട. ഇരുമ്പ്, ഈയം, സിങ്ക് എന്നിവയെപ്പോലെ വറുത്തോ ഉരുക്കിയോ അലൂമിനിയത്തെ അതിന്റെ മുഖ്യധാതുവായ ബോക്സയിറ്റിൽ നിന്നും വേർപ്പെടുത്താനാവില്ല. എന്നിട്ടും വളരെ പണിപ്പെട്ട് ലോഹശാസ്ത്രജ്ഞന്മാർ കുറച്ചൊക്കെ അലൂമിനിയം ഉണ്ടാക്കിയിരുന്നു. എന്നാൽ അതിനു വേണ്ടി വരുന്ന ചെലവുണ്ടല്ലോ അത് താങ്ങാൻ പറ്റാത്തതായിരുന്നു. 1852ൽ അരകിലോഗ്രാം അലൂമിനിയത്തിന്റെ ഉത്പാദനച്ചെലവ് 550 ഡോളറായിരുന്നു. രൂപാ കണക്കിലാണെങ്കിൽ അതിന്റെ നാൽപതിരട്ടി വരും. ഇതിനർത്ഥം അക്കാലത്ത് സ്വർണത്തേക്കാൾ വില അലൂ മിനിയത്തിനായിരുന്നു എന്നാണ്. ഫ്രാൻസിലെ നെപ്പോളിയൻ മൂന്നാമൻ ചക്രവർത്തി തന്റെ അന്തസ്സുകാണിക്കാൻ കൊട്ടാരത്തിൽ വിരുന്നു വരുന്ന അതിവിശിഷ്ടാതിഥികൾക്ക് അലൂമിനിയപ്പാത്രത്തിലാണ് ഭക്ഷണം കൊടുക്കാറ്. വിശിഷ്ടാതിഥികളും പ്രഭുക്കന്മാരുമൊക്കെ വെറും സ്വർണ്ണപ്പാത്രത്തിൽ ഭക്ഷണം കഴിച്ചു തൃപ്തിയടയേണ്ടിയിരുന്നു.

സർ ഹംഫ്രിഡേവി ആവിഷ്കരിച്ച വൈദ്യുതവിശ്ലേഷണ രീതിയിൽത്തന്നെയാണ് അവസാനം അലൂമിനിയം സുലഭമായി വേർതിരിക്കപ്പെട്ടത്. പക്ഷേ ഡേവിക്കതു ചെയ്യാൻ കഴിഞ്ഞില്ല. അദ്ദേഹം അന്തരിച്ച് 57 വർഷം കഴിഞ്ഞതിനുശേഷം ചാൾസ് മാർട്ടിൻഹാൾ എന്ന ചെറുപ്പക്കാരനാണ് ഇത് സാധിച്ചത്. 1880ൽ ചാൾസ് മാർട്ടിൻഹാൾ ഓഹിയോ നഗരത്തിലെ ഓബർലിൻ കോളേജിൽ ഒരു രസതന്ത്ര

വിദ്യാർത്ഥിയായിരുന്നു. രസതന്ത്രത്തോടുള്ള അമിതാഭിമുഖ്യം നിമിത്തം കിട്ടാവുന്ന സമയമത്രയും മാർട്ടിൻഹാൾ ലബോറട്ടറിയിൽത്തന്നെ ചെലവഴിച്ചു. ആ വിദ്യാർത്ഥിയുടെ കഴിവും അർപ്പണബോധവും മനസ്സി ലാക്കിയ പ്രൊഫസർ മാർട്ടിനെ ഇപ്രകാരം ഉപദേശിച്ചു: 'ചെലവു കുറഞ്ഞരീതിയിൽ അലൂമിനിയം വേർതിരിച്ചെടുക്കാനുള്ള ഒരു പ്രക്രിയ കണ്ടെത്തുന്ന ആൾ മനുഷ്യരാശിക്കുതന്നെ വലിയ സേവനമാണു ചെയ്യുന്നത്. അയാൾക്കാണെങ്കിലോ സ്വയം ഒരു വലിയ പണക്കാരനാവു കയും ചെയ്യാം.' പ്രൊഫസറുടെ ഉപദേശം കേട്ട മാർട്ടിൻഹാൾ ആ ജോലി തന്റെ നിയോഗമായി മനസാ ഏറ്റെടുത്തു.

ബിരുദപഠനം പൂർത്തിയാക്കി, കോളേജുവിട്ട മാർട്ടിൻ നേരെ പോയത് താൻ സ്വയമേറ്റെടുത്ത ദൗത്യം നിറവേറ്റാനായിരുന്നു. പിതാവിന്റെ സമ്മതത്തോടെ വീടിനുപിറകിൽ ഒരു പണിശാല കെട്ടിയു ണ്ടാക്കി. പരീക്ഷണത്തിനാവശ്യമായ ഉപകരണങ്ങളും വാങ്ങി. പിന്നീട ങ്ങോട്ട് കുറേ മാസങ്ങൾ രാപകൽ വ്യത്യാസമില്ലാതെ തപസ്സുതന്നെ യായിരുന്നു. സാധാരണരീതിയിലുള്ള വൈദ്യുതവിശ്ലേഷണംകൊണ്ട് ബോക്സൈറ്റിൽ നിന്നും അലൂമിനിയം വേർതിരിക്കാനാവില്ല. പല മാർഗങ്ങളും മാറി മാറിപ്പരീക്ഷിച്ച മാർട്ടിൻ അവസാനം ഒരു പോംവഴി കണ്ടെത്തി. അലൂമിനിയത്തിന്റെ തന്നെ മറ്റൊരു ധാതുവായ ക്രയോ ലൈറ്റ് ഉരുക്കി അതിനെ ഇലക്ട്രോളൈറ്റായി ഉപയോഗിക്കുക. ശുദ്ധീ കരിച്ച ബോക്സൈറ്റ് ക്രയോലൈറ്റിൽ ലയിപ്പിച്ചാണ് അതിനെ വൈദ്യുതവിശ്ലേഷണത്തിനു വിധേയമാക്കിയത്. ആനോഡായി കാർബൺ ദണ്ഡുകളും കാഥോഡായി വൈദ്യുതവിശ്ലേഷണം നടത്തുന്ന പാത്രത്തിന്റെ അടിഭാഗവും ഉപയോഗിച്ചു. ധാതുവിൽനിന്നു വേർതിരിഞ്ഞ അലൂമിനിയം പാത്രത്തിന്റെ അടിയിൽ ശേഖരിക്കപ്പെടും.

ഒമ്പതുമാസത്തെ അധ്വാനഫലമായി താൻ കണ്ടുപിടിച്ച പുതിയ രീതി മാർട്ടിനെ ലക്ഷ്യത്തിലെത്തിച്ചു. 1886 ഫെബ്രുവരി 23ന് താൻ ആദ്യമായി വേർതിരിച്ചെടുത്ത അലൂമിനിയക്കഷണവും കൊണ്ട്, മാർട്ടിൻ കോളേജിൽ പഠിക്കുമ്പോൾ തനിക്കു പ്രചോദനം നൽകിയ പ്രൊഫസറെ സന്ദർശിച്ചു. ചാൾസ് മാർട്ടിൻഹാൾ കണ്ടുപിടിച്ച രീതിയിൽത്തന്നെയാണ് ഇന്ന് അലൂമിനിയം ഉത്പാദിപ്പിക്കുന്നത്. ഇതോടെ സ്വർണത്തേക്കാൾ വിലയു ണ്ടായിരുന്ന ആ ലോഹം ഒരു സാധാരണലോഹമായി മാറി. അലൂമി നിയം കൊണ്ടുള്ള ഉപയോഗങ്ങൾ നിരവധിയാണ്. ഇന്ന് ഉരുക്കു കഴി ഞ്ഞാൽ ഏറ്റവും കൂടുതൽ ഉപയോഗമുള്ള ലോഹം അലൂമിനിയമാണ്.

ലോഹങ്ങൾ ധാതുക്കളിൽനിന്നു വേർതിരിക്കാൻ മാത്രമല്ല, അവ ശുദ്ധീകരിക്കാനും ഒരു ലോഹത്തിൽ മറ്റൊരു ലോഹം പൂശാനും ഇന്നു വൈദ്യുതവിശ്ലേഷണം ഉപയോഗിക്കുന്നു. ഇവിടെ പ്രസക്തമായ വസ്തുത, വൈദ്യുതിയില്ലായിരുന്നെങ്കിൽ ഇതൊന്നും സാധിക്കില്ലായി രുന്നു എന്നതാണ്.

11 കാന്തതയും വൈദ്യുതിയും

'സുമിക്ക് വൈദ്യുതിയോടല്ലേ വിരോധമുള്ളു, കാന്തത്തോടില്ലല്ലോ?' പതിവുപോലെയുള്ള ഒരു സായംകാല സൊള്ളലിനിടയ്ക്ക് രശ്മി ചോദിച്ചു.

'കാന്തം തൊട്ടാൽ ഷോക്കടിക്കില്ലല്ലോ. പിന്നെ അതിനോടെന്തിനാ വിരോധം? വിരോധല്ല്യാന്ന് മാത്രമല്ല, എനിക്ക് കാന്തം വളരെ ഇഷ്ടവു മാണ്. അതുകൊണ്ടെന്തെല്ലാം സൂത്രപ്പണികൾ ചെയ്യാമെന്ന് രശ്മിച്ചേച്ചി ക്കറിയേ്യാ.' സുമി അൽപ്പം അഭിമാനത്തോടെ പറഞ്ഞു.

'കാന്തം കൊണ്ടുള്ള സൂത്രപ്പണികൾ എന്തൊക്കെയാ നിനക്കറി യ്യാ. എനിക്കുംകൂടി ചിലതു പഠിപ്പിച്ചൂതാ.' രശ്മി മയത്തിൽ ക്കൂടി.

'അയ്യയ്യോ. രശ്മിച്ചേച്ചിയെ ഞാൻ പഠിപ്പിച്ചൂതരാനോ. ആളെ കളിയാ ക്കുന്നതിനും വേണ്ടേ ഒരു പരിധിയൊക്കെ.'

'നിന്നെ കളിയാക്കിയതല്ല സുമി, എനിക്കു ചില കാര്യങ്ങൾ അറിയാം. നിനക്ക് മറ്റുചിലതും. എല്ലാം അറിയാവുന്നവർ ആരും ഉണ്ടാ വില്ല. കാന്തത്തെക്കുറിച്ച് നാം ചില സംഗതികൾ മനസ്സിലാക്കിയിരി ക്കണം. നമ്മുടെ തുടർന്നുള്ള യാത്രയ്ക്ക് അതാവശ്യമാണ്. എന്തൊക്കെ നിനക്കറിയാം എന്നു പരിശോധിച്ചതാണ്.'

'അപ്പോൾ രശ്മിച്ചേച്ചി എന്നെ പരീക്ഷിക്കുകയായിരുന്നു, അല്ലേ. പരീക്ഷയിൽ അങ്ങനെ തോറ്റുതരാനൊന്നും പോകുന്നില്ല.' സുമി പറഞ്ഞു. 'എന്റെ കയ്യിൽ ഒരു നല്ല കാന്തമുണ്ടായിരുന്നു, അച്ഛൻ വാങ്ങി ത്തന്നതാണ്. അതു ഞാൻ മേശയ്ക്കിടയിലെ കണ്ണാടിപ്പലകയിൽ ഒളിച്ചു വെച്ച്, ഗ്ലാസിന്റെ മുകളിൽ കുറേ മൊട്ടുസൂചികളും പേപ്പർക്ലിപ്പുകളു മൊക്കെ ഇടും. എന്നിട്ട് അടിയിലുള്ള കാന്തം ചലിപ്പിക്കും. അപ്പോൾ

81

ഗ്ലാസിനു മുകളിലുള്ള മൊട്ടുസൂചികളും ക്ലിപ്പുകളുമൊക്കെ കാന്ത ത്തിന്റെ ചലനത്തിനനുസരിച്ച് പരക്കംപായും. അമ്മയ്ക്കും മുത്തശ്ശിക്കും അതു വളരെ രസമുള്ള കാഴ്ചയായിരുന്നു. 'നൃത്തം ചെയ്യുന്ന മൊട്ടു സൂചികൾ' എന്നാണ് ആ പരീക്ഷണത്തിനു ഞാൻ പേരുകൊടുത്തിരു ന്നത്. കാന്തം നഷ്ടപ്പെട്ടതോടെ പരീക്ഷണവും നിലച്ചു.

'കാന്തം ഓട്ടുപാത്രത്തേയും പ്ലാസ്റ്റിക്കിനേയുമൊക്കെ ആകർഷി ക്കുമോ?'

'ഇല്ല, ഇരുമ്പിനേയും ഉരുക്കിനേയും മാത്രം.'

'ആട്ടെ വേറെ എന്തെങ്കിലും കാര്യങ്ങൾ കാന്തത്തെക്കുറിച്ചറി യാമോ?'

'കഴിഞ്ഞവർഷം കാന്തത്തെക്കുറിച്ച് ഒരു പാഠം ഞങ്ങൾക്കു പഠിക്കാ നുണ്ടായിരുന്നു. അപ്പോൾ സ്കൂൾ ലബോറട്ടറിയിലെ കാന്തങ്ങളും കാന്തസൂചിയുമൊക്കെ ടീച്ചർ ഞങ്ങൾക്ക് നോക്കാൻ തരുമായിരുന്നു. രണ്ടു നല്ല ബാർമാഗ്നറ്റുകളും ഒരു കാന്തസൂചിയും ഞാൻ എടുത്ത് ഉപ യോഗിക്കാറുണ്ട്. മേശപ്പുറത്ത് രണ്ടു കാന്തങ്ങളും തമ്മിൽ തൊടാതെ, തെല്ലുദൂരത്തുവെച്ചാൽ നല്ല രസമാണ്. ഒന്നിന്റെ നോർത്തുപോളും മറ്റൊന്നിന്റെ സൗത്തുപോളും നേർക്കു നേരെ ഇരിക്കുകയാണെങ്കിൽ, അവ ഓടിവന്ന് കൂടിച്ചേരും. മറിച്ച് രണ്ടുകാന്തങ്ങളുടേയും നോർത്തു പോളുകളാണ് മുഖാമുഖം ഇരിക്കുന്നതെങ്കിലോ, അവ വിരോധം കാണിച്ച് അകന്നുപോകുന്നതുകാണാം. എന്താ ഒരേ ജാതി ധ്രുവങ്ങൾ തമ്മിൽ ഇത്ര വൈരാഗ്യം? കാന്തസൂചിയുടെ അടുത്തു കാന്തം കൊണ്ടുചെല്ലുമ്പോഴും ഇതുതന്നെയാണ് സ്ഥിതി. ബാർമാഗ്നറ്റിന്റെ നോർത്തുപോൾ സൂചിയുടെ സൗത്തുപോളിനടുത്തു കൊണ്ടുചെന്നാൽ അതു സന്തോഷത്തോടെ അടുത്തുവരും. പക്ഷേ കാന്തത്തിന്റെ നോർ ത്തുപോൾ കാന്തസൂചിയുടെ നോർത്തുപോളിനടുത്തു കൊണ്ടു ചെന്നാലോ, ആകപ്പാടെ ബഹളമാകും. സൂചി അകന്നുപോവുക മാത്ര മല്ല, മുനയിൽക്കിടന്നു വട്ടംതിരിയാനും തുടങ്ങും.' സുമി കാന്തത്തെക്കു റിച്ചുള്ള തന്റെ അനുഭവങ്ങൾ വിവരിച്ചു.

'ഇതിന്റെ കാരണം നിനക്കറിയാമോ?'

'അറിയാം. കാന്തങ്ങളുടെ സജാതീയ ധ്രുവങ്ങൾ തമ്മിൽ വികർ ഷണവും വിജാതീയ ധ്രുവങ്ങൾ തമ്മിൽ ആകർഷണവുമാണ്.' സുമി പാഠ്യപുസ്തകത്തിൽപ്പഠിച്ച നിയമം അച്ചടിഭാഷ യിൽ ഉരുവിട്ടു.

'ആട്ടെ, കാന്തം എന്തുകൊണ്ടാണ് ഉരുക്കിനേയും ഇരുമ്പിനേ യുമൊ ക്കെ ആകർഷിക്കുന്നതെന്നറിയാമോ?' 'അതിന് ആകർഷണ ശക്തിയു ള്ളതുകൊണ്ട്.' സുമി പറഞ്ഞു. 'കാന്തത്തിൽനിന്നും അകലെയായി ഒരു

മൊട്ടുസൂചിയോ ക്ലിപ്പോ വെച്ചാൽ ആകർഷിക്കില്ല. അടുത്തു കൊണ്ടു വന്നാൽ ആകർഷിക്കും. വികർഷിക്കാ നുള്ള കഴിവും ദൂരം കൂടുമ്പോൾ കുറയും.'

'ഇതിനെന്താ കാരണം?'

'അതറിഞ്ഞുകൂടെ. വസ്തുവിൽനിന്നുള്ള അകലം കൂടുന്തോറും ആകർഷണശക്തി കുറഞ്ഞുവരുന്നു.' സുമി

'ശരിയാണ്. ഓരോ കാന്തത്തിനുചുറ്റും അതിന്റേതായ ഒരാകർ ഷണമേഖലയുണ്ട്. ഇതിനപ്പുറത്തുള്ള വസ്തുക്കളെ കാന്തം ആകർഷി ക്കില്ല. കാന്തത്തിന്റെ ശക്തി വ്യാപിച്ചുകിടക്കുന്ന മേഖല എവിടം വരെയാണെന്ന് കണക്കാക്കാൻ കഴിയുമോ?' രശ്മി ചോദിച്ചു.

'കുറച്ചൊക്കെ. ഞാനത് സ്കൂളിൽവച്ച് പരീക്ഷിച്ചുനോക്കിയിട്ടുണ്ട്.' സുമി തുടർന്നു: 'അകലെയിരിക്കുന്ന ഒരു ബ്ലേഡോ സേഫ്റ്റിപിന്നോ കാന്തത്തിനരികിലേക്ക് മെല്ലെമെല്ലെ നീക്കിക്കൊണ്ടുവരിക. ഒരു സ്ഥാനത്തെത്തുമ്പോൾ അതു നമ്മുടെ സഹായം കൂടാതെ കാന്തത്തി നടുത്തേക്കു നീങ്ങുന്നു. ഈ സ്ഥലം കാന്തത്തിന്റെ ശക്തി നിലനിൽ ക്കുന്ന മേഖലയായി കണക്കാക്കാം.'

'സുമി, നീ ആളൊരു മിടുക്കിയാണല്ലോ. വൈദ്യുതി വിരോധി യാണെങ്കിലും ഭാവിയിൽ നിനക്കൊരു ശാസ്ത്രജ്ഞയാകാനുള്ള എല്ലാ കഴിവുകളുമുണ്ട്. എന്തിനോടെങ്കിലും വൈരാഗ്യം വെച്ചിരിക്കാതെ ആ കഴിവുകളെ വളർത്തിയാൽ മതി.' രശ്മി അവളെ പ്രോത്സാഹിപ്പിച്ചു.

'ചേച്ചി ഇങ്ങനെ പറയുന്നു. പത്താംക്ലാസുപോലും ജയിക്കാൻ കഴി യാത്ത ബുദ്ധുസാണ് ഞാൻ എന്ന് രവിച്ചേട്ടൻ പറയാറുണ്ട്.'

'അതു ചേട്ടൻ തമാശയ്ക്കുപറയുന്നതല്ലേ. കാന്തത്തിന്റെ ശക്തി എങ്ങനെ വ്യാപിക്കുന്നു എന്നു തിരിച്ചറിയാൻ വല്ല മാർഗവു മുണ്ടോ?'

'അതെനിക്കറിഞ്ഞുകൂടാ.' സുമി

'സാരമില്ല. നമുക്കൊരു ചെറുപരീക്ഷണം വഴി ഇതു കണ്ടെ ത്താം. നീയൊരു കാര്യം ചെയ്യ്. നമുക്ക് കുറച്ച് ഇരുമ്പുതരി വേണം. ആ അമ്പു മേസ്തിരിയുടെ വർക്ക്ഷോപ്പിൽപോയി വാങ്ങിക്കൊണ്ടുവാ. അമ്പുമേ സ്തിരി നിന്റച്ഛന്റെ കൂട്ടുകാരനല്ലേ'

സുമി ഇരുമ്പുതരികളുമായി വരുമ്പോഴേക്കും രശ്മി അവളുടെ പരീക്ഷണപ്പെട്ടിയിൽത്തിരഞ്ഞ് ഒരു ബാർ മാഗ്നറ്റും ഒരു ലാടകാന്തവും പുറത്തെടുത്തു. മറ്റൊരു പരീക്ഷണത്തിനുവേണ്ട തയ്യാറെടുപ്പുകളും അവൾ നടത്തി.

സുമി കൊണ്ടുവന്ന കടലാസുപൊതിയഴിച്ചു നോക്കിക്കൊണ്ട് രശ്മി പറഞ്ഞു: 'നല്ല ഇരുമ്പുതരികൾ. ഒരെണ്ണംപോലും തുരുമ്പിച്ചിട്ടില്ല.'

അവൾ ലാടകാന്തമെടുത്ത് ഇരുമ്പുതരിയിരിക്കുന്ന പൊതിയുടെ നേരെ കാണിച്ചു. രണ്ടു ധ്രുവങ്ങളിലായി പൊതിയിലുള്ള തരിയിൽപ്പകുതിയും പറ്റിപ്പിടിച്ചു.

'കണ്ടോ സുമി, കാന്തത്തിന്റെ ശക്തി അതിന്റെ ധ്രുവങ്ങളിൽ കേന്ദ്രീ കരിച്ചിരിക്കുന്നു.' അവൾ കാന്തികധ്രുവത്തിൽനിന്ന് ഇരുമ്പുതരിക ളെല്ലാം പണിപ്പെട്ടു വേർപെടുത്തി.

'എന്തു പരീക്ഷണാ, രശ്മിച്ചേച്ചി നമ്മൾ നടത്താൻ പോകുന്നത്.'

'എന്തിനാ കാണാൻ പോകുന്ന പൂരം ചോദിച്ചറിയുന്നത്?'

മേശപ്പുറത്തിരിക്കുന്ന ബാർ മാഗ്നറ്റിന് മുകളിൽ കാന്തം ഒത്ത നടു ക്കായി വരുംവിധം രശ്മി ഒരു ഷീറ്റ് വെള്ളക്കടലാസ് വെച്ചു. കടലാസു പൊതിയിൽ നിന്നും ഇരുമ്പുതരികളെടുത്ത് കാന്തത്തിന്റെ മുകൾഭാഗ ത്തുള്ള കടലാസിലും ചുറ്റുപാടും വിതറാൻ സുമിയോടു പറഞ്ഞു. അവൾ ഇരുമ്പുപൊടി വിതറിക്കഴിഞ്ഞപ്പോൾ രശ്മി കടലാസിന്മേൽ ഒന്നുരണ്ടു പ്രാവശ്യം മെല്ലെ തട്ടി.

'സുമീ, നോക്ക് നീ വിതറിയമാതിരിയാണോ കടലാസിൽ ഇരുമ്പു തരികൾ കിടക്കുന്നത്?'

'കാണാൻ നല്ല ഭംഗീണ്ടല്ലോ. എങ്ങനെയാണിത് വന്നത്?'

'കാന്തത്തിന്റെ ശക്തി ബലരേഖകളായിട്ടാണ് ചുറ്റുപാടും വ്യാപിക്കു ന്നത്. ഇവ നോർത്തുപോളിൽ നിന്നാരംഭിച്ച് കാന്തത്തിന്റെ സൗത്ത് പോളിൽ എത്തുന്നതായിട്ടാണ് സങ്കൽപ്പം. കാന്തശക്തിപ്രസരിപ്പിക്കുന്ന ബലരേഖകളാണ് ഇരുമ്പുതരികളെ ഇപ്രകാരം വിന്യസിച്ചത്. അവ ബലരേഖകളുടെ മാർഗത്തിൽ ക്രമീകരിക്കപ്പെട്ടിരിക്കുന്നു. കാന്തത്തിന്റെ ബലരേഖകളുടെ പാത കാണിക്കുംവിധമാണ് ഇരുമ്പുതരികളുടെ ഈ പ്രത്യേക വിന്യാസക്രമം. കടലാസിൽ വിതറിയ തരിക ളെല്ലാം വാരിക്കൂട്ടിയെടുത്ത് വീണ്ടും വിതറിയാലും ക്ഷണ നേരംകൊണ്ട് അവ ഈ രീതി യിൽ ക്രമീകരിക്കപ്പെടും. സു മിക്കുവേണമെങ്കിൽ ഇതൊ ന്നു പരിശോധിച്ചു നോക്കി ക്കോളൂ.'

'ഇനി നമുക്ക് മറ്റൊരു ചെറുപരീക്ഷണം കൂടി നട ത്താനുണ്ട്.' രശ്മി പറഞ്ഞു.

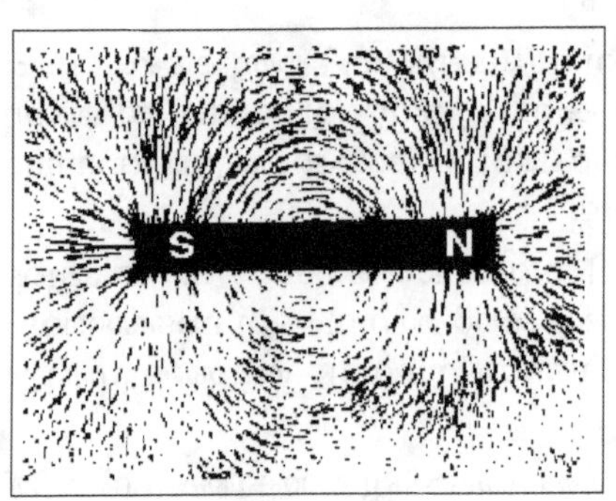

കാന്തബലരേഖകൾ

'കാന്തസൂചിയെ വിഭ്രംശിപ്പിക്കാൻ ഏതിനാണു കഴിയുക.'

'വിഭ്രംശിപ്പിക്കുകയെന്നുവച്ചാൽ'

'അത് സ്വാഭാവികമായി നിൽക്കുന്ന തെക്കുവടക്കുദിശയിൽ നിന്നും വ്യതിചലിക്കൽ. ഇരുമ്പുകഷണം കൊണ്ടുചെന്നാൽ കാന്തസൂചിയുടെ ദിശ മാറുമോ. സുമീ, നീ ആ ബാർമാ ഗ്നറ്റെടുത്ത് കോംപസ്സിലെ കാന്തസൂചിയുടെ അടുത്ത് കൊണ്ടുചെല്ല്. എന്തുണ്ടാകുന്നു?'

'ഇതാ കാന്തസൂചിയുടെ ദിശമാറുന്നു.' സുമി തന്റെ അനുഭവം വിശദീകരിച്ചു.

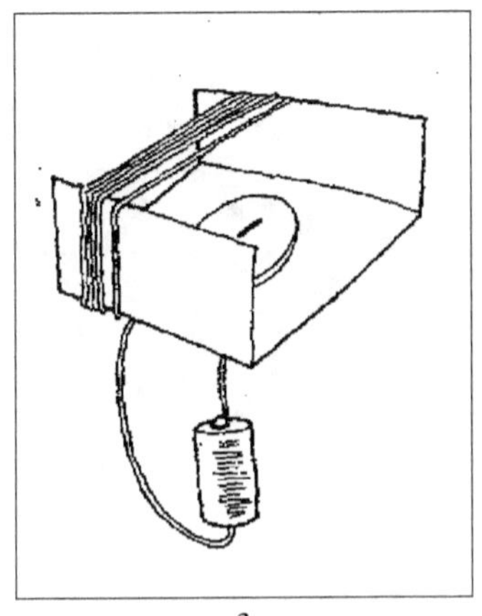

സുമിയുടെ
ഗാൽവനോസ്കോപ്പ്

'അതെ, അതിനർഥം കാന്തസൂചിയെ വികർഷിക്കാൻ മറ്റൊരു കാന്ത ശക്തിക്കേ കഴിയൂ. ഇക്കാര്യം നീ പ്രത്യേകം ഓർമ്മിച്ചോളൂ. ഇനി നമുക്ക് അൽപ്പം വ്യത്യാസമുള്ള മറ്റൊരു പരീക്ഷണം കൂടി നടത്താം. അതിന് ഒരു ബാറ്ററി വേണം. ഞാൻ താഴെപ്പോയി അച്ഛന്റെ ടോർച്ചിൽനിന്നും ഒരു ബാറ്ററിയെടുത്തു കൊണ്ടുവരാം. അതിനിടയിൽ നീ ഈ കാർഡ് ബോർഡിൽ നിന്ന് പോസ്റ്റ്കാർഡിന്റെ പകുതി വലിപ്പമുള്ള ഒരു കഷണം മുറിച്ചെടുക്ക്.'

ബാറ്ററിയുമായി വന്ന രശ്മി, മേശതുറന്ന് ഒരു കഷണം പ്ലാസ്റ്റി ക്ക് വയറെടുത്തു. നാരങ്ങ ബാറ്ററിയുണ്ടാക്കാൻ വേണ്ടി മുറിച്ചെ ടുത്ത രണ്ടറ്റവും ഇൻസുലേഷൻ മാറ്റിയ പ്ലാസ്റ്റിക് വയറായിരുന്നു അത്. സുമി മുറിച്ചെടുത്ത് വെച്ചിരുന്ന ചെറിയ കാർഡ്ബോർഡ് കഷണത്തിന്റെ രണ്ടറ്റവും രണ്ടുസെന്റീമീറ്റർ വീതിയിൽ മേലോട്ട് വളച്ച് പ്ലാസ്റ്റിക് വയർ അതിന്മേൽ അഞ്ചാറുവട്ടം നെടുകെ ചുറ്റി. വയറിന്റെ രണ്ടറ്റങ്ങളും സ്വതന്ത്രമായി നീണ്ടുനിൽക്കുന്ന വിധത്തിലാണ് അതു ചുറ്റിയിരുന്നത്. എന്നിട്ട് കാർഡ്ബോർഡിനുള്ളിൽ കമ്പിച്ചുറ്റിനു താഴെയായി കോംപസ് വച്ചു. വയറിന്റെ ഒരറ്റം ബാറ്ററിയുടെ പോസിറ്റീവിൽ തൊടുവിച്ചുകൊണ്ട് രശ്മി സുമിക്കു നിർദ്ദേശം നൽകി. 'കോംപസ്സിന്റെ സൂചിയുടെ ദിശയിൽ വല്ല വ്യത്യാസവും ഉണ്ടോ എന്ന് നോക്ക്.'

'ഒരു വ്യത്യാസവുമില്ല. അതു കൃത്യമായും തെക്കുവടക്കു ദിശയിൽ സുഖമായി നിൽക്കുന്നു.'

രശ്മി വയറിന്റെ മറ്റേ അറ്റം ബാറ്ററിയുടെ നെഗറ്റീവായ സിങ്ക് തകി ടിൽ അമർത്തിക്കൊണ്ടു ചോദിച്ചു.

85

ഗാൽവനോസ്കോപ്പ്

'ഇപ്പോളോ?'

'കാന്തസൂചി ചലിക്കുന്നുണ്ട്.'

'എന്താകാരണം?'

'പ്ലാസ്റ്റിക് വയറിൽക്കൂടി വൈദ്യുതി കടന്നുപോകുന്നതു കൊണ്ട്.'

'സുമി പറഞ്ഞത് ശരിയാണ്.' പ്ലാസ്റ്റിക് വയറിന്റെ അഗ്രങ്ങൾ ബാറ്ററിയിൽനിന്നും വേർപെടുത്തിക്കൊണ്ട് രശ്മി ചോദിച്ചു: 'ഇപ്പോൾ കാന്ത സൂചി പഴയനിലയിൽ ആയില്ലേ?'

കോംപസ്സും വയറും ഇരുമ്പുതരിപ്പൊതിയുമൊക്കെ അവയുടെ സ്ഥാനങ്ങളിൽ എടുത്തുവച്ചതിനുശേഷം രശ്മി സുമിയോടൊപ്പം താഴെ അടുക്കളയിലേക്ക് കാപ്പികുടിക്കാൻ പോയി. കാപ്പി കുടിക്കുന്നതി നിടയിലും തങ്ങൾ ചെയ്ത പരീക്ഷണങ്ങളെക്കുറിച്ചായിരുന്നു അവർ സംസാരിച്ചത്. കൂട്ടത്തിൽ ഒരു ചോദ്യം രശ്മി സുമിയോടു ചോദിച്ചു: 'കാന്തം കാണിച്ചപ്പോൾ കോംപസ്സിലെ സൂചി വിഭ്രംശിച്ചു. പ്ലാസ്റ്റിക് വയറിൽക്കൂടി വൈദ്യുതി പ്രവഹിപ്പിച്ചപ്പോളും അതുതന്നെ സംഭവിച്ചു. ഇതു രണ്ടിനും തമ്മിൽ വല്ല ബന്ധവും കാണാനൊക്കുമോ?' സുമി ആലോചിച്ചിരുന്നതല്ലാതെ മറുപടിയൊന്നും പറഞ്ഞില്ല. രശ്മിയാകട്ടെ അതിനൊരു വിശദീകരണം നൽകിയതുമില്ല.

12 വൈദ്യുതിയും വൈദ്യുതകാന്തവും

കോപ്പൻ ഹാഗൻ യൂണിവേഴ്സിറ്റിയിലെ ഭൗതികവിഭാഗം പ്രൊഫ
സറായ ഹാൻക്രിസ്ത്യൻ ഏർസ്റ്റെഡ് തന്റെ വിദ്യാർത്ഥികൾക്ക് വോൾ
ട്ടെയിക് പൈലിന്റെ പ്രവർത്തനത്തെക്കുറിച്ച് ഒരു ക്ലാസെടുക്കുകയാ
യിരുന്നു. കാലം 1820. വോൾട്ടാസെൽ കണ്ടുപിടിക്കപ്പെട്ടിട്ട് അന്നേക്ക്
ഇരുപതുവർഷമേ ആയിരുന്നുള്ളൂവെങ്കിലും, തുടർച്ചയായ വൈദ്യുത
പ്രവാഹം ലഭിക്കാനുള്ള ഒരു നൂതനമാർഗമെന്ന നിലയിൽ യൂറോപ്പിലെ
മിക്ക സർവ്വകലാശാലകളിലും ഗവേഷണ സ്ഥാപനങ്ങളിലും അത് ഒരു
പ്രമുഖസ്ഥാനം കൈവരിച്ചിരുന്നു. പരീക്ഷണശാലയിലെ മേശപ്പുറത്ത്
പ്രവർത്തനക്ഷമമായ ബാറ്ററി തയ്യാറായി ഇരിക്കുന്നുണ്ട്.

വിദ്യാർത്ഥികൾക്ക് പ്രിയങ്കരനായ ഒരധ്യാപകനായിരുന്നു പ്രൊഫ
സർ ഏർസ്റ്റെഡ്. അധ്യാപനത്തിൽ അദ്ദേഹം ആനന്ദം കണ്ടെത്തി. ഒരു
ക്ലാസുപോലും മോശമാകുന്നത് അദ്ദേഹത്തിന് പരമസങ്കടമുള്ള കാര്യ
മായിരുന്നു. കോപ്പൻ ഹാഗൻ യൂണിവേഴ്സിറ്റിയുമായുള്ള ഏർസ്റ്റെ
ഡിന്റെ ബന്ധത്തിന് വർഷങ്ങളുടെ പഴക്കമുണ്ട്. ഒരു വിദ്യാർത്ഥിയെന്ന
നിലയിൽ ഭൗതികത്തിന്റെ പ്രാരംഭപാഠങ്ങൾ അഭ്യസിച്ചതിവിടെ
നിന്നായിരുന്നു. താൻ പഠിച്ച അതേ സ്ഥാപനത്തിൽത്തന്നെ 1806ൽ
അദ്ദേഹം അധ്യാപകനായിച്ചേർന്നു. നീണ്ട പതിനാലുവർഷത്തെ അധ്യാ
പകജീവിതത്തിനിടയിൽ കോപ്പൻ ഹാഗൻ യൂണിവേഴ്സിറ്റിയിലെ
ഭൗതികവിഭാഗം പ്രൊഫസറായി ഏർസ്റ്റെഡ് ഉയർന്നു. വൈദ്യുതിയുടെ
ഉത്പാദനത്തിൽ ഒരു നൂതനവും പ്രയോജനപ്രദവുമായ മാർഗമെന്ന
നിലയിൽ വോൾട്ടെയിക് പൈലിനെ തന്റെ ശിഷ്യന്മാർക്കു പരിചയപ്പെടു
ത്തിക്കൊടുക്കാൻ പ്രൊഫസർ ഏർസ്റ്റെഡിനു തിടുക്കമായി. പുതിയ
ബാറ്ററിയുടെ തത്ത്വത്തിലും പ്രവർത്തനരീതിയിലും ആകാംക്ഷാഭരിത

രായ വിദ്യാർത്ഥികൾ പ്രൊഫസറുടെ വിശദീകരണങ്ങളിലും പ്രവർത്ത നങ്ങളിലും ലയിച്ചിരിക്കുകയായിരുന്നു.

വോൾട്ടാസെല്ലിന്റെ പ്രവർത്തനം പ്രദർശിപ്പിക്കാനുള്ള ലാബിലെ മേശപ്പുറത്ത് മറ്റേതോ ആവശ്യത്തിനായി വച്ചിരുന്ന ഒരു കാന്തസൂചി ഇരിപ്പുണ്ടായിരുന്നു. അതവിടെ ഉണ്ടെന്ന കാര്യം തന്നെ ആരും ശ്രദ്ധിച്ചി രുന്നില്ല. ബാറ്ററിയുടെ നെഗറ്റീവും പോസിറ്റീവും കമ്പികൊണ്ടു ബന്ധിച്ച് അതിൽക്കൂടി വൈദ്യുതി പ്രവഹിക്കുന്നതെങ്ങനെയെന്ന് കുട്ടികളെ ബോധ്യപ്പെടുത്തുന്നതിൽ മുഴുകിയിരിക്കുകയായിരുന്നു പ്രൊഫസർ ഏർസ്റ്റെഡ്. അതിനിടയിലാണ് തീരെ പ്രതീക്ഷിക്കാത്ത ഒരനുഭവം അദ്ദേഹത്തിനുണ്ടായത്. ബാറ്ററിയിൽനിന്നും വൈദ്യുതി പ്രവഹിച്ചിരുന്ന കമ്പിക്കുസമീപം ഉണ്ടായിരുന്ന കാന്തസൂചിയുടെ ദിശ പെട്ടന്നുമാറി. സ്വാഭാവികമായും കാന്തസൂചി നിൽക്കേണ്ടത് തെക്കുവടക്കുദിശ യിലാണല്ലോ. എന്നാൽ അത് കിഴക്കുപടിഞ്ഞാറുദിശയിലേക്കു മാറി. കമ്പിയിലെ വൈദ്യുതിപ്രവാഹവുമായി ഇതിനെന്തെങ്കിലും ബന്ധമു ണ്ടെന്ന് അന്നത്തെ അറിവുവെച്ച് ആരും കരുതിയില്ല. എന്നാൽ കമ്പി യിൽക്കൂടിയുള്ള വൈദ്യുതപ്രവാഹം നിർത്തിയതോടെ കാന്തസൂചി അതിന്റെ സ്വാഭാവികദിശയിൽ തിരിച്ചെത്തി. ഈ സംഗതിയിൽ സംശയം തോന്നിയ ഏർസ്റ്റെഡ് കമ്പിയിൽക്കൂടി വീണ്ടും വൈദ്യുതി കടത്തിവിട്ടു. ഇതോടെ കാന്തസൂചി അതാ വീണ്ടും കിഴക്കുപടിഞ്ഞാറുദിശയിൽ വന്നുനിൽക്കുന്നു. ആകസ്മികമായുണ്ടായ ഈ സ്ഥിതിവിശേഷം പ്രൊഫസറുടെ ഏകാഗ്രത നഷ്ടപ്പെടുത്തി. വിചിത്രമായ ഈ പെരുമാറ്റ ത്തിന്റെ കാരണമറിയാനുള്ള ആഗ്രഹം കണ്ണിൽ കരടുപോയമാതിരി യുള്ള ഒരസ്വസ്ഥത സൃഷ്ടിച്ചു. ക്ലാസെടുക്കൽ നേരെയാവുന്നില്ല. മുമ്പെ ങ്ങുമില്ലാത്തവിധം തങ്ങളുടെ അധ്യാപകന്റെ ശ്രദ്ധ തിരിഞ്ഞുപോയത് കുട്ടികളും കാണുന്നുണ്ടായിരുന്നു. 'പ്രൊഫസർക്കിതെന്തുപറ്റി' എന്ന് അവർ തമ്മിൽ അടക്കം പറഞ്ഞു. അതേ സമയം കാന്തസൂചിയുടെ തല തിരിഞ്ഞതിന്റെ കാരണമറിയാനുള്ള വ്യഗ്രത ഏർസ്റ്റെഡിന്റെ മനസ്സിൽ വളരുകയായിരുന്നു. 'ക്ലാസ് നാളെത്തുടരാം' എന്ന് പറഞ്ഞ് അദ്ദേഹം കുട്ടികളെ പറഞ്ഞയച്ചു.

വിദ്യാർത്ഥികൾ പിരിഞ്ഞുപോയ ഉടൻതന്നെ പരീക്ഷണ മേശയുടെ സമീപത്തേക്കോടിയെത്തിയ ഏർസ്റ്റെഡ് കാന്തസൂചിക്കു സമീപമുള്ള കമ്പിയിൽക്കൂടി പലവട്ടം വൈദ്യുതി കടത്തിവിടുകയും, പ്രവാഹം നിറുത്തിവെയ്ക്കുകയും ചെയ്തു. ഓരോ തവണയും അനുഭവം ആദ്യത്തേതുതന്നെ. പിന്നീട് കമ്പിയിൽ ക്കൂടി ഒഴുകുന്ന വൈദ്യുതിയുടെ ദിശ മാറ്റി അദ്ദേഹം പരീക്ഷണം ആവർത്തിച്ചു. അപ്പോഴുണ്ട് കാന്തസൂ ചിയുടെ ദിശയും മാറുന്നു. സൂചിയുടെ കിഴക്കോട്ടു തിരിഞ്ഞുനിന്നിരുന്ന ഉത്തരധ്രുവം ഇപ്പോൾ പടിഞ്ഞാറോട്ടായി. ആവർത്തിച്ചുനടത്തിയ

പരീക്ഷണത്തിൽ നിന്ന് ഏർസ്റ്റെഡിന് ഒരു കാര്യം ബോധ്യമായി. കാന്തസൂചിക്കുണ്ടായ ദിശാമാറ്റത്തിനു കാരണം സമീപത്തുള്ള കമ്പിയിൽക്കൂടി പ്രവഹിച്ച വൈദ്യുതിയാണ്.

ഉടൻതന്നെ പ്രൊഫസർ ഏർസ്റ്റെഡ്, യൂണിവേഴ്സിറ്റിയിലെ സഹപ്രവർത്തകരെ യെല്ലാം ലാബിൽ വിളിച്ചുവരുത്തി അപ്രതീ ക്ഷിതമായ ഈ നിഗമനത്തിലേക്കു തന്നെ കൊണ്ടെത്തിച്ച പരീക്ഷണം പലവട്ടം ആവ ർത്തിച്ചുകാണിച്ചു. സംഗതി അവർക്കും ബോധ്യമായി. കാന്തസൂചിയുടെ ദിശയിലു ണ്ടായ വ്യതിയാനത്തിനർത്ഥം വളരെ

ഏർസ്റ്റെഡ്,

വ്യക്തമാണ്. വൈദ്യുതിപ്രവാഹത്തിന് കാന്തശക്തിയുണ്ടാക്കാൻ കഴിയും. പ്രൊഫസർ ഏർസ്റ്റെഡ് ഒരു പ്രധാനപ്പെട്ട കണ്ടുപിടിത്തമാണ് നടത്തിയിരിക്കുന്നതെന്ന് അദ്ദേഹത്തിന്റെ സഹപ്രവർത്തകർ മനസ്സി ലാക്കി. ഏറെത്താമസിയാതെ, തന്റെ പരീക്ഷണവും അതുവഴി എത്തി ച്ചേർന്ന നിഗമനവും ഒരു പ്രബന്ധരൂപത്തിൽ വിശദീകരിച്ച് അദ്ദേഹം പ്രസിദ്ധീകരിച്ചു. യൂറോപ്പിലെങ്ങുമുള്ള വൈദ്യുതിയെ ക്കുറിച്ചു പഠിച്ചി രുന്ന പണ്ഡിതന്മാരും ശാസ്ത്രജ്ഞന്മാരും ഏർസ്റ്റെഡിന്റെ കണ്ടു പിടിത്തം താത്പര്യത്തോടെയാണ് ശ്രദ്ധിച്ചത്. അവരുടെ കൂട്ടത്തിൽ പാരീസിലെ പോളിടെക്നിക്ക് കോളേജിലെ പ്രൊഫസറായ ആന്ദ്രേ മേരി ആംപേറും ഉണ്ടായിരുന്നു.

കാന്തയും വൈദ്യുതിയും തമ്മിലുള്ള ബന്ധത്തെക്കുറിച്ചുള്ള സംശയം 2300 വർഷം മുമ്പേ ആരംഭിച്ചതാണ്. കമ്പിലിയിൽ ഉരസിയ ആംബർ മരച്ചീളുകളെ ആകർഷിക്കാൻ കാരണം കാന്തയോടു സാദൃ ശ്യമുള്ള ഏതോ ശക്തിയായിരിക്കുമെന്ന് ഥെയിലിസ് വിശ്വസിച്ചിരുന്നു. പിന്നീട് വൈദ്യുതിയെക്കുറിച്ചും കാന്തയെക്കുറിച്ചും പഠനം നടത്തിയ ശാസ്ത്രകാരന്മാരിൽ പലരും ഇതേ ചിന്താഗതി വച്ചുപുലർത്തി. പക്ഷേ അതു തെളിയിക്കാൻ അവരിലാർക്കും കഴിഞ്ഞില്ല. അതുകാരണം അധികമാളുകളും വിശ്വസിച്ചത് കാന്തയും വൈദ്യുതിയും പരസ്പര ബന്ധമില്ലാത്ത രണ്ടു വിഭിന്ന പ്രതിഭാസങ്ങളാണെന്നായിരുന്നു. പക്ഷേ 1820ൽ ഏർസ്റ്റെഡു നടത്തിയ ലളിതമായ കണ്ടുപിടിത്തം ഇക്കാര്യത്തിൽ എല്ലാ സംശയങ്ങൾക്കും വിരാമമിട്ടു.

വൈദ്യുതിക്കു കാന്തശക്തിയുണ്ടാക്കാനാവുമെന്ന് പ്രായോഗി കമായി തെളിയിക്കപ്പെട്ടത് വരുംകാലത്തെ വൈദ്യുതശാസ്ത്രത്തിന്റെ പുരോഗതിയിൽ വമ്പിച്ച മാറ്റങ്ങളുണ്ടാക്കിയെന്ന വസ്തുത നിനക്ക് വഴിയെ ബോധ്യമാവും.

13 പുറത്താരോ വന്നിട്ടുണ്ട്

സുമി ഒരു ചിത്രകഥ വായിക്കുകയായിരുന്നു. സ്വതവേ പരീക്ഷണം ചെയ്യുന്നതിൽ താൽപ്പര്യമുള്ള രശ്മിയാകട്ടെ, അവളുടെ പാഠവുമായി ബന്ധപ്പെട്ട ഏതോ പ്രവർത്തനത്തിൽ മുഴുകിയിരുന്നു. പെട്ടെന്ന് താഴ ത്തെനിലയിൽ കോളിങ്ബെല്ലിന്റെ ശബ്ദം. പക്ഷേ അവരതു ശ്രദ്ധിച്ചില്ല. വീണ്ടും തുടർച്ചയായി കോളിങ് ബെൽ മുഴങ്ങിയപ്പോൾ രശ്മിയുടെ ശ്രദ്ധ തന്റെ പ്രവർത്തനങ്ങളിൽ നിന്നുണർന്നു: 'പുറത്താരോ വന്നിട്ടുണ്ട്, ഞാൻ പോയി വാതിൽ തുറക്കട്ടെ' അവൾ സ്റ്റെയർകേസിന്റെ പടികൾ ചാടിയിറങ്ങി താഴത്തെത്തി.

വാതിൽ തുറന്നപ്പോൾ കണ്ടത് അമ്പലത്തിൽപ്പോയി മടങ്ങിയ അമ്മ യെയായിരുന്നു.

'നീയവിടെ എന്തെടുക്കുകയായിരുന്നു. ഞാൻ എത്ര നേരമായി ബെല്ലടിക്കാൻ തുടങ്ങിയിട്ട്' അമ്മ അരിശത്തോടെ പറഞ്ഞു. അമ്മയും മകളും അകത്ത് കടന്ന് വാതിലടച്ചു.

'അമ്മ വന്നിട്ട് കുറേനേരമായി. തുടർച്ചയായി കോളിങ് ബെല്ലമർ ത്തിയതുകൊണ്ട് നമ്മൾ കേട്ടു. ആമ്പേർ നമ്മളെ രക്ഷിച്ചു.' 'മുറിയിലെ ത്തിയ രശ്മി തന്നോടും സുമിയോടുമായി പറഞ്ഞു.

'ആമ്പേറോ, അതു കറന്റിന്റെ അളവല്ലേ?' വൈദ്യുതിയെക്കുറിച്ച് തനിക്കുള്ള നുള്ളുനുറുങ്ങ് വിവരം വച്ച് സുമി ചോദിച്ചു.

'അതെ വൈദ്യുതിപ്രവാഹത്തിന്റെ തീവ്രത അളക്കുന്ന യൂണിറ്റാണ് ആമ്പേർ. പക്ഷേ വൈദ്യുത കാന്തം കണ്ടുപിടിച്ച ആളുടെ പേരാണത്. അദ്ദേഹത്തോടുള്ള ബഹുമതി കാണിക്കാനാണ് പ്രവാഹതീവ്രതയുടെ യൂണിറ്റിന് ആമ്പേർ എന്ന പേരിട്ടത്. ആമ്പേർ വൈദ്യുതകാന്തം കണ്ടുപി

ടിച്ചില്ലായിരുന്നെങ്കിൽ നമ്മുടെ കോളിങ്ബെൽ ശബ്ദിക്കില്ലായിരുന്നു.'

'വൈദ്യുത കാന്തത്തിനുള്ള പ്രത്യേകതയെന്താണ്?'

'അതോ, കറന്റുള്ളപ്പോൾ കാന്തമാവും. വൈദ്യുതി-പ്രവാഹം നില ച്ചാൽ കാന്തശക്തി നഷ്ടമാവും. തുടർച്ചയായി പ്രവാഹം ഉണ്ടാക്കിയും ഇല്ലാതാക്കിയുമല്ലേ ഇലക്ട്രിക്ബെൽ പ്രവർത്തിക്കുന്നത്?' രശ്മി കോളിങ് ബെല്ലിനെക്കുറിച്ചുള്ള വിശദീകരണത്തിലേയ്ക്കു നീങ്ങുക യായിരുന്നു. അപ്പോൾ സുമി ചോദിച്ചു: 'എങ്ങനെയാണ് ആമ്പേർ വൈദ്യുതകാന്തം കണ്ടുപിടിച്ചത്?'

'അക്കഥ നിന്നോടു പറയാനിരിക്കുകയായിരുന്നു ഞാൻ' രശ്മി തുടർന്നു: 'വൈദ്യുതിയുടെ ചരിത്രത്തിൽ അതിപ്രധാനമായ ഒരു കണ്ടു പിടിത്തമായിരുന്നു ഏർസ്റ്റഡ് നടത്തിയത്. എന്നാലും ആകസ്മികമായി കൈവന്ന തന്റെ കണ്ടുപിടിത്തവുമായി ബന്ധ പ്പെട്ട് മറ്റു കണ്ടുപിടിത്ത ങ്ങളൊന്നും അദ്ദേഹം നടത്തിയതാ യിട്ടറിവില്ല. എന്നാൽ, നേരത്തെപ്പറ ഞ്ഞതുപോലെ ഏർസ്റ്റെഡിന്റെ പരീക്ഷണഫലത്തെ ഏറ്റവും പ്രാധാന്യ ത്തോടെ കണക്കിലെടുത്ത ഒരാളായിരുന്നു, അന്ന് പാരീസിലെ പോളിടെ ക്നിക്കിൽ അധ്യാപകനായിരുന്ന ആന്ദ്രേമേരി ആമ്പേർ (1775–1836).

പ്രാഥമികമായും ഒരു ഗണിതശാസ്ത്രജ്ഞനായിരുന്ന ആമ്പേറിന് ഭൗതികത്തിൽ താൽപ്പര്യം വർധിച്ചത് ഏർസ്റ്റെഡിന്റെ പ്രബന്ധം വായിച്ച തോടെയായിരുന്നു. ഏർസ്റ്റെഡ് കണ്ടെത്തിയ വസ്തുതകളെത്തുടർ ന്നുള്ള ഗവേഷണങ്ങളിൽ അദ്ദേഹം മുഴുകി. നമ്മൾ സ്റ്റിഫൻ ഗ്രേയുടെ കഥ പറഞ്ഞതുപോലെ വളരെ ഏകാകി യായി ജീവിച്ചിരുന്ന ഒരു ശാസ്ത്രകാര നായിരുന്നു ആമ്പേർ. പതിനാലാമത്തെ വയസ്സിൽ ആമ്പേറുടെ സർവ്വസ്വവുമാ യിരുന്ന പിതാവിനെ ഫ്രഞ്ചു വിപ്ലവകാ രികൾ പിടിച്ചുകൊണ്ടുപോയി ഗില്ലറ്റി നിരയാക്കി. ഇതോടെ അനാഥമായ കുടുംബത്തിന്റെ ഭാരം ആമ്പേറുടെ ചുമ ലിലായി. വീടുകളിൽപ്പോയി കുട്ടികളെ കണക്കുപഠിപ്പിച്ചാണ്, അക്കാലത്ത ദ്ദേഹം ഉപജീവനത്തിനുള്ള വകനേടി യത്. ഒഴിവുസമയങ്ങളിൽ തന്റെ ഇഷ്ടവിഷയമായ ഗണിതപഠനത്തിൽ മുഴുകും. ഗണിതത്തിനു പുറമെ ഭൗതി കവും രസതന്ത്രവും ആമ്പേറിന് ഇഷ്ട മുള്ള വിഷയങ്ങളായിരുന്നു.

ആമ്പേർ

ഇരുപതാമത്തെ വയ
സ്സിൽ അദ്ദേഹം വിവാഹി
തനായി. തുടർന്ന് ലിയോ
ൺസിലെ ഒരു സ്കൂളിൽ
ഭൗതികവും രസതന്ത്ര
വും പഠിപ്പിക്കുന്ന അധ്യാ
പകനായി അദ്ദേഹത്തിനു
ജോലികിട്ടി. അധ്യാപകപ
ണിക്കിടയിലും ഗണിത
ശാസ്ത്ര പഠനത്തിൽ കൂ
ടുതൽ കൂടുതൽ ആണ്ടു

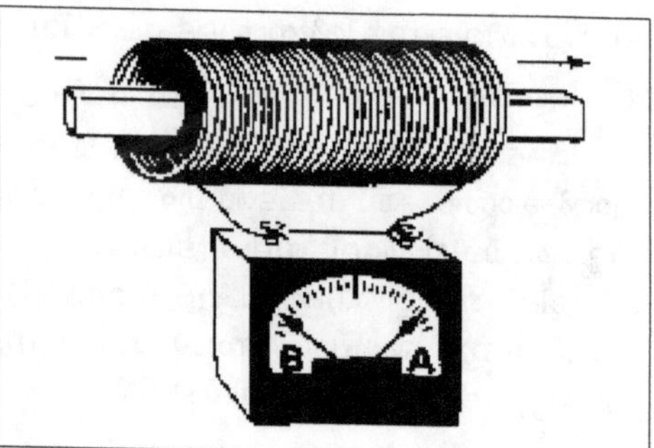

വൈദ്യുതകാന്തം

മുങ്ങാനായിരുന്നു, ആമ്പേർ ഇഷ്ടപ്പെട്ടത്. 'സംഭാവ്യതയുടെ ഗണിത
ത്ത്വങ്ങൾ' എന്ന ഒരു ഗണിതഗ്രന്ഥം അദ്ദേഹം പ്രസിദ്ധീകരിച്ചു. എത്ര
മിടുക്കനായിരുന്നാലും ഒരു ചൂതാട്ടക്കാരൻ അവസാനമായി പരാജയ
പ്പെടുകയേ ഉള്ളൂവെന്ന് ഈ പുസ്തകത്തിലൂടെ അദ്ദേഹം ഗണിത
ശാസ്ത്രപരമായി സ്ഥാപിച്ചു. വിഷയത്തിന്റെ ഗൗരവത്തേക്കാളേറെ
അതു സ്ഥാപിക്കാനുപയോഗിച്ച ശാസ്ത്രീയരീതി ആമ്പേറെ ഫ്രാൻസി
ലെ ഗണിതശാസ്ത്രപണ്ഡിതന്മാരുടെ പരിഗണനയ്ക്കു പാത്രമാക്കി.
എന്നാൽ വ്യക്തിജീവിതത്തിൽ ആപത്തിനുമേലെ ആപത്തനുഭവിക്കാ
നായിരുന്നു ആമ്പേറിനു യോഗം. അദ്ദേഹത്തിന്റെ ഭാര്യ ഇരുപത്തൊമ്പ
താമത്തെ വയസ്സിൽ മരിച്ചു. അതിനെത്തുടർന്ന് സ്വന്തം പ്രദേശം വിട്ട്
പാരീസിലെത്തിയ ആമ്പേർ അവിടെ ഒരു പോളിടെക്നിക്കിൽ അധ്യാപ
കജോലി സ്വീകരിച്ചു.

ഏകാന്തവും നിരാശാഭരിതവുമായ ജീവിതമായിരുന്നു പിന്നീട
ദ്ദേഹം നയിച്ചത്. കൂട്ടിനായി ആരുമുണ്ടായിരുന്നില്ല. ആകെയുള്ള ഒരാ
ശ്വാസം ഗണിതത്തിലും ഭൗതികത്തിലും അദ്ദേഹം നടത്തിയിരുന്ന പഠന
ങ്ങളായിരുന്നു. ഇതദ്ദേഹത്തെ സ്വയം മറക്കാൻ സഹായിച്ചു. ഏർസ്റ്റെ
ഡിന്റെ നിഗമനം സ്ഥാപിച്ചു കൊണ്ടുള്ള പരീക്ഷണങ്ങളിൽ ആമ്പേർ
ആണ്ടുമുങ്ങി. ഒരു ചാലകത്തിലൂടെ വൈദ്യുതി പ്രവഹിക്കുമ്പോൾ, ആ
ചാലകത്തി നുചുറ്റും കാന്തികക്ഷേത്രം രൂപംകൊള്ളുന്നതായി അദ്ദേഹം
പരീക്ഷണങ്ങളിൽ കൂടി തെളിയിച്ചു. സമാന്തരമായ രണ്ടു കമ്പികളിൽ
ക്കൂടി ഒരേ ദിശയിൽ വൈദ്യുതി കടന്നുപോകുമ്പോൾ, ആ കമ്പികൾ
പരസ്പരം ആകർഷിക്കുന്നതായി അദ്ദേഹം കണ്ടെത്തി. എന്നാൽ സമാ
ന്തരമായി വച്ചിട്ടുള്ള കമ്പികളിൽക്കൂടി വിപരീതഭാഗങ്ങളിലാണ് വൈദ്യു
തിയൊഴുകുന്നതെന്നിരിക്കട്ടെ, കമ്പികൾ തമ്മിൽ വികർഷിക്കും. വൈദ്യു
തി പ്രവഹിക്കുന്ന കമ്പികളിലനുഭവപ്പെടുന്ന ആകർഷണത്തിന്റേയും

വികർഷണത്തിന്റേയും ബലങ്ങൾ കൃത്യമായി കണക്കാക്കാനുതകുന്ന ഒരു ഗണിതസൂത്രം അദ്ദേഹം കണ്ടെത്തി. ഒരു കമ്പിയിൽക്കൂടി വൈദ്യു തി പ്രവഹിക്കുമ്പോൾ അതിനുചുറ്റും രൂപം കൊള്ളുന്ന കാന്തക്ഷേത്രം വർത്തുളാകൃതിയിലാണെന്ന് ആമ്പേർ മനസ്സിലാക്കി. അങ്ങനെയാണെ ങ്കിൽ ഒരു കമ്പി കുറെ ചുരുളുകളാക്കി വളച്ചാൽ അതിനുചുറ്റും കൂടുതൽ ശക്തമായ കാന്തക്ഷേത്രമുണ്ടാവില്ലേ. ഇൻസുലേറ്റഡ് ചെമ്പുകമ്പിയോ, വണ്ണംകുറഞ്ഞ പ്ലാസ്റ്റിക് വയറോ എടുത്ത് പെൻസിലിൽ അടുത്തടു ത്തായി ചുറ്റുക. ചുറ്റുകളെക്കൊണ്ട് പെൻസിൽ നിറയാറായാൽ, അത് വലിച്ചൂരിയെടുക്കുക. അപ്പോൾ നല്ലൊരു കമ്പിച്ചുരുൾ നമുക്കു ലഭിക്കും. ഇത്തരത്തിലുള്ള ഒരു ചെമ്പുകമ്പിച്ചുരുളിൽക്കൂടി ആമ്പേർ വൈദ്യുതി കടത്തിവിട്ടുനോക്കി. ഫലമോ, നമ്മുടെ സാധാരണ സ്ഥിര കാന്തത്തിനു ള്ളതിനേക്കാൾ ശക്തമായ കാന്തശക്തി കമ്പിച്ചുരുളിനു ലഭിച്ചിരിക്കുന്നു. വൈദ്യുതിപ്രവാഹം നിലയ്ക്കുന്ന നിമിഷം കമ്പിച്ചുരു ളിന്റെ കാന്തശക്തിയും ഇല്ലാതാവും. ഇൻസുലേറ്റുചെയ്ത കമ്പിച്ചുരുളി നുള്ളിലേയ്ക്ക് ആമ്പേർ നീളത്തിലുള്ള ഒരു പച്ചിരുമ്പുകഷണം കടത്തി വെച്ച്, കമ്പിയിൽക്കൂടി വൈദ്യുതി പ്രവഹിപ്പിച്ചു. അതുകൊണ്ടുണ്ടായ ഫലം അദ്ദേഹത്തെത്തന്നെ അമ്പരപ്പിച്ചു: കമ്പിച്ചുരുളിന്റെ കാന്തശക്തി മുമ്പുള്ള തിനേക്കാൾ എത്രയോ മടങ്ങ് വർദ്ധിച്ചിരിക്കുന്നു. ശക്തമായ വൈദ്യുതി കടത്തിവിട്ടാൽ, ഈ ക്രമീകരണത്തിന് വളരെ ഭാരമുള്ള ഇരുമ്പുകട്ടയെപ്പോലും ഉയർത്താൻ പറ്റും. വൈദ്യുതിപ്രവാഹം നിർത്തുന്നതോടെ ഇതിന്റെ കാന്തശക്തിയും നിലയ്ക്കുന്നു. വൈദ്യുതി പ്രവാഹമുള്ള ഒരു കമ്പിച്ചുരുളും അതിനകത്തെ പച്ചിരുമ്പുകഷണവും കൂടിച്ചേർന്ന ക്രമീകരണത്തെയാണ് വൈദ്യുതകാന്തം എന്നുപറയു ന്നത്. വൈദ്യുതിപ്രവാഹത്തിന്റെ ദിശയിലുള്ള വ്യത്യാസം വൈദ്യുത കാന്തത്തിന്റെ ധ്രുവങ്ങളിൽ വരുത്തുന്ന മാറ്റങ്ങളെക്കുറിച്ചുള്ള ലളിത മായ നിയമങ്ങൾ ആമ്പേർ കണ്ടുപിടിച്ചിട്ടുണ്ട്. അതെല്ലാം വിസ്തരിച്ച് ഞാൻ നിന്നെ ഭയപ്പെടുത്തുന്നില്ല.

പക്ഷേ ഒരു കാര്യം ഓർക്കണം: വൈദ്യുതിയുടെ ചരിത്രത്തിൽ ആന്ദ്രേമേരി ആമ്പേറിന് വലിയ സ്ഥാനമാണുള്ളത്. ഏർസ്റ്റെഡ് വൈദ്യു തിയുടെ കാന്തസ്വഭാവം കണ്ടെത്തിയതും അദ്ദേഹത്തെ പിന്തുടർന്ന് നിരവധി പരീക്ഷണങ്ങളിൽക്കൂടി ആമ്പേർ വൈദ്യുതകാന്തം നിർമി ച്ചതും പ്രായോഗികജീവിതത്തിൽ വമ്പിച്ച മാറ്റമുണ്ടാക്കി. ഇതോടെ വൈദ്യുതി പരീക്ഷണശാലയിൽനിന്നും പുറത്തുകടന്ന് ഒരു നിർമാണ ശക്തിയായി മാറി. വലിയ വലിയ ഇരുമ്പുകട്ടകളും ദണ്ഡുകളും പൊക്കാൻ വൈദ്യുതകാന്തങ്ങൾ വ്യാപകമായി ഉപയോഗിക്കാൻ തുടങ്ങി. മാത്രമല്ല, വാർത്താവിനിമയരംഗത്ത് അതുണ്ടാക്കിയ മാറ്റം അത്ഭുതകരമാണ്.

സ്ഥിരകാന്തത്തേക്കാൾ വൈദ്യുതകാന്തത്തിനുള്ള മേന്മയാണ് അതിനുള്ള പ്രധാനകാരണം. ആവശ്യമുള്ളപ്പോൾ വൈദ്യുതി കടത്തി വിട്ട് കാന്തശക്തി നൽകാനും വേണ്ടെന്നു തോന്നുന്ന നിമിഷത്തിൽ പ്രവാഹം നിലപ്പിച്ച് കാന്തശക്തി ഇല്ലാതാക്കാനും ഈ സംവിധാ നത്തിനു കഴിയുന്നു. പലതരം ഉപകരണങ്ങളുടെ നിർമിതിയിൽ ഇതൊരു വലിയ സൗകര്യമാണ്. മാത്രമല്ല കമ്പിച്ചുരുളിന്റേയും, പച്ചിരുമ്പുകഷണത്തിന്റേയും വലിപ്പം കൂട്ടുകയും, കമ്പിച്ചുരുളിൽക്കൂടി കടത്തിവിടുന്ന വൈദ്യുതിയുടെ ശക്തി വർദ്ധിപ്പിക്കുകയും ചെയ്താൽ നിലവിലുള്ള ഏതൊരു സ്ഥിരകാന്തത്തേക്കാൾ എത്രയോ മടങ്ങ് ശക്തിയുള്ള വൈദ്യുതകാന്തം നിർമിക്കുകയും അതിനെക്കൊണ്ട് പണിയെടുപ്പിക്കുകയും ചെയ്യാം. ഞാൻ പറഞ്ഞല്ലോ, നമ്മുടെ കോളിങ് ബെൽ ശബ്ദിക്കുന്നത് ആമ്പേറുടെ അനുഗ്രഹമായ വൈദ്യുതകാന്തം കൊണ്ടാണെന്ന്. ഇത് ഇവിടെ കൊണ്ടവസാനിക്കുന്നില്ല. ടെലഗ്രാഫ്, ടെലിഫോൺ എന്നിവയിൽത്തുടങ്ങി ടെലിവിഷൻ വരെയുള്ള പുത്തൻ ഉപകരണങ്ങളും സാധ്യമായത് വൈദ്യുതകാന്തത്തിന്റെ കണ്ടുപിടിത്തം മൂലമാണ്.'

നമുക്കൊരു വൈദ്യുതകാന്തം നിർമിക്കാം

'കാന്തമല്ലാത്ത വസ്തുവിന് ഇരുമ്പിനെ ആകർഷിക്കാൻ കഴിയുന്ന തെങ്ങനെയാണ്?' ആമ്പേർ നിർമിച്ച വൈദ്യുതകാന്തത്തെക്കുറിച്ചുള്ള രശ്മിയുടെ വിശദീകരണം കേട്ടപ്പോൾ സുമി ചോദിച്ചു.

'നിനക്കതു വിശ്വസിക്കാതിരിക്കേണ്ട യാതൊരാവശ്യവുമില്ല. ബാറ്ററി യിൽ കറന്റുണ്ടോ എന്നറിയാൻ നമ്മളൊരു പരീക്ഷണം നടത്തിയിട്ടു രണ്ടുദിവസമല്ലേ ആയയുള്ളൂ. ഒരു കാർഡ്ബോർഡിൽ ചുറ്റിയ കമ്പിക്കടി യിൽ കോംപസ്സ് വച്ച്, കമ്പിയിൽക്കൂടി വൈദ്യുതി കടത്തിവിട്ടപ്പോൾ കോംപസ്സിലെ കാന്തസൂചി വിഭ്രംശിച്ചുവെന്ന് നീ തന്നെയല്ലേ വിളിച്ചു പറഞ്ഞത്. കാന്തസൂചിയെ വിഭ്രംശിപ്പിക്കാൻ മറ്റൊരു കാന്തത്തിന്റെ സജാതീയ ധ്രുവത്തിനു മാത്രമേ കഴിയൂ എന്ന് പരീക്ഷണം നടത്തി ബോധ്യപ്പെട്ടവരാണ് നമ്മൾ. അപ്പോൾ മറ്റൊരു കാന്തത്തിന്റെ സജാതീയധ്രുവം ചെയ്ത അതേ ജോലിതന്നെയല്ലേ വൈദ്യുതി പ്രവഹിക്കുന്ന കമ്പിയും ചെയ്തത്. എന്നിട്ടും വിശ്വാസമാകുന്നില്ലേ?' രശ്മി ചോദിച്ചു.

'സംഗതി ശരിയാണ്. ഞാൻ അത്രയ്ക്കാലോചിച്ചില്ല.' സുമി

'അതാണ് തെറ്റ്. നിനക്കൊരു തലയുള്ളത് പൂ ചൂടാനും പൊട്ടു തൊടാനും മാത്രമല്ല. ആലോചിക്കാനും കൂടിയാണ്. ഈ ചെറിയ സംഗതി നിന്നെ യുക്തികൊണ്ടു ബോധ്യപ്പെടുത്തേണ്ട ആവശ്യമൊന്നും

എനിക്കില്ല. രണ്ടു ചെറിയ പരീക്ഷണങ്ങൾ ചെയ്താൽ ബോധ്യ മാവുന്ന കാര്യമേ ഇതിലുള്ളൂ. പക്ഷേ ഒരു വ്യവസ്ഥ. പരീക്ഷണം എങ്ങനെ ചെയ്യാമെന്നു പറഞ്ഞുതരും. ആവശ്യമുള്ള ഉപകരണങ്ങളും തരും. പരീക്ഷണം ചെയ്ത് റിസൽട്ട് രേഖപ്പെടുത്തേണ്ട ചുമതല നിന്റേതാണ്. അത് ചെയ്തേ ഒക്കൂ. വൈദ്യുതിയെപ്പേടിച്ച് സ്വിച്ചിടാൻ പോലും മടിച്ചിരുന്ന ആൾ വെറും കേൾവിക്കാരിയായി ഇരുന്നതു കൊണ്ട് ഒന്നും നേടാൻ പോകുന്നില്ല.' രശ്മിയുടെ സ്വരം കനത്ത തായിരുന്നു. വ്യവസ്ഥകൾ സുമി സമ്മതിച്ചു.

പരീക്ഷണം – 1

ആവശ്യമുള്ള ഉപകരണങ്ങൾ:

1. ചുരുങ്ങിയത് നാലിഞ്ച് നീളമെങ്കിലും ഉള്ള ഒരു ഇരുമ്പാണി അല്ലെ ങ്കിൽ ബോൾട്ട്

2. 18 ഗേജുള്ള ഇനാമൽ ഇൻസുലേറ്റഡ് ചെമ്പുകമ്പി– ഒന്നരമീറ്റർ

3. 6 വോൾട്ട് ബാറ്ററി

4. 16 സെന്റീമീറ്റർ നീളവും അത്രതന്നെ വീതിയുമുള്ള ഒരു കാർഡ് ബോർഡ് കഷണം

5. ഇരുമ്പുതരികൾ

6. കത്രിക

7. ഇൻസുലേഷൻ ടാപ്പിന്റെ ഒരു വലിയ റോൾ

'ഇതിൽ പലതും നമ്മുടെ വീട്ടിൽക്കാണും. 18 ഗേജ് വയർ ഇലക്ട്രിക് കടയിൽ നിന്നും വാങ്ങണം. ഇൻസുലേഷൻടേ പ്പിന്റെ റോൾ കാർഡുബോർ ഡിനടിയിൽ തടയായി വെയ് ക്കാനാണ്. അതില്ലെങ്കിൽ പറ്റി യ മറ്റെന്തെങ്കിലും സാധനം

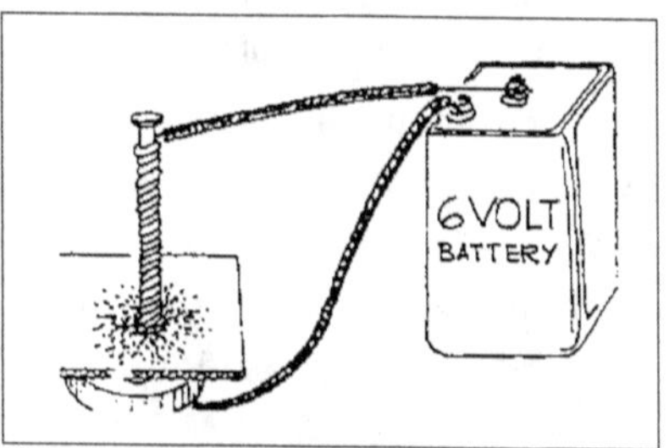

വൈദ്യുത കാന്തംകൊണ്ട് കാന്തബലരേഖകൾ ഉണ്ടാകുന്നു

ഉപയോഗിക്കാം. ഇരുമ്പുതരികൾ കഴിഞ്ഞ തവണ കാന്തികക്ഷേത്രം കാണിക്കാനുള്ള പരീക്ഷണത്തിനു കൊണ്ടുവന്നത് തുരുമ്പെ ടുക്കാതിരിക്കാൻ ഞാൻ കുപ്പിയിൽ അടച്ചുവെച്ചിട്ടുണ്ട്. ചുരുങ്ങിയത് നാലിഞ്ച് നീളമുള്ള ഒരാണിയോ ബോൾട്ടോ നീ ഇരുമ്പുകടയിൽനിന്നും വാങ്ങണം.'

ചെയ്യേണ്ട രീതി:-

1. നീളമുള്ള ഇരുമ്പുകമ്പിയിൽ അതിന്റെ മുനയുടേയും മൊട്ടുള്ള ഭാഗത്തിന്റേയും ഇടയിൽ ഓരോ സെന്റിമീറ്റർ ഭാഗം സ്വതന്ത്രമാക്കിവിട്ട, മറ്റു ഭാഗത്ത് അടുത്തടുത്തായി ചുറ്റുക. കമ്പിയുടെ രണ്ടറ്റവും ഓരോ അടി നീളത്തിൽ സ്വതന്ത്രമായിരിക്കണം. ഒരു ബ്ലേഡുപയോഗിച്ച് വയറുകളുടെ അറ്റങ്ങളിലുള്ള ഇൻസുലേഷൻ ചുരണ്ടിനീക്കുകയും വേണം.

2. കാർഡ്ബോർഡ് കഷണം ഇൻസുലേഷൻ ടേപ്പ് റോളിന്റെ മുകളിൽ എല്ലാ ഭാഗവും ഒരേ നിരപ്പിലായിരിക്കുന്ന വിധം വെയ്ക്കുക.

3. കമ്പി ചുറ്റിയ ആണിയുടെ-വൈദ്യുതകാന്തത്തിന്റെ-മുന കാർഡ്ബോർഡിന്റെ ഒത്ത നടുക്കായി കുത്തിയിറക്കി അതിനെ കുത്തനെ നിർത്തുക. ആണിയുടെ മുനയോടടുത്തുള്ള വയർ കാർഡ് ബോർഡിനടിയിലെ ഇൻസുലേഷൻ ടേപ്പിന്റെ മധ്യത്തിൽക്കൂടി പുറത്തെടുക്കണം.

4. ആണിയുടെ അടിയിൽനിന്നും വരുന്ന കമ്പിയുടെ അറ്റം ബാറ്റ റിയുടെ ഏതെങ്കിലും ധ്രുവവുമായി ബന്ധിക്കുക.

5. വയർ ചുറ്റിയ ആണിക്കു ചുറ്റുമായി കാർഡ്ബോർഡിൽ ഒരേ കനത്തിൽ ഇരുമ്പുതരികൾ വിതറുക. എന്തു സംഭവിക്കുന്നു.

6. ആണിയുടെ മുകളറ്റത്തുള്ള വയറിന്റെ അറ്റം ബാറ്ററിയുടെ മറ്റേ ധ്രുവവുമായി ബന്ധിക്കുക. കാർഡുബോർഡിൽ ഒന്നുരണ്ടു വട്ടം മെല്ലെ യൊന്നു തട്ടിക്കൊടുക്കുക.

7. ഇപ്രകാരം സജ്ജീകരണങ്ങളെല്ലാം ശരിയായി എന്നുറപ്പു വരു ത്തിയതിനുശേഷം, കാർഡുബോർഡിൽ വിതറിയിരിക്കുന്ന ഇരുമ്പു തരിയുടെ വിന്യാസക്രമത്തിൽ എന്തെങ്കിലും മാറ്റംവന്നിട്ടുണ്ടോ എന്നു നിരീക്ഷിച്ചു രേഖപ്പെടുത്തുക.

പരീക്ഷണം – 2

ആവശ്യമായ ഉപകരണങ്ങൾ:

1. മുൻപരീക്ഷണത്തിനുപയോഗിച്ച കമ്പി ചുറ്റിയ ആണി.

2. 6 വോൾട്ട് ബാറ്ററി

3. പേപ്പർക്ലിപ്പുകളോ മൊട്ടുസൂചികളോ

ചെയ്യേണ്ടവിധം:

1. ആണിയുമായി ചുറ്റിയിരിക്കുന്ന കമ്പിയുടെ അറ്റം ബാറ്ററിയുടെ ഏതെങ്കിലും ധ്രുവവുമായി ബന്ധിക്കുക.

2. ആണിയുടെ അറ്റം പേപ്പർ ക്ലിപ്പിനടുത്തേയ്ക്കു കൊണ്ടു വരിക. എന്തു സംഭവിക്കുന്നു.

3. ആണിയിൽനിന്നും വരുന്ന വയറിന്റെ രണ്ടാമത്തെ അറ്റവും ബാറ്ററിയുടെ അവശേഷിക്കുന്ന ധ്രുവവുമായി ബന്ധിക്കണം. ഇപ്പോൾ പേപ്പർക്ലിപ്പുകൾക്കെന്തുണ്ടാകുമെന്ന് നിരീക്ഷിച്ച് രേഖപ്പെടുത്തുക.

'ഇതു രണ്ടും വളരെ നിസ്സാരമായ പരീക്ഷണങ്ങളാണ്. ഇവിടെവച്ചോ വീട്ടിൽവച്ചോ സുമിക്കിതുചെയ്യാം. എന്തെങ്കിലും സംശയമുണ്ടെങ്കിൽ എന്നോടു ചോദിക്കണം. പക്ഷേ ഏറെ താമസിപ്പിക്കരുത്. മൂന്നുദിവസ ത്തിനകം നിന്റെ നിരീക്ഷണഫലങ്ങൾ നോട്ടുബുക്കിലെഴുതി എന്നെ ക്കാണിക്കണം. സുമി പരീക്ഷണത്തിനുള്ള ഒരുക്കങ്ങൾ ആരംഭിച്ചോളൂ. എനിക്കിത്തിരി റെക്കോർഡെഴുതാനുണ്ട്.'

കൃത്യം മൂന്നാംദിവസം തന്നെ സുമി അവളുടെ നിരീക്ഷണഫല ങ്ങളുമായി രശ്മിയുടെ അടുത്തെത്തി. പരീക്ഷണം വിജയിച്ചതിൽ ഏറെ സംതൃപ്തയായിരുന്നു അവൾ.

'കഴിഞ്ഞ രണ്ടുമൂന്നുദിവസം സുമിയെ ഇങ്ങോട്ടു കണ്ടതേ യില്ലല്ലോ. നിനക്കൊരു സംശയവും ഉണ്ടായിരുന്നില്ലേ?' രശ്മി.

'ചെയ്യേണ്ട കാര്യങ്ങളെല്ലാം രശ്മിച്ചേച്ചി അക്കമിട്ടു എഴുതി ത്തന്നിരുന്നല്ലോ. പിന്നെന്താ സംശയത്തിനു വക.'

'ആട്ടെ, നിന്റെ നിരീക്ഷണ റിപ്പോർട്ട് കേൾക്കട്ടെ. എന്നിട്ടു വേണമല്ലോ എന്തെങ്കിലും അഭിപ്രായം പറയാൻ.' രശ്മി പറഞ്ഞു.

സുമി തന്റെ നിരീക്ഷണറിപ്പോർട്ട് വായിച്ചു:

1. ഒന്നാമത്തെ പരീക്ഷണത്തിൽ കമ്പിയുടെ ഒരറ്റം ബാറ്ററിയുടെ ധ്രുവവുമായി ബന്ധിച്ചപ്പോൾ ഒന്നും സംഭവിച്ചില്ല. കമ്പിയുടെ രണ്ട ശ്രങ്ങളും ബാറ്ററിയുടെ ധ്രുവങ്ങളുമായി ബന്ധിച്ചപ്പോൾ ആണിക്കു ചുറ്റും പ്രത്യേകരീതിയിൽ ഇരുമ്പുതരികൾ ക്രമീകരിക്കപ്പെട്ടതായി ക്കണ്ടു. ബാർമാഗ്നറ്റിനുചുറ്റും ഇരുമ്പുതരികൾ ക്രമീകരിക്കപ്പെട്ടതിൽ നിന്നും ഇതിനു കുറച്ചു വ്യത്യാസമുണ്ടായിരുന്നു. വൈദ്യുതിപ്രവാഹ മുള്ള ആണിക്കുചുറ്റും വൃത്താകൃതിയിൽ ആയിരുന്നു ഇരുമ്പുതരികൾ ക്രമീകരിയ്ക്കപ്പെട്ടത്. ഇതിനർത്ഥം, വൈദ്യുതി പ്രവഹിക്കുന്ന കമ്പി ചുറ്റിയ ആണിക്കു ചുറ്റും ഒരു കാന്തികക്ഷേത്രം ഉണ്ടാകുന്നുണ്ടെന്നും അതു വൃത്താകൃതിയിൽ തന്നെ ആണെന്നുമാകുന്നു.

2. രണ്ടാമത്തെ പരീക്ഷണം വള
രെ ലളിതം. ആണിയിൽ നിന്നുള്ള
കമ്പികളെ ബാറ്ററിയുടെ ധ്രുവങ്ങ
ളുമായി ബന്ധിച്ചപ്പോൾ ആണി ഒരു
യഥാർത്ഥ കാന്തത്തെപ്പോലെ പേപ്പ
ർക്ലിപ്പുകളെ കൂട്ടത്തോടെ ആകർ
ഷിച്ചു. പക്ഷേ ബാറ്ററിയുമായുള്ള
ബന്ധം വേർപെടുത്തിയതോടെ
പേപ്പർക്ലിപ്പുകൾ ഓരോന്നായി
താഴെ വീണു. ഒരെണ്ണം കുറെ താമ
സിച്ചാണ് ആണിയിൽനിന്നും വേർ
പെട്ടത്.

സുമിയുടെ വൈദ്യുതകാന്തം

'റിപ്പോർട്ടു നന്നായിട്ടുണ്ട്.' രശ്മി
സുമിയെ പുറത്തുതട്ടി അഭിനന്ദിച്ചു.
'പക്ഷേ വൈദ്യുതകാന്തത്തെക്കു
റിച്ചു നിന്റെ സംശയങ്ങളെല്ലാം മാറിയോ?'

'മാറി. വൈദ്യുതി പ്രവഹിക്കുമ്പോൾ അത് കാന്തത്തിന്റെ എല്ലാ
ഗുണങ്ങളും ശരിക്കും പ്രകടിപ്പിക്കുന്നു. പക്ഷേ ഒരു കാര്യം മാത്രം
എനിക്കിപ്പോഴും ബോധ്യമായില്ല, രശ്മിച്ചേച്ചി പറഞ്ഞില്ലേ, വൈദ്യുത
കാന്തം കൊണ്ടാണ് സ്ഥിരകാന്തത്തേക്കാൾ മനുഷ്യന് കൂടുതൽ
ഉപയോഗമെന്ന്. അതെന്താ അങ്ങനെ? ഉപ്പോളം വരുമോ ഉപ്പിലിട്ടത്?'

'ആ, ചിലപ്പോൾ അങ്ങനെയും സംഭവിക്കാം. നമുക്ക് വൈദ്യുത
കാന്തമുപയോഗിച്ചുള്ള രണ്ടുപകരണങ്ങളുടെ കഥയിലേയ്ക്കു പോകാം.
എന്നിട്ട് നീ അഭിപ്രായം പറഞ്ഞാൽമതി.' രശ്മി ആ ചർച്ച
അവസാനിപ്പിച്ചു.

14 ടെലഗ്രാഫും ടെലഫോണും

മുത്തശ്ശി പറഞ്ഞുകേട്ട കഥയാണ്: 'പണ്ട് ഞങ്ങളുടെ നാട്ടിൽ ഒരു അഞ്ചലോട്ടക്കാരനുണ്ടായിരുന്നു. അഞ്ചലാപ്പീസിൽ വരുന്ന കത്തുകളും പണവും ഒരു സഞ്ചിയിലാക്കി തലയിൽ വച്ച്, കയ്യിൽ മണികെട്ടിയ ഒരു ചെറിയ കുന്തവുമായി ഓടിവരുന്ന അഞ്ചലോട്ടക്കാരനെ കാണുമ്പോൾ കുട്ടികൾ പേടിച്ചോടും, മുതിർന്നവർ വഴിമാറും. കത്ത് എത്രയുംവേഗം ലക്ഷ്യസ്ഥാനത്തെത്തിക്കാൻ വേണ്ടി പാഞ്ഞുപോകുന്ന അഞ്ചലോട്ട ക്കാരനെ ആരും തടസ്സപ്പെടുത്താതിരിക്കാനായിരുന്നു അയാളുടെ കയ്യി ലെ മണികെട്ടിയ കുന്തം. അഞ്ചലാപ്പീസുപോയി. പിന്നെ തപാലാപ്പീസു വന്നു. ബസ്സിലും തീവണ്ടിയിലും കപ്പലിലുമൊക്കെയായി കത്തുകൾ പോയി. പടിഞ്ഞാറൻരാജ്യങ്ങളിൽ കുതിരവണ്ടികളിലായിരുന്നു, കഴിഞ്ഞ നൂറ്റാണ്ടിൽ കത്തുകൊണ്ടുപോയിരുന്നത്. അവ മേൽവിലാസ ക്കാരനു കിട്ടാൻ ആഴ്ചകളും മാസങ്ങളുമെടുത്തിരുന്നു. ദൂരം കൂടു ന്തോറും സമയവും കൂടും. അമേരിക്കയിൽനിന്നും യൂറോപ്പിലേയ്ക്കയച്ച ഒരെഴുത്തിനു മറുപടികിട്ടാൻ മൂന്നു മാസമെങ്കിലും പിടിക്കും. കപ്പൽ പോയി മടങ്ങിയെത്തേണ്ടെ.

വൈദ്യുതിയുടെ സഹായത്തോടെ അതിവേഗത്തിൽ സന്ദേശ ങ്ങളയയ്ക്കാനും സ്വീകരിക്കാനും വല്ല മാർഗവും കണ്ടെത്താനാവുമോ എന്ന് കഴിഞ്ഞ നൂറ്റാണ്ടിലെ സാങ്കേതിക വിദഗ്ധരും ശാസ്ത്രജ്ഞ ന്മാരും പരിശ്രമിച്ചുനോക്കി. പക്ഷേ ആശിക്കുകയല്ലാതെ അതൊരു യാഥാർഥ്യമാക്കിമാറ്റാൻ വൈദ്യുതിശാസ്ത്രത്തിൽ വിദഗ്ധരായവർക്കു പോലും കഴിഞ്ഞില്ല. എന്നാൽ 1844ൽ വിദൂരദേശങ്ങളിലേയ്ക്ക് നിമിഷ ങ്ങൾക്കകം സന്ദേശമയയ്ക്കാനും സ്വീകരിക്കാനും കഴിയുന്ന കമ്പി ത്തപാൽ (ടെലഗ്രാഫി) ഉദ്ഘാടനം ചെയ്യപ്പെട്ടു. അത് കണ്ടുപിടിച്ചത്

സാങ്കേതിക വിദഗ്ധരോ ശാസ്ത്ര ജ്ഞന്മാരോ ആയിരുന്നില്ല; മറിച്ച് ഒരു പെയിന്ററായിരുന്നു. ടെലഗ്രാഫി കണ്ടു പിടിച്ച ആ പെയിന്ററുടെ പേര്: സാമു വൽ മോഴ്സ്.'

'പെയിന്റർക്ക് ചിത്രം വരയ്ക്കാന ല്ലാതെ ടെലഗ്രാഫി കണ്ടുപിടിക്കാൻ എങ്ങനെ സാധിച്ചു?' സുമി ചോദിച്ചു.

'അങ്ങനെയല്ലേ സംഭവിച്ചത്. അമേ രിക്കയിൽ ജനിച്ച സാമുവൽ മോഴ്സ് (1791-1872) ഒരു പെയിന്ററെന്ന നില യിൽ നല്ല പേരും വരുമാനവുമുള്ള ഒരു ചെറുപ്പക്കാരനായിരുന്നു. അന്നത്തെ അമേരിക്കൻ പ്രസിഡണ്ടുപോലും

സാമുവൽ മോഴ്സ്

തന്റെ പോർട്രെയിറ്റ് വരയ്ക്കാൻ മോഴ്സിനെയാണേൽപ്പിച്ചിരുന്നത്. ബിരുദമെടുത്തതിനുശേഷം ചിത്രകലയിൽ ഉപരിപഠനത്തിനായി ഇംഗ്ലണ്ടിൽപോകാൻ മോഴ്സ് ആഗ്രഹിച്ചു. എന്നാൽ മകന്റെ യാത്രാച്ചെ ലവും പഠനസൗകര്യങ്ങളും വഹിക്കാനുള്ള കഴിവ് മോഴ്സിന്റെ മാതാപിതാക്കൾക്കില്ലായിരുന്നു. ഇല്ലായ്മയെക്കൂസാതെ വല്ലവിധ ത്തിലും മോഴ്സ് ഇംഗ്ലണ്ടിലെത്തി. പണിയെടുത്തും പട്ടിണി കിടന്നും രണ്ടുമൂന്നു വർഷം ചിത്രകലയെക്കുറിച്ച് പഠിക്കാൻ അവിടെ കഴിച്ചു കൂട്ടി. ഇതിനിടയിൽ വിശ്വപ്രസിദ്ധചിത്രകാരന്മാരുടെ ജന്മനാടായ ഇറ്റലിയും അദ്ദേഹം സന്ദർശിച്ചു. ചിത്രകലയെക്കുറിച്ചു ലഭിച്ച പുതിയ ഉൾക്കാഴ്ചയും അതിനുവേണ്ടി അനുഭവിച്ച യാതനകൾ നൽകിയ പാഠവുമായി 1931 ഒക്ടോബറിൽ മോഴ്സ് അമേരിക്കയിലേക്കു കപ്പൽ കയറി. സള്ളി എന്ന കപ്പലിലായിരുന്നു അദ്ദേഹം സഞ്ചരിച്ചിരുന്നത്. ഈ കപ്പലിൽ വെച്ചാണ്, ഭാവിയിൽ ഒരു പ്രസിദ്ധ ചിത്രകാരനാവാൻ വേണ്ട എല്ലാ സാഹചര്യങ്ങളും സിദ്ധികളുമുണ്ടായിരുന്ന സാമുവൽ മോഴ്സിന്റെ തലതിരിഞ്ഞത്.

കപ്പലിലെ തീൻമേശയ്ക്കരികിലിരുന്ന് തന്റെ സഹയാത്രികർ വൈദ്യുതിയുടെ സാധ്യതകളെക്കുറിച്ച് സംസാരിക്കുന്നത് മോഴ്സ് നിശ്ശബ്ദനായിരുന്ന് ശ്രദ്ധിച്ചു. വൈദ്യുതിയുപയോഗിച്ച് ക്ഷണനേരം കൊണ്ട് സന്ദേശങ്ങൾ വിദൂരദേശങ്ങളിലേയ്ക്കയയ്ക്കാനുള്ള മാർഗങ്ങ ളെക്കുറിച്ചായിരുന്നു അവരുടെ സംഭാഷണം. വൈദ്യുതി ശാസ്ത്രത്തിൽ വിദഗ്ധരായവർ അക്കൂട്ടത്തിലുണ്ടായിരുന്നുവെങ്കിലും മോഴ്സിന്

വൈദ്യുതിയെക്കുറിച്ച് ഒന്നും അറിഞ്ഞുകൂടായിരുന്നു. എന്തായാലും അവരുടെ പൊതുവായ അഭിലാഷം മോഴ്സിന്റെ മനസ്സിൽത്തട്ടി. അത്തരമൊരേർപ്പാടുണ്ടായാൽ അതെത്രമാത്രം സൗകര്യപ്രദമായി രിക്കും! എന്നാൽ ആർക്കാണതിനു കഴിയുക? എന്തായാലും കപ്പലിലെ സഹയാത്രികരിൽ വിവരമുള്ളവരോട് സംസാരിച്ച് വൈദ്യുതിയെ ക്കുറിച്ചും വൈദ്യുത കാന്തത്തെക്കുറിച്ചും നേടാവുന്ന വിവരങ്ങളെല്ലാം അദ്ദേഹം ശേഖരിച്ചു.

ചിത്രകാരനായ മോഴ്സ്, അസാധ്യമെന്നു കരുതപ്പെടുന്ന ഒരു മണ്ഡലത്തിലേയ്ക്ക് മാനസികമായി സ്വയം മാറുകയായിരുന്നു. ഒരാഴ്ച ക്കാലം കപ്പലിലെ ക്യാബിനിൽനിന്നും പുറത്തിറങ്ങാതെ അദ്ദേഹം പുതിയ ഉപകരണത്തിന്റെ സാധ്യതകളെക്കുറിച്ചാലോചിച്ചു. എന്തായാ ലും ശബ്ദം നേരിട്ടു കമ്പിവഴി അയയ്ക്കാനാവില്ല. സിഗ്നലുകളുടെ രൂപത്തിലേ അവയ്ക്കു പോകാൻ കഴിയൂ. വൈദ്യുതകമ്പി വഴി അയയ് ക്കാനുള്ള സിഗ്നലുകൾ ചേർത്തുണ്ടാക്കാവുന്ന കോഡുഭാഷയെ ക്കുറിച്ചും മോഴ്സ് ആലോചിച്ചു. ഈ കോഡുഭാഷയിൽ കുത്ത്, വര എന്ന രണ്ടുലിപികളേ ഉള്ളൂ. ആവശ്യമുള്ള ഇടവേളകൾവെച്ച് ഒരു പരിപഥത്തിൽക്കൂടി വൈദ്യുതി അയയ്ക്കുന്നതുവഴി ആ ഇടവേളകളിൽ ഒരു വൈദ്യുത കാന്തത്തെ പ്രവർത്തനക്ഷമമാക്കാം. കാന്തത്തോടു ബന്ധിച്ച ഒരു പെൻസിൽ കൊണ്ട് ചലിച്ചുകൊണ്ടിരിക്കുന്ന ഒരു കടലാസിൽ ഈ കുത്തും വരയും ആയി ഈ ചിഹ്നങ്ങൾ രേഖപ്പെ ടുത്താം. ഈ കുത്തും വരയുമാകട്ടെ വൈദ്യുതകാന്തം പ്രവർത്തിച്ചു കൊണ്ടിരിക്കുന്ന സമയത്തിനു ആനുപാതികമായിരിക്കുകയും ചെയ്യും. എന്നുവെച്ചാൽ കൂടുതൽ സമയം കാന്തം പ്രവർത്തിച്ചാൽ വര, കുറഞ്ഞസമയമാണെങ്കിൽ കുത്ത്. ഇപ്രകാരം കമ്പിയിൽക്കൂടി വരുന്ന കുത്തുകളേയും വരകളേയും ഉപയോഗിച്ച് ഇംഗ്ലീഷ്ഭാഷയിലെ ഓരോ അക്ഷരത്തിനും ഓരോ കോഡുണ്ടാക്കാൻ അദ്ദേഹം ശ്രമം തുടങ്ങി. പിന്നീട് മോഴ്സ് കോഡ് എന്നു പ്രസിദ്ധമായ ഈ കോഡുഭാഷയു മായിട്ടായിരുന്നു, സാമുവൽ മോഴ്സ് അമേരിക്കയിൽ കപ്പലിറങ്ങിയത്. പക്ഷേ കോഡുഭാഷ മാത്രം പോരല്ലോ. അതയയ്ക്കാൻ വേണ്ട യന്ത്രവും ഉണ്ടാക്കേണ്ടേ?

ജന്മദേശത്ത് തിരിച്ചെത്തിയതിനുശേഷം പൂർവ്വാധികം പേരും പെരുമയുമുള്ള ഒരു ചിത്രകാരനും പെയിന്ററുമായി ഉയരാനുള്ള സാധ്യത മോഴ്സിനു വേണ്ടുവോളമുണ്ടായിരുന്നു. പക്ഷേ ദൂരദേശത്തേയ്ക്കു സന്ദേശമയയ്ക്കാനുള്ള ഉപകരണത്തിന്റെ നിർമ്മിതിയെക്കുറിച്ചുള്ള ആശയങ്ങൾ മനസ്സുനിറഞ്ഞിരിക്കുന്നതിനാൽ, തന്നെത്തേടി വന്ന

മോഴ്സിന്റെ ആദ്യത്തെ ടെലഗ്രാഫ്

ഓർഡറുകളൊക്കെ അദ്ദേഹം ഒഴിവാക്കി. പകരം, മുഴുവൻ സമയവും താൻ കണ്ടുപിടിച്ച സാങ്കേതികഭാഷ കമ്പി വഴി അയയ്ക്കാൻപറ്റുന്ന ട്രാൻസ്മിറ്ററും റിസീവറും നിർമ്മിക്കാനുള്ള ഗവേഷണത്തിൽ അദ്ദേഹം മുഴുകി. ബ്രഷിനും ചായത്തിനും പകരം ബാറ്ററി, വൈദ്യുതകാന്തം, ഉത്തോലകം എന്നിവയായിരുന്നു അക്കാലത്ത് മോഴ്സിന്റെ മനസ്സിലും സ്റ്റുഡിയോവിലും ഉണ്ടായിരുന്നത്. കോഡുഭാഷയിൽ സന്ദേശമയ യ്ക്കാൻ പാകത്തിൽ ആദ്യം അദ്ദേഹം രൂപകൽപ്പന ചെയ്തുണ്ടാക്കിയ ഉപകരണം പ്രവർത്തിച്ചില്ല. പക്ഷേ എല്ലാം വേണ്ടെന്നുവച്ച് സ്വന്തം പണി ക്കുപോകാൻ പ്രേരകമായേക്കാവുന്ന സമയം കഴിഞ്ഞിരുന്നു. വരുമാനമി ല്ലായ്മയ്ക്കും പ്രയാസങ്ങൾക്കുമിടയിൽ വാശിയോടെ തന്റെ ഉപകരണ ത്തിൽ അദ്ദേഹം മാറ്റങ്ങളും പരിഷ്കാരങ്ങളും വരുത്തിക്കൊണ്ടിരുന്നു. അവസാനം കരകാണാറായി. തന്റെ ലബോറട്ടറിയുടെ ഒരറ്റത്തുനിന്നും മറ്റേ അറ്റത്തേയ്ക്ക് കമ്പിയിൽക്കൂടി സിഗ്നലുകൾ അയയ്ക്കാൻ കഴിയുന്ന ഒരുപകരണം വർഷങ്ങൾ നീണ്ടുനിന്ന അധ്വാനത്തിൽക്കൂടി

മോഴ്സ് കണ്ടുപിടിച്ചു. ഇപ്പോൾ മോഴ്സ് കോഡും അതയയ്ക്കാനുള്ള ഉപകരണങ്ങളും തയ്യാറായി.

പ്രശ്നങ്ങൾ ആരംഭിക്കുന്നതേ ഉണ്ടായിരുന്നുള്ളൂ. തന്റെ കണ്ടുപിടിത്തം ലോകത്തെ അറിയിച്ച്, അവരെക്കൊണ്ടൊന്നംഗീ കരിപ്പിക്കേണ്ടേ? ഇതൊന്നു പ്രദർശിപ്പിക്കാനെന്തുവഴി. വർഷങ്ങ ളോളം വരുമാനമി ല്ലാതെ പണിയെടുത്തതു കാരണം മോഴ്സ്പാപ്പരായിക്കഴിഞ്ഞിരുന്നു. ഉപകരണങ്ങളുണ്ടാക്കാനും സന്ദേശങ്ങൾ അയയ്ക്കാനുള്ള കമ്പി വലിക്കാനും വലിയ തുക ആവശ്യമായിരുന്നു. ആരും മോഴ്സിനെ സഹായിക്കാൻ തയ്യാറായില്ല. എന്നിട്ടും അദ്ദേഹം ശ്രമിച്ചുകൊണ്ടിരുന്നു. അവസാനം ഒരു സംഘം സെനറ്റർമാർ മോഴ്സിന്റെ കണ്ടുപിടിത്ത ത്തിന്റെ പ്രാധാന്യം തിരിച്ചറിഞ്ഞു. അവരുടെ ശ്രമഫലമായി തന്റെ ഉപക രണം പ്രദർശിപ്പിക്കാനുള്ള സാമ്പത്തികസഹായം ഗ്രാന്റായി അദ്ദേഹ ത്തിനു ലഭിച്ചു.

വാഷിങ്ടണിനും ബാൾട്ടിമോറിനും ഇടയ്ക്ക് 64 കിലോമീറ്റർ നീള ത്തിൽ ടെലഗ്രാഫ് പോസ്റ്റുകൾ നാട്ടി കമ്പി വലിച്ചു. വാഷിങ്ടൺ പട്ടണ ത്തിലും ബാൾട്ടിമോറിലും ഓരോ ട്രാൻസ്മിറ്ററും റിസീവറും സ്ഥാപിച്ചു. ഗവൺമെന്റു നിയോഗിച്ച ഒരു വിദഗ്ധസംഘത്തിന്റെ സാന്നിധ്യത്തിലാ യിരുന്നു പ്രദർശനം. നിരീക്ഷകർ നോക്കിനിൽക്കെ തന്റെ സീറ്റിലിരുന്ന്, മോഴ്സ് കോഡുഭാഷയിൽ ആദ്യമയച്ച സന്ദേശം ഇതായിരുന്നു. "What hath god wrought". നിമിഷങ്ങൾ ഇഴഞ്ഞുനീങ്ങി. എന്തു സംഭവിക്കും. ഉടൻതന്നെ മോഴ്സിന്റെ മുന്നിലിരിക്കുന്ന റിസീവർ ക്ലിക്ക്, ക്ലിക്ക് ശബ്ദം പുറപ്പെടുവിക്കാൻ തുടങ്ങി. ബാൾട്ടിമോറിൽ നിന്നും തന്റെ അസിസ്റ്റന്റ് വെയിൽ അയയ്ക്കുന്ന പ്രതി സന്ദേശത്തിന്റെ തുടക്കം. മോഴ്സ് റിസീവറിൽ പെൻസിൽ ഘടിപ്പിച്ചു. അത് കടലാസിൽ കുത്ത്, വര, വര (. – –) എന്നിങ്ങനെ രേഖപ്പെടുത്തി. W എന്ന അക്ഷരത്തിന്റെ മോഴ്സ്കോഡായിരുന്നു അത്. തുടർന്ന് What hath god wrought എന്നതിന്റെ മുഴുവൻ സിഗ്നലും മോഴ്സ്കോഡിൽ തിരിച്ചെത്തി. അതദ്ദേഹം കടലാസിൽ രേഖപ്പെടുത്തി.

ഈ കണ്ടുപിടിത്തംവഴി സാമുവൽ മോഴ്സ് വാർത്താവിനിമയ രംഗത്ത് ഒരു വമ്പിച്ച പരിവർത്തനത്തിന്റെ ഉദ്ഘാടനം നിർവ്വഹിക്കുക യായിരുന്നു. വാഷിങ്ടൺ-ബാൾട്ടിമോർ പരീക്ഷണത്തിന്റെ വിജയത്തെ ത്തുടർന്ന് അമേരിക്കയിലെ പല നഗരങ്ങളിലും ടെലഗ്രാഫി ആരംഭിച്ചു. ഏറെത്താമസിയാതെ അത് ലോകത്തിന്റെ വിവിധഭാഗങ്ങളിലേയ്ക്കു വ്യാപിച്ചു.

'വാട്ട്സൺ ഇവിടെ വരൂ'

വാർത്താവിനിമയരംഗത്ത് വമ്പിച്ച പുരോഗതിയുണ്ടാക്കിയ ആദ്യത്തെ കണ്ടുപിടിത്തമായിരുന്നു, ടെലഗ്രാഫ്. കമ്പിത്തപാൽ സമ്പ്ര ദായം അതിവേഗം ലോകത്തി ലെമ്പാടും വ്യാപിച്ചു. 1851ൽത്തന്നെ ഇന്ത്യയിലെ ചില നഗരങ്ങളിൽ ടെല ഗ്രാഫ് സമ്പ്രദായം ഏർപ്പെടുത്തി ക്കഴിഞ്ഞിരുന്നു. എന്നാൽ സാമുവൽ മോഴ്സ് കണ്ടുപിടിച്ച ടെലഗ്രാഫ് സമ്പ്രദായത്തിന്റെ പോരായ്മകൾ, ആവശ്യങ്ങൾ വർധിച്ചപ്പോൾ കൂടു തൽ പ്രകടമായി. പിന്നീടു വന്നവർ ഈ കുറവുകൾ പരിഹരിച്ച് അതിനെ

അലക്സാണ്ടർ
ഗ്രഹാംബെൽ

മെച്ചപ്പെടുത്താൻ ശ്രമിക്കുന്നുണ്ടായിരുന്നു. അക്കൂട്ടത്തിൽ ഒരാളാണ് ജന്മംകൊണ്ട് സ്കോട്ലണ്ടുകാരനായിരുന്ന അലക്സാണ്ടർ ഗ്രഹാം ബെൽ. മോഴ്സിന്റെ ടെലഗ്രാഫ് സമ്പ്രദായത്തിൽക്കൂടി ഒരേസമയം ഒന്നിലേറെ സന്ദേശങ്ങൾ അയയ്ക്കാൻ കഴിയുമോ എന്നതായിരുന്നു ഗ്രഹാംബെല്ലിനെ ആകർഷിച്ച വിഷയം. എന്നാൽ ഏറെനാൾ പരിശ്രമിച്ചതിനുശേഷവും അദ്ദേഹത്തിനിക്കാര്യത്തിൽ മാറ്റമുണ്ടാക്കാൻ കഴിഞ്ഞില്ല. ടെലഗ്രാഫിയിൽ പരിഷ്കാരങ്ങൾ വരുത്താനുള്ള ശ്രമങ്ങൾക്കിടയിലായിരുന്നു, ബെല്ലിന്റെ തലയിൽ പുതിയൊരാശയം മിന്നൽ പോലെ തെളിഞ്ഞു വന്നത്. കുത്തിനേയും വരയേയും പ്രതിനിധീകരിക്കുന്ന വൈദ്യുത സിഗ്നലുകൾ കമ്പികളിൽക്കൂടി അയയ്ക്കാമെങ്കിൽ, എന്തുകൊണ്ട് മനുഷ്യശബ്ദത്തെ നേരിട്ടു പ്രതിനിധീകരിക്കുന്ന സിഗ്നലുകൾ അതിൽക്കൂടി അയച്ചുകൂടാ? ഈ ആശയത്തിന് വർഷങ്ങളിൽക്കൂടിയുള്ള അധ്വാനംകൊണ്ട് ബെൽ മൂർത്തരൂപം നൽകിയപ്പോഴാണ്, ടെലഫോണുണ്ടായത്.

അലക്സാണ്ടർ ഗ്രഹാംബെല്ലിന്റെ മാതാപിതാക്കൾ സ്കോട്ല ന്റുകാരായിരുന്നു. ആരോഗ്യപരമായ കാരണങ്ങളിലായിരുന്നു, ബെല്ലും കുടുംബവും സ്കോട്ലന്റ് വിട്ട് കാനഡയിലെ ഒന്റാറിയോ നഗരത്തിൽ വന്നു താമസമാക്കിയത്. ഔപചാരികവിദ്യാഭ്യാസത്തിനുപുറമേ ഭാഷാ ശാസ്ത്രത്തിലുള്ള വിശേഷജ്ഞാനവും ബെല്ലിന് സ്വന്തം മാതാപിതാ ക്കളിൽ നിന്നും ലഭിച്ചിരുന്നു. ഭാഷാശാസ്ത്രത്തിലുള്ള വൈദഗ്ധ്യ

ത്തിന്റെ അടിസ്ഥാനത്തിൽ ബെല്ലിന് ബോസ്റ്റൺ നഗരത്തിലെ ഒരു വിദ്യാലയത്തിൽ ഫിലോളജി അധ്യാപകന്റെ ജോലി കിട്ടി. ബോസ്റ്റ ണിൽത്താമസിക്കുന്ന കാലത്തായിരുന്നു അദ്ദേഹത്തിന് ടെലഗ്രാഫി യിൽ താൽപ്പര്യം ജനിച്ചത്. കൂട്ടത്തിൽ മനുഷ്യശബ്ദം കമ്പിയിൽക്കൂടി നേരിട്ടു പ്രസരിപ്പിക്കാൻ ഒരുപകരണം കണ്ടുപിടിക്കണം എന്ന ആഗ്രഹത്തിലേയ്ക്ക് ബെല്ലിന്റെ ശ്രദ്ധ ക്രമേണ തിരിഞ്ഞു. ഇതിനായി സ്വന്തം വീട്ടിൽ രണ്ടുമുറികളുള്ള ഒരു ലബോറട്ടറി, സജ്ജീകരിച്ചു, അദ്ദേഹം. സഹായത്തിനായി വാട്ട്സൺ എന്ന ചെറുപ്പക്കാരനേയും കൂട്ടി. ടെലഗ്രാഫിയിൽ ആവശ്യമായ മാറ്റങ്ങൾ വരുത്താനുള്ള ശ്രമത്തിൽനിന്നായിരുന്നു അവരുടെ തുടക്കം. ഒരു ദിവസം തന്റെ മുറിയി ലിരുന്ന്, ടെലഗ്രാഫിന്റെ ട്രാൻസ്മിറ്ററിൽ എന്തോ റിപ്പയർപണി നടത്തിക്കൊണ്ടിരിക്കുകയായിരുന്നു, വാട്ട്സൺ. തൊട്ടടുത്ത മുറിയിൽ തന്റെ റിസീവറുമായി ബെല്ലും ഇരിക്കുന്നുണ്ടായിരുന്നു. വാട്ട്സന്റെ കൈവശമുള്ള കേടുവന്ന ട്രാൻസ്മിറ്റർ ശരിക്കു പ്രവർത്തിച്ചിരുന്നില്ല. അതു നേരെയാക്കാമെന്ന പ്രതീക്ഷയോടെ വാട്ട്സൺ ട്രാൻസ്മിറ്ററിലെ തകിടിനെ ബലം പ്രയോഗിച്ചു രണ്ടുമൂന്നുവട്ടം മുന്നോട്ടും പിറകോട്ടും ഉലച്ചു. ആ സമയത്താണ് ബെൽ വാട്ട്സന്റെ മുറിയിൽ പെട്ടെന്നു കടന്നുവന്നത്.

"എന്റെ റിസീവറിൽ ഒരു കലമ്പൽശബ്ദം കേട്ടല്ലോ. നിങ്ങളെ ന്താണിവിടെ ചെയ്തുകൊണ്ടിരിക്കുന്നത്?" ബെൽ വാട്ട്സനോട ന്വേഷിച്ചു. ഉണ്ടായ സംഭവം വാട്ട്സൺ വിശദീകരിച്ചുകൊടുത്തു.

'ഓഹോ അതാണോ? എന്നാൽ അത് ഒന്നുകൂടി ചെയ്യൂ.' ഇത്രയും പറഞ്ഞ് ബെൽ വേഗം തന്നെ തന്റെ മുറിയിലേക്കു മടങ്ങി, റിസീവറിനടു ത്തുചെന്നിരിപ്പായി. വാട്ട്സൺ, ട്രാൻസ്മിറ്ററിലെ തകിട് അങ്ങോട്ടുമി ങ്ങോട്ടും വലിച്ച് കലമ്പൽശബ്ദം ആവർത്തിച്ചു. ആ ശബ്ദം ബെല്ലിന്റെ മുറിയിലെ റിസീവർ പിടിച്ചെടുത്തു. അപ്രതീക്ഷിതമായ ഈ അനുഭവ ത്തിൽ പ്രചോദിതനായ ബെൽ വീണ്ടും വാട്ട്സന്റെ മുറിയിലെത്തി. അദ്ദേഹം പറഞ്ഞു: 'വാട്ട്സൺ, ഇതൊരു ശുഭലക്ഷണമാണ്. ഏതു ശബ്ദവും വൈദ്യുത കമ്പിയിൽക്കൂടി കൊണ്ടുപോവാൻ കഴിയുമെന്ന് ഇതോടെ എനിക്ക് ബോധ്യമായിരിക്കുന്നു.'

ബെൽ നടത്തിയ ഒരു വെറും വീരവാദമായിരുന്നില്ല ഇത്. ശാസ്ത്രീ യമായ അടിത്തറയുള്ള ചില നിഗമനങ്ങളായിരുന്നു 'മനുഷ്യശബ്ദം കമ്പികളിൽക്കൂടി അയയ്ക്കാൻ കഴിയും' എന്ന അദ്ദേഹത്തിന്റെ പ്രസ്താവനയ്ക്കാധാരം. ഒരു കാന്തികക്ഷേത്രത്തിൽ വെച്ചിരിക്കുന്ന കനംകുറഞ്ഞ ഒരു തകിടിന് (ഡയഫ്രം) കമ്പനമുണ്ടാകുന്നു

വെന്നിരിക്കട്ടെ. ആ കമ്പനം കാന്തികക്ഷേത്രത്തിന്റെ സ്വാഭാവികതയെ ബാധിച്ച് അതിൽ വ്യതിയാനങ്ങൾ സൃഷ്ടിക്കും. ഇത്തരം ഒരു തകിട് ഒരു വൈദ്യുതകാന്തത്തിന്റെ സമീപത്തിരുന്നാണ് കമ്പനം ചെയ്യുന്ന തെങ്കിലോ? കമ്പനത്തിന്റെ തീവ്രതയ്ക്കനുസരിച്ച് അത് വൈദ്യുത കാന്തി കക്ഷേത്രത്തിലും ഏറ്റക്കുറച്ചിലുകൾ സൃഷ്ടിക്കും. ശബ്ദം വന്നുതട്ടുന്ന തകിട് വൈദ്യുതകാന്തത്തിനടുത്ത് അതിനഭിമുഖ മായിട്ടാണിരിക്കുന്നതെങ്കിൽ കാന്തികക്ഷേത്രത്തിന്റെ വ്യതിയാനം മൂലമുണ്ടാകുന്ന വൈദ്യുതി തകിടിന്റെ കമ്പനത്തിനാനുപാതിക മായിരിക്കുമല്ലോ. ശബ്ദത്തെ കമ്പിയിൽക്കൂടി കടത്തിവിടാനുള്ള സാധ്യതയെക്കുറിച്ച് ബെല്ലിന് വിശ്വാസം വരാൻ കാരണമിതായിരുന്നു.

നാം ടെലഫോണിൽ സംസാരിക്കുമ്പോൾ, സംഭവിക്കുന്നതെ ന്താണ്? ഫോണിന്റെ ട്രാൻസ്മിറ്ററിൽ ഒരു വൈദ്യുതകാന്തവും അതിനു വിലങ്ങനെ അതിലോലമായ ഒരു തകിടും ഉണ്ട്. സുമീ, നീയൊരു കനം കുറഞ്ഞ കടലാസുകഷണമെടുത്ത് വായ്ക്കു സമീപം പിടിച്ച് ഉറക്കെ യൊന്ന് സംസാരിച്ചുനോക്കൂ. സംസാരിക്കുമ്പോൾ കടലാസിന്റെ അറ്റത്ത്, മെല്ലെയൊന്ന് തൊട്ടുനോക്കുക, കടലാസുപോലും അറിയാതെ. അതു വിറയ്ക്കുന്നതായി അനുഭവപ്പെടും. ശബ്ദത്തിന്റെ ശക്തികൊണ്ടുണ്ടാകുന്ന വിറയലാണത്. ഇതുപോലെ നാം ഫോണിൽ സംസാരിക്കുമ്പോൾ വൈദ്യുതകാന്തത്തിന് സമീപമുള്ള തകിടിനും ശബ്ദതീവ്രതയ്ക്കാനുപാതികമായ കമ്പനം അനുഭവപ്പെടുന്നു. എന്തായാലും, അത് കാന്തികക്ഷേത്രത്തിലുണ്ടാക്കുന്ന ചാഞ്ചാട്ടം കാന്തത്തിന്റെ കമ്പിച്ചുരുളുകളിൽ നേരിയ തോതിലുള്ള ഒരു പ്രേരിത വൈദ്യുതി ഉത്പാദിപ്പിക്കാൻ പോന്നതാണ്. ഈ പ്രേരിത വൈദ്യുതി കമ്പിയിൽക്കൂടി സഞ്ചരിച്ച് റിസീവറിലെത്തി അതിലുള്ള വൈദ്യുത കാന്തത്തിന് തത്തുല്യമായ കാന്തശക്തി നൽകും. ഏറിയും കുറഞ്ഞുമുള്ള ഈ കാന്തശക്തിയാകട്ടെ, റിസീവറിലെ തകിടിനെ കമ്പനംചെയ്യിക്കുന്നു. റിസീവറിലുണ്ടാകുന്ന കമ്പനം ശബ്ദംമൂലം ട്രാൻസ്മിറ്ററിലുണ്ടായ കമ്പനത്തിന് സമാനമായതിനാൽ ട്രാൻസ്മി റ്ററിന് നാം നൽകിയ അതേ ശബ്ദം അതേ രീതിയിൽ റിസീവർ പുറപ്പെടുവിക്കുന്നു. ശബ്ദത്തിനുറവിടം ഏതെങ്കിലും വസ്തുവിനു ണ്ടാകുന്ന കമ്പനമാണല്ലോ.

ഈ വസ്തുതകളെല്ലാം മുൻകൂട്ടി മനസ്സിലാക്കിക്കൊണ്ടായിരുന്നു ഗ്രഹാംബെൽ തന്റെ ഉപകരണത്തിന്റെ രൂപകൽപ്പന നിർവഹിച്ചത്. സിദ്ധാന്തപരമായ ഈ വസ്തുതകൾ പൂർണരൂപത്തിൽ പ്രയോഗത്തിൽ

വരുത്താൻ ബെല്ലിനു കഴിഞ്ഞില്ല. പക്ഷേ തിരിച്ചടികളിൽ പതറാ തെയും ഉദ്യമത്തിൽ നിന്നു പിന്തിരിയാതെയും ബെല്ലും വാട്ട്സണും തങ്ങളുടെ ഗവേഷണം തുടർന്നു. തങ്ങളുടെ ഉപകരണത്തിൽ അവർ പുതിയ പരിഷ്കാരങ്ങൾ വരുത്തിക്കൊണ്ടിരുന്നു.

1897 മാർച്ച് 10. പതിവുപോലെ ബെൽ തന്റെ ഭാവനാസന്താനമായ ട്രാൻസ്മിറ്ററിൽ ചില പരിഷ്കാരങ്ങൾ വരുത്തുകയായിരുന്നു. തൊട്ട ടുത്ത മുറിയിലിരുന്ന് വാട്ട്സണും എന്തോ ചെയ്തു കൊണ്ടിരുന്നു. വാട്ട് സന്റെ മുന്നിൽ റിസീവർ ഇരിക്കുന്നുണ്ട്. ഏകാഗ്രത നഷ്ടപ്പെടാ തിരിക്കാൻ മുറികൾക്കിടയിലുള്ള വാതിൽ അടച്ചിടുക പതിവായിരുന്നു. പെട്ടെന്നാണതു സംഭവിച്ചത്: ബെല്ലിന്റെ മേശപ്പുറത്തുള്ള വോൾട്ടാ സെൽ തട്ടിമറിഞ്ഞുവീണു. സെല്ലിലെ ആസിഡുകൊണ്ട് മേശപ്പുറം നിറഞ്ഞു. കുറെ ആസിഡ് ബെല്ലിന്റെ ഉടുപ്പിലേയ്ക്കും തെറിച്ചുവീണു. ആകെക്കൂടി ഒരു കുഴമറി. എന്തുചെയ്യണമെന്നറിയാതെ അദ്ദേഹം പരിഭ്രമിച്ചു.

'വാട്ട്സൺ ഇവിടെ വരൂ.' സഹായത്തിനായി ബെൽ വാട്ട്സണെ വിളിച്ചു. വാതിലടച്ചിരുന്നതുകൊണ്ട് ബെൽ വിളിച്ചത് വാട്ട്സൺ കേട്ടിരി ക്കാൻ ഇടയില്ല. പക്ഷേ വിളിച്ചയുടനെ വാതിൽ തുറന്ന് വാട്ട്സൺ ബെല്ലിനടുത്തെത്തി. ആഹ്ലാദത്തോടെ അയാൾ പറഞ്ഞു: 'നമ്മുടെ ട്രാൻസ്മിറ്റർ പ്രവർത്തിക്കുന്നുണ്ട്. റിസീവറിൽ താങ്കളുടെ വിളികേട്ടി ട്ടാണ് ഞാൻ വന്നത്.'

വോൾട്ടാസെൽ തട്ടിമറിഞ്ഞതിലുള്ള പ്രയാസം ബെൽ മറന്നു. തന്റെ ദീർഘകാല പരിശ്രമം വിജയിച്ചതിലുള്ള ആഹ്ലാദമായിരുന്നു, അദ്ദേഹ ത്തിന്റെ മുഖത്തുനിറയെ. മനുഷ്യ ശബ്ദം കമ്പിയിൽക്കൂടി കടത്തി വിടാൻ കഴിയുമെന്ന സ്വപ്നം യാഥാർത്ഥ്യമായിക്കഴിഞ്ഞിരിക്കുന്നു! വാട്ട്സണും ബെല്ലും ആ ദിവസം ആഘോഷിച്ചു.

പക്ഷേ പ്രശ്നം അവിടെ അവസാനിക്കുകയായിരുന്നില്ല. എത്ര പ്രയോജനമുള്ള കണ്ടുപിടിത്തമായാലും ലോകം അതംഗീകരിച്ചു തരേണ്ടേ. അതിനെന്തുവഴി? അമേരിക്കൻ സ്വാതന്ത്ര്യദിനത്തിന്റെ വാർഷികാഘോഷത്തോടനുബന്ധിച്ച് ഫിലാഡെൽഫിയയിൽ ഒരു വലിയ പ്രദർശനം ഒരുങ്ങുകയായിരുന്നു. ഗ്രഹാംബെല്ലും വാട്ട്സണും പുതിയ കണ്ടുപിടിത്തവുമായി ഫിലാഡെൽഫിയയിലെത്തി. പുതിയ ടെലഫോൺ പ്രദർശനശാലയിലെ ഒരിനമായിരുന്നു. എന്നാൽ ആകർഷ കങ്ങളായ ആയിരക്കണക്കിനു പ്രദർശനവസ്തുക്കൾക്കിടയിൽ, ബെല്ലിന്റെ കണ്ടുപിടിത്തം മുങ്ങിപ്പോയി. ഇത്ര പ്രധാനപ്പെട്ട ഒരുപ കരണം അവിടെ ഇരിക്കുന്നുണ്ടെന്ന് ആരറിയാൻ. കാണികൾ അതത്ര

ബെല്ലിന്റെ ആദ്യത്തെ ടെലിഫോൺ

കാര്യമായെടുത്തില്ല. പ്രദർശനത്തിന്റെ അവസാനപരിപാടിയായ ജഡ്ജ്മെന്റും സമാപിക്കാറായി. ബെൽ ആകെ നിരാശനായി. ആ സമയത്താണ് ബ്രസീലിലെ പെഡ്രോ ചക്രവർത്തി പ്രദർശനം കാണാൻ എത്തുന്നത്. പെഡ്രോ ചക്രവർത്തിക്ക് ബെല്ലിനെ നേരത്തെ പരിചയ മുണ്ടായിരുന്നു. ബെല്ലിന്റെ അത്ഭുതയന്ത്രം ചക്രവർത്തിക്ക് വളരെ ഇഷ്ടമായി. അതിന്റെ പ്രവർത്തനം നേരിട്ട് കണ്ടനുഭവിച്ച ചക്രവർത്തി സ്വന്തം ഉത്സാഹത്തിൽ ജഡ്ജിമാരെ അവിടെ വിളിച്ചു വരുത്തി, ടെലഫോൺ കാണിച്ചു. ജഡ്ജിംഗ് കമ്മറ്റിയിലെ ഓരോ അംഗവും ടെലഫോണിന്റെ പ്രവർത്തനം മാറിമാറി നേരിട്ട് പരിശോധിച്ച് ബോധ്യപ്പെട്ടു. പിന്നെ പ്രശ്നമൊന്നും ഉണ്ടായില്ല. പ്രദർശനത്തിനുവന്ന കണ്ടുപിടിത്തങ്ങളിൽ ഒന്നാംസമ്മാനം ആർക്കുനൽകണമെന്ന കാര്യ ത്തിൽ ജഡ്ജിമാർക്ക് സംശയമേ ഉണ്ടായില്ല. അങ്ങനെ ഗ്രഹാംബെ ല്ലിന്റെ ടെലഫോൺ ഫിലാഡെൽഫിയായിൽനിന്നും അതിന്റെ ജൈത്രയാത്ര ആരംഭിച്ചു.

15 ജനറേറ്ററും മോട്ടോറും

നിരന്തരമായി ധാരാളം വൈദ്യുതി നൽകാൻ കഴിയുന്ന ഒരുപകരണം കണ്ടുപിടിക്കണമെന്നതായിരുന്നു, ഫാരഡെയുടെ ലക്ഷ്യം. വൈദ്യുതി കൊണ്ട് കാന്തമുണ്ടാക്കാമെന്ന് ഏർസ്റ്റെഡ് തെളിയിച്ചു. അതനുസരിച്ച് ആമ്പേർ വൈദ്യുതകാന്തമുണ്ടാക്കി. ഏർസ്റ്റെഡിന്റെയും ആമ്പേറുടെയും സിദ്ധാന്തങ്ങളുടെ മറുവശം എന്താണെന്നായിരുന്നു, ഫാരഡെ ആലോചി ച്ചത്. വൈദ്യുതിക്ക് കാന്തശക്തിയുണ്ടാക്കാൻ കഴിയുമെങ്കിൽ, കാന്തത യ്ക്ക് വൈദ്യുതിയുത്പാദിപ്പിക്കാനും കഴിയേണ്ടതല്ലേ? ആശയമൊക്കെ ശരി. പക്ഷേ കാന്ത ശക്തിയെ എങ്ങനെ വൈദ്യുതിയാക്കിമാറ്റും? പത്തു വർഷമായി ഫാരഡെ തലയിൽക്കൊണ്ടു നടന്നിരുന്ന ഒരാശയമായി രുന്നു, അത്. ഏറെക്കാലത്തെ ആലോചനക്കുശേഷം, ഈ ആശയം യാഥാർത്ഥ്യമാക്കാനുപകരിക്കുന്ന ഒരുപകരണത്തിന് ഫാരഡെ രൂപകൽ പ്പന നൽകി. തുടർന്ന് അതിന്റെ നിർമ്മിതിക്കായി ശ്രമമാരംഭിച്ചു. ഇംഗ്ലീഷി ലെ U അക്ഷരത്തിന്റെ മാതൃകയിലുള്ള ശക്തിയേറിയ ഒരു ലാടകാ ന്തമായിരുന്നു പരീക്ഷണത്തിനാവശ്യ മുള്ള മുഖ്യ ഉപകരണം. ലാടകാന്ത ത്തിന്റെ ശക്തി അതിന്റെ അടുത്തടുത്തുള്ള ധ്രുവങ്ങളിലാണ് കേന്ദ്രീകരി ച്ചിരിക്കുന്നതെന്നറിയാമല്ലോ. വൃത്താകൃതിയിൽ ഒരടി വ്യാസമുള്ള ഒരു ചെമ്പ് തകിടെടുത്ത് അതിന്റെ ഒത്ത നടുക്കുകൂടി ഒരു ലോഹദണ്ഡ് കട ത്തി, തകിടിനെ ലാടകാന്തത്തിന്റെ ധ്രുവങ്ങൾക്കിടയിൽ സ്വതന്ത്രമായി കറങ്ങാവുന്നവിധം താങ്ങുകളിൽ ഉറപ്പിച്ചു. തകിടിനെ യഥേഷ്ടം തിരിക്കുന്നതിനായി ലോഹദണ്ഡിന്റെ ഒരറ്റത്ത് കൈപ്പിടിയായി ഒരു ക്രാങ്കും പിടിപ്പിച്ചു. ക്രാങ്ക് തിരിക്കുമ്പോൾ തകിട് ലാടകാന്തത്തിന്റെ ധ്രുവങ്ങൾക്കിടയിൽ അതിവേഗത്തിൽ കറങ്ങും. രണ്ടു കമ്പികളെടുത്ത് അതിലൊന്നിന്റെ അറ്റം ചെമ്പുതകിട് കടത്തിയിട്ടുള്ള ലോഹദണ്ഡുമായി

ബന്ധിച്ചു. ചെമ്പുതകിട് തിരിയുമ്പോൾ അതുമാ യി സ്പർശിച്ചുകൊണ്ടു നിൽക്കുന്ന ഒരു ലോഹ ക്ഷണം തകിടിനു മുക ളിലായും പിടിപ്പിച്ചു. ബ്ര ഷ് എന്നുപേരുള്ള ഈ ലോഹക്കഷണം തകിടി നോടൊപ്പം തിരിയു ന്നില്ല. അതിനെ സ്പർശി ച്ചുകൊണ്ടിരിക്കുക മാ ത്രമേ ചെയ്യുന്നുള്ളൂ. ഒരു കഷണം വയർ ബ്രഷുമാ യും ഘടിപ്പിച്ചു. ബ്രഷി ൽനിന്നും ഷാഫ്റ്റിൽ നിന്നും വരുന്ന വയറു ക ളുടെ മറ്റേ അറ്റങ്ങൾ വൈദ്യുതിയുടെ സാന്നി ദ്ധ്യം കാണിക്കുന്ന മീറ്ററി

ഫാരഡെയുടെ ആദ്യത്തെ ജനറേറ്റർ

ലേക്കാണ് പോകുന്നത്. ഇപ്രകാരം ഉപകരണങ്ങൾ വേണ്ടുംവണ്ണം സജ്ജീകരിച്ചതിനുശേഷം ഫാരഡെ തകിടുമായി ബന്ധിച്ചിട്ടുള്ള ക്രാങ്ക് തിരിച്ചുതുടങ്ങി. തകിട് കാന്തത്തിന്റെ ധ്രുവങ്ങളിൽ കിടന്ന് അതിവേഗ ത്തിൽ കറങ്ങുന്നു. അദ്ദേഹം മീറ്ററിലേക്കു നോക്കി. പൂജ്യത്തിൽ നിന്നിരുന്ന മീറ്ററിന്റെ സൂചി നീങ്ങിക്കൊണ്ടിരുന്നു. സാമാന്യം ഭേദപ്പെട്ട കറന്റുണ്ടെന്ന് കാണിക്കുന്നവിധത്തിലായിരുന്നു സൂചിയുടെ നീക്കം. തകിടിന്റെ ഭ്രമണം നിർത്തിയപ്പോൾ മീറ്ററിന്റെ സൂചി അച്ചടക്കത്തോടെ പൂജ്യത്തിൽത്തന്നെ വന്നുനിന്നു. തകിടിനെ വിപരീതദിശയിൽ കറക്കിയപ്പോൾ ഉണ്ടാകുന്ന കറന്റിന്റെ ദിശാമാറ്റത്തെ സൂചിപ്പിക്കുംവണ്ണം മീറ്ററിന്റെ സൂചി വിപരീതദിശയിലേക്ക് ചലിച്ചു. ചെമ്പു തകിടിന്റെ ഭ്രമണത്തിലുള്ള ദിശാവ്യത്യാസമനുസരിച്ച് ഉത്പാദിപ്പിക്കപ്പെടുന്ന വൈദ്യുതിയുടെ പ്രവാഹദിശയും മാറിക്കൊണ്ടിരുന്നു.

'കാന്തത്തിന്റെ ധ്രുവങ്ങൾക്കിടയിൽകിടന്ന ചെമ്പുതകിട് തിരിയു മ്പോൾ കറന്റുണ്ടാകുന്നത് എങ്ങനെയാണ്?' സുമി ചോദിച്ചു.

'വൈദ്യുതിയുത്പാദിപ്പിക്കാനുള്ള മൂന്നാമതൊരു മാർഗമാണിത്. ഇതിനെക്കുറിച്ച് വിശദമായി പിന്നീട് പറഞ്ഞുതരാം. തത്ക്കാലം ഇത്ര മാത്രം ധരിക്കുക: കാന്തത്തിന്റെ ശക്തി ബലരേഖകളുടെ രൂപത്തിൽ

നോർത്തുപോളിൽനിന്നും സൗത്ത്പോളിലേക്ക് വ്യാപിച്ചുകൊണ്ടിരി
ക്കുന്നു എന്ന സംഗതി നാം മനസ്സിലാക്കിയിട്ടുണ്ടല്ലോ. കാന്തത്തിന്റെ
ശക്തിയേറുംതോറും ഈ ബലരേഖകളുടെ കരുത്തും കൂടും. അതിവേഗ
ത്തിൽ കറങ്ങുന്ന തകിട് ഈ കാന്തികബലരേഖകളെ ഖണ്ഡിക്കുന്നതു
കൊണ്ടാണ് വൈദ്യുതിയുണ്ടാകുന്നത്. ഈ പ്രതിഭാസത്തിന് ഫാരഡെ
നൽകിയ പേർ വൈദ്യുതകാന്തിക പ്രേരണം എന്നാണ്. ഇങ്ങനെയുണ്ടാ
കുന്ന വൈദ്യുതിയെ പ്രേരിതവൈദ്യുതിയെന്നും പറയുന്നു. കാന്തികബ
ലരേഖകൾ ഒരു ചാലകത്താൽ ഖണ്ഡിയ്ക്കപ്പെടുമ്പോൾ ചാലകത്തിൽ
വൈദ്യുതചാലകബലം രൂപം കൊള്ളുന്നതിനെയാണ് വൈദ്യുതകാന്തിക
പ്രേരണം എന്നു പറയുക.

അങ്ങനെ ഒരു ദശാബ്ദക്കാലം തന്റെ സ്വസ്ഥത നശിപ്പിച്ചിരുന്ന
ആശയത്തിന് ഫാരഡെ മൂർത്തരൂപം നൽകി. ഇതിനർത്ഥം ഈ പരീക്ഷ
ണം വഴി അദ്ദേഹം ആദ്യത്തെ വൈദ്യുത ജനറേറ്റർ നിർമ്മിച്ചു എന്നാണ്.
ഈ കണ്ടുപിടിത്തത്തിന്റെ പ്രാധാന്യം ലോകം മനസ്സിലാക്കിയിരുന്നില്ല.

വൈദ്യുതിയുടെ ചരിത്രത്തിലും ഒരുപക്ഷേ മാനവപുരോഗതിയുടെ
ചരിത്രത്തിലും മറക്കാനാവാത്ത വർഷമാണ് നാം ഇപ്പോൾ എത്തിനിൽ
ക്കുന്ന 1831. ഈ വർഷത്തിലാണ് ഫാരഡെ തന്റെ വൈദ്യുതകാന്തി
കപ്രേരണസിദ്ധാന്തം അവതരിപ്പിച്ചതും അതു തെളിയിക്കാനായി കാന്ത
വും ചെമ്പുതകിടും ഉപയോഗിച്ചുള്ള പരീക്ഷണം റോയൽ ഇൻസ്റ്റിറ്റ്യൂഷ
നിൽ പ്രദർശിപ്പിച്ചതും. പരീക്ഷണം കാണാൻ പല പ്രമുഖ വ്യക്തികളും
വന്നിരുന്നു. അന്നത്തെ ബ്രിട്ടീഷ് പ്രധാനമന്ത്രിയും അതു കണ്ടവരുടെ
കൂട്ട ത്തിൽപ്പെടുന്നു. ഫാരഡെയുടെ വൈദ്യുതകാന്തിക പ്രേരണസിദ്ധാ
ന്തവും അതു സ്ഥാപിച്ചുകൊണ്ടുള്ള പരീക്ഷണവും മനസ്സിലാക്കി
ക്കഴിഞ്ഞപ്പോൾ പ്രധാനമന്ത്രി ചോദിച്ചുവത്രേ: "മീറ്ററിന്റെ സൂചി
നീങ്ങുന്നതൊക്കെ ഞാൻ കണ്ടു. പക്ഷേ, മിസ്റ്റർ ഫാരഡെ, താങ്കളുടെ
ഈ കണ്ടുപിടിത്തംകൊണ്ട് നമ്മുടെ നാടിനെന്താണ് നേട്ടം?"

റോയൽ ഇൻസ്റ്റിറ്റ്യൂഷന്റെ തലവനായിരിക്കുമ്പോൾപ്പോലും
ആരോടും വിനയത്തോടെ പെരുമാറുകയെന്നത് മൈക്കിൾ ഫാരഡെ
യുടെ അപൂർവ്വ ഗുണമായിരുന്നു. എങ്കിലും പ്രധാനമന്ത്രിയുടെ
നിസ്സാരമട്ടിലുള്ള ചോദ്യം അദ്ദേഹത്തിന്റെ ആത്മാഭിമാനത്തെ സ്പർ
ശിച്ചു. ആത്മവിശ്വാസം ഒട്ടും വിടാതെ, എന്നാൽ വിനയത്തോടെ
ഫാരഡെ മറുപടി പറഞ്ഞു: 'സാർ, ഒരു കുഞ്ഞു പിറന്നാൽ, ഭാവിയിൽ
അവൻ ആരായിത്തീരുമെന്ന് ആർക്കും പ്രവചിക്കാൻ കഴിയില്ല. എന്നാൽ
ഒരു കാര്യം ഞാൻ ഉറപ്പിച്ചു പറയാം. എന്റെ ഈ പരീക്ഷണം, ഇപ്പോൾ
അസാധ്യമെന്നു കരുതുന്ന പലതും നേടും. ആസന്നഭാവിയിൽ, ഇതു
പ്രയോഗതലത്തിൽ വരുമ്പോൾ, അങ്ങയുടെ ഗവൺമെന്റിന്

നികുതിയായി ത്തന്നെ ഇതിന്റെപേരിൽ വമ്പിച്ച തുക ലഭിക്കും.'

ഫാരഡെയുടെ പ്രവചനം യാഥാർത്ഥ്യമാവാൻ ഏറെക്കാല മൊന്നും വേണ്ടിവന്നില്ല. സാങ്കേതികമായി കുറ്റമറ്റ ജനറേറ്ററുകൾ, അദ്ദേഹത്തിന്റെ സിദ്ധാന്തത്തെയും പരീക്ഷണത്തെയും അടിസ്ഥാനമാക്കി, ഏതാനും വർഷങ്ങൾക്കിടയിൽ നിലവിൽവന്നു. ഇപ്പോൾ നാം ഉപയോഗിച്ചു കൊണ്ടിരിക്കുന്ന വൈദ്യുതിയിൽ ഭൂരിഭാഗവും ഫാരഡെയുടെ വൈദ്യുതകാന്തിക പ്രേരണ തത്ത്വമനുസരിച്ച് നിർമ്മിക്കപ്പെട്ട ജനറേറ്ററുകളിൽനിന്നും ലഭിക്കുന്നതാണ്.

'ലാടകാന്തത്തിന്റെ ധ്രുവങ്ങൾക്കിടയിൽ ഒരു ചെമ്പുതകിട് വേഗത്തിൽ തിരിഞ്ഞപ്പോൾ വൈദ്യുതി ലഭിക്കുമെന്നല്ലേ നാം മനസ്സിലാ ക്കിയത്. പകരം കാന്തം ചാലകത്തിനു സമീപത്തിരുന്ന് ചലിച്ചാൽ കറന്റു കിട്ടുമോ?' ചിത്രത്തിന്റെ സഹായത്തോടെ രശ്മി വിശദീകരിച്ച പരീക്ഷണത്തെക്കുറിച്ചും അതിന്റെ ഫലത്തിനാസ്പദമായ വൈദ്യുതകാ ന്തിക പ്രേരണത്തെക്കുറിച്ചും കേട്ടുകഴിഞ്ഞപ്പോൾ സുമി ചോദിച്ചു. 'അയ്യയ്യോ, ലോകത്തിൽ ഇങ്ങനെയുമുണ്ടോ പൊട്ടിക്കഴുതകൾ! ഞാൻ പറഞ്ഞതല്ല നീ മനസ്സിലാക്കിയത്. വൈദ്യുതിയുണ്ടാകുന്നത് ചാലകം കാന്തബലരേഖകളെ ഖണ്ഡിക്കുമ്പോഴാണെന്നല്ലേ ഞാൻ പറഞ്ഞത്. അതിനുവേണ്ടി ചലിക്കേണ്ടത്, കാന്തമാണോ ചാലകമാണോ എന്ന പ്രശ്നം ഗൗരവമുള്ളതല്ല. ചാലകം ചലിച്ചാലും കാന്തം ചലിച്ചാലും ബലരേഖകൾ ഖണ്ഡിക്കപ്പെട്ടാൽ മതി. ഒരു ചെറിയ പരീക്ഷണം കൊണ്ട് നിന്നെ ഞാനിക്കാര്യം ബോധ്യപ്പെടുത്താം. ഉപകരണങ്ങൾ ഞാൻ കണ്ടെ ത്തിത്തരാം. ചെയ്യേണ്ട മാർഗവും പറഞ്ഞുതരാം. പക്ഷേ നമ്മുടെ കരാർ നിലനിൽക്കുന്നു: എന്നുവച്ചാൽ പരീക്ഷണം സുമി ചെയ്യണം. അതിന്റെ നിരീക്ഷണവും രേഖപ്പെടു ത്തണം.'

ആവശ്യമുള്ള ഉപകരണങ്ങൾ

1. ഒരു ബാർമാഗ്നറ്റിനു സൗകര്യപൂർവ്വം കടന്നുപോകാൻ കഴിയുന്ന വ്യാസത്തിലും നാൽപ്പതു ചുറ്റുകളുള്ളതുമായ ഒരു കമ്പിച്ചുരുൾ.

2. ശക്തിയുള്ള ഒരു ബാർമാഗ്നറ്റ്

3. മീറ്റർ

ചെയ്യേണ്ടവിധം

1. കമ്പിച്ചുരുളിന്റെ അഗ്രങ്ങൾ മീറ്ററുമായി ബന്ധിച്ച് സൂചിയുടെ സ്ഥാനം രേഖപ്പെടുത്തുക.

2. കമ്പിച്ചുരുൾ മേശപ്പുറത്ത് വച്ച് അതിനുള്ളിലേക്ക് ബാർ മാഗ്നറ്റ് പെട്ടെന്നു കടത്തി വയ്ക്കുക.

3. ബാർമാഗ്നറ്റ് കമ്പിച്ചു രുളിലേക്ക് കടത്തുമ്പോൾ മീറ്ററിലെ സൂചിക്ക് സ്ഥാന ചലനം ഉണ്ടാകുന്നുണ്ടോ എന്നു ശ്രദ്ധിക്കുക.

4. കാന്തം കമ്പിച്ചുരുളിനുള്ളി ൽത്തന്നെ കുറച്ചുനേരം അനക്കാതെ വെയ്ക്കുക. ഇപ്പോൾ മീറ്ററിലെ സൂചി യുടെ സ്ഥിതിയെന്ത്?

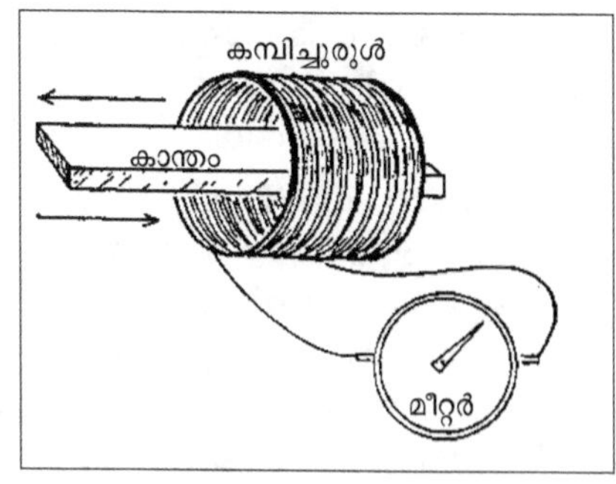

കാന്തത്തിൽനിന്നും കറന്റ്

5. കമ്പിച്ചുരുളിൽനിന്ന് കാ ന്തം പെട്ടെന്ന് പുറത്തേയ്ക്കെടുക്കുക. മീറ്ററിലെ സൂചി ചലിക്കുന്നുണ്ടോ? ഏതു ദിശയിൽ.

കമ്പിച്ചുരുളും മീറ്ററുമൊക്കെ ഇതാ ഞാൻ തയ്യാറാക്കിയിട്ടുണ്ട്. കമ്പിയുടെ അറ്റങ്ങൾ ഞാൻ മീറ്ററുമായി ബന്ധിച്ചുതരാം.

സുമി പരീക്ഷണം നടത്തുന്നതും നോക്കി രശ്മി നിന്നു. അവൾ തെറ്റിക്കുമ്പോൾ തിരുത്തുന്നുമുണ്ടായിരുന്നു. പരീക്ഷണത്തിനു ശേഷം താൻ തയ്യാറാക്കിയ നിരീക്ഷണ റിപ്പോർട്ട് സുമി വായിച്ചു:

1. ബാർ മാഗ്നറ്റ് പെട്ടെന്ന് കമ്പിച്ചുരുളിലേക്ക് കടത്തുമ്പോൾ മീറ്റ റിന്റെ സൂചി പൂജ്യത്തിൽനിന്നും സാമാന്യം ശക്തിയായി വ്യതിചലിക്കുന്നു.

2. കാന്തം ബാർ മാഗ്നറ്റിനുള്ളിൽ ചലിക്കാതെയിരിക്കുമ്പോൾ സൂചി പൂജ്യത്തിൽത്തന്നെ വന്നു നിലകൊള്ളുന്നു.

3. കമ്പിച്ചുരുളിനകത്തുനിന്നു കാന്തം പെട്ടെന്നു പുറത്തേയ്ക്കെടു ക്കുമ്പോൾ മീറ്ററിന്റെ സൂചി വീണ്ടും വിഭ്രംശിക്കുന്നു. പക്ഷേ എതിർ ദിശയിലേക്കാണെന്നുമാത്രം.

'നിന്റെ നിരീക്ഷണം കൊള്ളാം.' സുമിയെ അഭിനന്ദിച്ചുകൊണ്ട് രശ്മി പറഞ്ഞു. 'പക്ഷേ നാം അതിൽനിന്ന് മനസ്സിലാക്കേണ്ട കാര്യങ്ങൾ എന്തൊക്കെയാണ്: അതല്ലേ പ്രധാനം.'

സുമി തെല്ലുനേരം ആലോചിച്ചതിനുശേഷം പറഞ്ഞു:

1. കമ്പിച്ചുരുളിനുള്ളിൽ കാന്തം ചലിക്കുമ്പോൾ മാത്രമേ അതിൽ ക്കൂടി വൈദ്യുതി ഒഴുകുന്നുള്ളൂ.

2. കാന്തത്തിന്റെ ചലനദിശ മാറുമ്പോൾ, കമ്പിയിൽക്കൂടി ഒഴുകുന്ന വൈദ്യുതിയുടെ ദിശയും മാറുന്നു.

'അതുകൊണ്ടാണല്ലോ കാന്തം പുറത്തെടുത്തപ്പോൾ മീറ്ററിലെ സൂചി വിപരീതദിശയിൽ ചലിച്ചത്.' സുമി തന്റെ നിഗമനത്തിനു വിശദീകരണമെന്ന നിലയിൽ പറഞ്ഞു.

'നന്നായി. നിന്റെ നിഗമനങ്ങൾ ശരിയാണ്. ഇവിടെ മനസ്സിലാ ക്കേണ്ട സംഗതി ഇത്രയുമാണ്: കാന്തമാണോ, കമ്പിച്ചുരുളാണോ ചലിക്കുന്നത് എന്നത് പ്രശ്നമല്ല. ചാലകത്തിന്റെ സാന്നിധ്യത്തിൽ കാന്തബലരേഖകൾ ഖണ്ഡിക്കപ്പെടുന്നുണ്ടോ എന്നതാണ് കാര്യം. അതു സംഭവിക്കാൻ ഇവയിൽ ഏതിന്റെയെങ്കിലുമൊന്നിന്റെ ചലനം മതി. ബലരേഖകൾ ഖണ്ഡിക്കപ്പെടുന്നതിന്റെ ദിശ മാറുമ്പോൾ ചാലകത്തിൽ ഉണ്ടാവുന്ന കറന്റിന്റെ ദിശയും മാറുന്നുണ്ടെന്ന കാര്യം പ്രത്യേകം ശ്രദ്ധിക്കുക.'

'രശ്മിച്ചേച്ചി, ഈയിടെ ഞങ്ങളുടെ ക്ലാസിൽ ഒരു തർക്കമുണ്ടായി. 'വൈദ്യുതിയുടെ പിതാവ് ആര്?' എന്നൊരു ചോദ്യം ക്വിസ് മത്സരത്തിനു ചോദിച്ചിരുന്നു.' സുമി പറഞ്ഞു. ചില കുട്ടികൾ വില്യം ഗിൽബർട്ട് എന്ന് ഉത്തരം പറഞ്ഞു. മറ്റു ചിലരാകട്ടെ മൈക്കേൽ ഫാരഡെയുടെ പേരാണ് പറഞ്ഞത്. രണ്ടുകൂട്ടരും അവരവരുടേതായ വാദമുഖങ്ങൾ നിരത്തി സ്വന്തം നിലപാടിൽ ഉറച്ചുനിന്നു. വാദംകേട്ട ടീച്ചർക്കും അതിലൊരു തീരുമാനം എടുക്കാനായില്ല. അവസാനം ടീച്ചർ എന്തുചെയ്തുവെന്ന റിയേണ്ടെ: രണ്ടുകൂട്ടർക്കും മാർക്കു കൊടുത്തു.

'നീ ആരുടെ പക്ഷിലായിരുന്നു, ഡോക്ടർ ഗിൽബർട്ടിന്റെയോ, ഫാരഡെയുടെയോ?' രശ്മി ചോദിച്ചു.

'ഏതാണ് ശരിയാണെന്നറിഞ്ഞുകൂടാത്തതിനാൽ ഞാൻ ആരുടെ പക്ഷിലും ആയിരുന്നില്ല. പക്ഷേ ടീച്ചർ രണ്ടുകൂട്ടർക്കും മാർക്കുകൊടു ത്ത് എനിക്കിഷ്ടമായില്ല.'

'എന്താ രണ്ടുകൂട്ടർക്കും മാർക്കുകൊടുത്താൽ?' രശ്മി.

'അപ്പോൾ വൈദ്യുതിക്ക് രണ്ടു പിതാക്കന്മാരുണ്ടോ. അതു ശരിയല്ല.' സുമിയുടെ ചോദ്യം രശ്മിയെ വെട്ടിലാക്കി. ഈ വിവാദത്തിൽ ഏതു ചേരിയിൽ നിൽക്കണമെന്ന് രശ്മിക്കും നല്ല നിശ്ചയം ഉണ്ടായിരുന്നില്ല. പക്ഷേ ഇങ്ങനെ ഒരു ചോദ്യം ചോദിക്കാൻ പാടില്ലാത്തതാണെന്ന് അവൾ ക്കുതോന്നി. വൈദ്യുതിയുടെ പിതൃത്വം ഒരാൾക്കു കൽപ്പിച്ചുകൊടു ക്കണമെന്ന് എന്താണിത്ര നിർബന്ധം. കഴിഞ്ഞ രണ്ടായിരം വർഷമായി വൈദ്യുതിയുടെ രംഗത്ത് പ്രവർത്തിച്ചവരെല്ലാം, തങ്ങളാലാവും മട്ടിൽ വൈദ്യുതിശാസ്ത്രത്തിന് സംഭാവന നൽകിയിട്ടുണ്ട്. കാലസ്ഥിതിയനു സരിച്ച് അവർ നൽകിയ സംഭാവനകൾക്ക് പരിമിതികൾ ഉണ്ടായിരുന്നു വെന്നുമാത്രം. ഫെയ്ലിസ് കണ്ടുപിടിച്ച ആമ്പറിന്റെ ആകർഷണശക്തിക്ക്

ഇലക്ട്രിക്സിറ്റി എന്ന പേര് കൊടുത്തത് വില്യം ഗില്‍ബര്‍ട്ടായിരുന്നു. അദ്ദേഹത്തിന്റെ 'ദ മാഗ്നറ്റ്' എന്ന പുസ്തകം അനന്തരഗാമികളായ ശാസ്ത്രജ്ഞന്മാര്‍ക്ക് കാന്തതയെക്കുറിച്ചും വൈദ്യുതിയെക്കുറിച്ചും പഠിക്കാന്‍ കൂടുതല്‍ പ്രചോദനം നല്‍കിയെന്നതും ശരിയാണ്. എന്നാല്‍ നമ്മുടെ നിത്യജീവിതത്തില്‍ വൈദ്യുതിക്ക് ഇത്രയേറെ പ്രാധാന്യം ലഭിക്കുന്ന മട്ടില്‍, വന്‍തോതില്‍ അതുത്പാദിപ്പിക്കാനുള്ള മാര്‍ഗം കണ്ടുപിടിച്ചത് ഫാരഡെയുടെ വൈദ്യുതകാന്തികപ്രേരണനിയമം ഉപയോഗിച്ചാണ്. വൈദ്യുതിയെ സംബന്ധിച്ച് ഫാരഡെ കണ്ടെത്തിയ സിദ്ധാന്തങ്ങളും നടത്തിയ പരീക്ഷണങ്ങളും പിന്‍തലമുറയിലെ ശാസ്ത്രജ്ഞന്മാര്‍ക്ക് വിവിധ മണ്ഡലങ്ങളില്‍ അതിപ്രധാനമായ കണ്ടു പിടിത്തങ്ങള്‍ നടത്താന്‍ പ്രേരണയും പ്രചോദനവും നല്‍കിയിട്ടുണ്ട്.

പാരമ്പര്യമായി കിട്ടിയ അനുകൂല സാഹചര്യങ്ങളും, ഉന്നത വിദ്യാഭ്യാസവും ഉപയോഗപ്പെടുത്തി കണ്ടുപിടിത്തങ്ങള്‍ നടത്തുകയും ശാസ്ത്രരംഗത്ത് പേരെടുക്കുകയും ചെയ്ത വ്യക്തികളുണ്ട്. അവരുടെ പ്രതിഭയും അധ്വാനവും സമ്മേളിച്ചുണ്ടായ നേട്ടങ്ങള്‍ ആദരിക്കപ്പെടേ ണ്ടവതന്നെ. എന്നാല്‍ കഷ്ടിച്ച് ഉപജീവനം കഴിച്ച് ജീവിക്കാന്‍ കഴിവുള്ള ഒരു ശരാശരി മനുഷ്യനാകാനോ പ്രാഥമിക വിദ്യാഭ്യാസം നേടാന്‍ പോലുമോ സാഹചര്യങ്ങളില്ലാതിരുന്ന ഒരു ബാലന്‍ സ്വന്തം പ്രതിഭകൊ ണ്ടും കഠിനാധ്വാനംകൊണ്ടും വളര്‍ന്ന്, എക്കാലത്തും ഉന്നതശ്രേണി യാല്‍ ഇരുത്തി ആദരിക്കാവുന്ന വലിയ ശാസ്ത്രജ്ഞന്മാരില്‍ ഒരാളായി വളര്‍ന്നുവെന്നത്, ഒരു ശാസ്ത്രജ്ഞനെന്നതിനപ്പുറം മൈക്കേല്‍ ഫാരഡെയുടെ മഹത്ത്വത്തിന് മാറ്റുകൂട്ടുന്നു. ആയിരത്തിലധികം കണ്ടുപിടിത്തങ്ങള്‍ക്കുടമയായ എഡിസനെ ഒരു പത്രപ്രവര്‍ത്തകന്‍ 'ശാസ്ത്രജ്ഞന്‍' എന്ന് വിശേഷിപ്പിച്ചപ്പോള്‍ എഡിസന്‍ പറഞ്ഞത് എന്തായിരുന്നുവെന്നോ?

'ഞാന്‍ ശാസ്ത്രജ്ഞനൊന്നുമല്ല, ഒരു കണ്ടുപിടിത്തക്കാരന്‍ മാത്ര മാണ്. ശാസ്ത്രജ്ഞനെന്ന പദവിക്കര്‍ഹിക്കുന്നത് മൈക്കേല്‍ ഫാരഡെ യെപ്പോലുള്ളവരാണ്.' സാക്ഷാല്‍ എഡിസനാണ് ഫാരഡേയ്ക്ക് ഈ ബഹുമതി നല്‍കുന്നതെന്നോര്‍ക്കണം. ഫാരഡെ നടത്തിയ കണ്ടുപിടി ത്തങ്ങളെക്കാളും നിങ്ങള്‍ക്കൊക്കെ മാതൃകയാവേണ്ടത് അദ്ദേഹത്തിന്റെ ജീവിതമാണ്. ശാസ്ത്രജ്ഞന്മാരുടെ കൂട്ടത്തില്‍, ജീവിതത്തോട് മല്ലടിച്ച് സ്വപ്രയത്നംകൊണ്ടും കഠിനാധ്വാനംകൊണ്ടും ഉയര്‍ന്നുവന്നവര്‍, ഫാരഡെയ്ക്കുപുറമെ മാഡംക്യൂറി, എഡിസണ്‍, ജോസഫ് ഹെന്‍റി എന്നിങ്ങനെ ചുരുക്കം പേരേയുള്ളൂ.

'ഇത്രമാത്രം പുകഴ്ത്തിപ്പറയാന്‍, എന്തുപ്രത്യേകതയാ, ഫാരഡെ യുടെ ജീവിതത്തിനുള്ളത്.' രശ്മിയുടെ ആവേശപൂര്‍വ്വമായ സ്തുതിവചനം കേട്ട് സുമി ചോദിച്ചു.

'ഞാനതെന്താണെന്ന് പറയുന്നില്ല. അദ്ദേഹം എങ്ങനെ ഒരു ശാസ്ത്രജ്ഞനായി വളർന്നു എന്ന് വളരെ ഹ്രസ്വമായി വിശദീ കരിക്കാം.' രശ്മി തുടർന്നു: 'ലണ്ടൻ നഗരത്തിനു സമീപമുള്ള ഏതോ ഒരു ഗ്രാമത്തിൽ, അവശനും രോഗിയുമായ ഒരു കൊല്ലപ്പണിക്കാരന്റെ മക്കളിൽ ഒരുവനായിട്ടാണ് മൈക്കേൽ ഫാരഡെ ജനിച്ചത് (1791–1867). വീട്ടിലെ ദാരിദ്ര്യം കാരണം കഷ്ടിച്ച് പ്രാഥമിക വിദ്യാഭ്യാസം മാത്രമേ ഫാരഡെയ്ക്കു ലഭിച്ചുള്ളൂ. ഒരു കഷണം റൊട്ടിയായിരുന്നു പലപ്പോഴും ഒരു ദിവസത്തെ ആഹാരം. പതിമൂന്നാം വയസ്സിൽ ഉപജീവനമാർഗം അന്വേഷിച്ച് റിബോ എന്ന ഒരാളുടെ കടയിൽ, ബുക്ക് ബയ്ന്റിങ്ങിൽ അപ്രന്റീസായി ചേർന്നു. എന്നാൽ ജന്മനാ ജിജ്ഞാസുവായ ആ ബാലൻ, കടയിൽ ബയ്ന്റിങ്ങിനുവരുന്ന പുസ്തകങ്ങളുടെ പുറംചട്ട നേരെയാക്കുന്നതോടൊപ്പം, അവയ്ക്കകത്തുള്ള കാര്യങ്ങളെല്ലാം വായിച്ചു മനസ്സിലാക്കാൻ സമയം കണ്ടെത്തിയിരുന്നു. ശാസ്ത്ര സംബന്ധിയായ പുസ്തകങ്ങൾ, വിശേഷിച്ചും വൈദ്യുതിയെ സംബന്ധിച്ചുള്ളവ വളരെ താൽപര്യത്തോടെ ഫാരഡെ വായിച്ചുപഠിച്ചു.

പ്രസിദ്ധ ശാസ്ത്രജ്ഞനായ സർ ഹംഫ്രി ഡേവി, റോയൽ ഇൻസ്റ്റി റ്റ്യൂഷനിൽവച്ച് വൈദ്യുതിയെക്കുറിച്ചുള്ള തന്റെ വിഖ്യാതമായ പ്രസംഗ പരമ്പര നടത്തിക്കൊണ്ടിരുന്ന സന്ദർഭമായിരുന്നു, അത്. ശാസ്ത്രത്തിൽ തൽപ്പരരായ അനേകംപേർ ടിക്കറ്റെടുത്ത് ആ പ്രസംഗം കേൾക്കാൻ പോയിരുന്നു. നല്ലവനും ദയാലുവുമായ കട ഉടമയായ റിബോവിന്റെ സൗമനസ്യത്താൽ, ഡേവിയുടെ പ്രസംഗം കേൾക്കാനുള്ള ഒരു ടിക്കറ്റ് മൈക്കേലിനും കിട്ടി. സർ ഹംഫ്രി ഡേവി വൈദ്യുതിയെക്കുറിച്ചുള്ള പ്രഭാഷണപരമ്പര ആരംഭിച്ചതുമുതൽ അന്നേവരെ, അദ്ദേഹത്തിന്റെ പ്രസംഗം ഇത്രയേറെ ശ്രദ്ധയോടും താൽപ്പര്യത്തോടും കൂടി കേട്ടിരി ക്കുകയും ഉൾക്കൊള്ളുകയും ചെയ്ത ഒരാൾ, മൈക്കേൽ ഫാരഡെയെ പ്പോലെ മറ്റാരെങ്കിലും ഉണ്ടായിട്ടുണ്ടോ എന്ന് സംശയമാണ്. എന്തോ മഹത്തായ ഒരു സന്ദേശം ശ്രവിക്കുന്നതുപോലെയായിരുന്നു, ഫാരഡെ ഡേവിയുടെ ക്ലാസുകൾ കേട്ടത്. കേട്ടതൊക്കെ ഫാരഡെ ശ്രദ്ധാപൂർവ്വം കുറിച്ചെടുത്തു. പ്രഭാഷണ പരമ്പര അവസാനിച്ചതിനുശേഷം, ആ നോട്ടു കളൊക്കെ വിശദമായും വൃത്തിയായും എഴുതി, അവയിലെ വസ്തുത കളെക്കുറിച്ച് തന്റെ അഭിപ്രായങ്ങളും കൂട്ടിച്ചേർത്ത് ഭംഗിയായി ബയ്ന്റുചെയ്ത് ഒരു പുസ്തകരൂപത്തിലാക്കി, ഒരെഴുത്തോടൊപ്പം ഫാരഡെ, സർ ഹംഫ്രി ഡേവിക്കയച്ചുകൊടുത്തു. തന്റെ പ്രസംഗക്കുറി പ്പുകളും അവയെക്കുറിച്ചുള്ള അഭിപ്രായങ്ങളും വായിച്ച് സന്തുഷ്ടനായ ഡേവി പ്രോത്സാഹനജനകമായ ഒരു മറുപടി ഫാരഡെയ്ക്ക് അയച്ചു. റോയൽ ഇൻസ്റ്റിറ്റ്യൂഷന്റെ തലവനായ ഒരു വലിയ ശാസ്ത്രജ്ഞനിൽ

നിന്നും ലഭിച്ച ആ പ്രോത്സാഹനക്കുറിപ്പ് ഒരു വരദാനമായിട്ടാണ് ഫാര ഡേയ്ക്കനുഭവപ്പെട്ടത്.

ഏറെത്താമസിയാതെ, റിബോവിന്റെ കീഴിലുള്ള പരിശീലനം പൂർത്തിയാക്കിയ ഫാരഡേയ്ക്ക് വേറെ ഉപജീവനമാർഗ്ഗം കണ്ടെ ത്തേണ്ടിയിരുന്നു. മാത്രമല്ല, കഴിയുമെങ്കിൽ വൈദ്യുതിയെക്കുറിച്ച് കുറച്ചൊക്കെ പഠിക്കാനും ആഗ്രഹമുണ്ടായിരുന്നു. പല പടികളിലും മുട്ടി നോക്കിയെങ്കിലും ഒരു ജോലി സമ്പാദിക്കാനായില്ല. എവിടെയും നിരാശ തന്നെ ഫലം. താൽക്കാലികമായി ഫാരഡേയ്ക്കൊരു പണി കൊടുത്ത കടക്കാരൻ ഹൃദയശൂന്യനായ ഒരാളായിരുന്നു. അയാളുടെ കീഴിലുള്ള ജോലി വേറെ നിവൃത്തിയില്ലാഞ്ഞ് ഫാരഡെ വേണ്ടെന്നുവച്ചു. അനുഗൃഹീതമായ ഒരു നിമിഷത്തിൽ മൈക്കേലിന്റെ തലയിൽ ഒരാശയം ഉദിച്ചു: തന്റെ പ്രശ്നങ്ങളും ആഗ്രഹങ്ങളും വിശദീകരിച്ച്, കഴിയുമെങ്കിൽ റോയൽ ഇൻസ്റ്റിറ്റ്യൂഷനിൽ ഒരു പണി തരണമെന്നഭ്യർത്ഥിച്ചു കൊണ്ട്, സർ ഹംഫ്രി ഡേവിക്കുതന്നെ ഒരു കത്ത് അയച്ചാലോ? രണ്ടും കൽപ്പിച്ച് ഫാരഡെ അതു ചെയ്തു. പക്ഷേ മാസങ്ങൾ ഏറെക്കഴിഞ്ഞിട്ടും ഒരു മറുപടിയും ലഭിച്ചില്ല. ഇത്രയും ഉന്നതനായ ഒരു ശാസ്ത്രജ്ഞനുണ്ടോ, തന്നെപ്പോലെ നിസ്സാരനായ ഒരാളുടെ കാര്യം ശ്രദ്ധിക്കാൻ സമയം. ഫാരഡെ വളരെ നിരാശനായി. എന്നാൽ ക്രിസ്തുമസിനു തലേദിവസം, കുതിരവണ്ടിയിൽ ഒരാൾ വന്ന് മൈക്കേൽ ഫാരഡേയ്ക്ക് ഒരു കത്തുകൊടുത്തു. സർ ഹംഫ്രി ഡേവിയുടേതായിരുന്നു, ആ കത്ത്. റോയൽ ഇൻസ്റ്റിറ്റ്യൂഷനിൽ ലബോറട്ടറി അസിസ്റ്റന്റിന്റെ ഒരു ഒഴിവു ണ്ടെന്നും, താൽപ്പര്യമുണ്ടെങ്കിൽ ഉടൻ വന്ന് ജോലിക്കു ചേരണമെന്നു മായിരുന്നു ആ കത്തിലെ സന്ദേശം. ലബോറട്ടറി അസിസ്റ്റന്റ് എന്നു വച്ചാൽ എന്താണെന്നറിയാമോ? പരീക്ഷണശാലയിൽ ഉപയോഗിക്കുന്ന ബീക്കർ, ഫ്ലാസ്ക്ക്, കുപ്പി, ടെസ്റ്റ്ട്യൂബ് എന്നിവ കഴുകുകയും മേശ തുടച്ച് വൃത്തിയാക്കുകയുമൊക്കെ ചെയ്യുന്ന ആൾ. ശമ്പളമാണെങ്കിൽ വളരെ നിസ്സാരം. എന്തായാലെന്ത്? ഒരു ജോലി കിട്ടിയല്ലോ, അതും താൻ പ്രവർത്തിക്കാനാഗ്രഹിക്കുന്ന ശാസ്ത്രസ്ഥാപനത്തിൽ. ഫാരഡെയെ സംബന്ധിച്ചിടത്തോളം അന്നത്തെ അവസ്ഥയിൽ ലഭിക്കാവുന്ന ഏറ്റവും വിലപ്പെട്ട ക്രിസ്തുമസ് സമ്മാനമായിരുന്നു, അത്. എത്രയും വേഗത്തിൽ ഫാരഡെ, റോയൽ ഇൻസ്റ്റിറ്റ്യൂഷനിൽ എത്തി ലബോറട്ടറി അസിസ്റ്റ ന്റിന്റെ ജോലി സ്വീകരിച്ചു.

തന്റെ ജോലി തൃപ്തികരമാംവണ്ണം ചെയ്യുന്നതിനുപുറമെ, പ്രമു ഖരായ ശാസ്ത്രജ്ഞന്മാരുടെ ഗവേഷണപ്രബന്ധങ്ങൾ വായിക്കുന്ന തിനും, ഒഴിവുസമയങ്ങളിൽ സ്വന്തമായ ചില പരീക്ഷണങ്ങൾ ചെയ്യു ന്നതിനും പുതിയ ജോലി ഫാരഡെയ്ക്ക് അവസരം നൽകി. പുതിയ

ലബോറട്ടറി അസിസ്റ്റന്റായി വന്ന ചെറുപ്പക്കാരൻ താൻ പ്രതീക്ഷിച്ചി രുന്നതിനേക്കാൾ വിശ്വസ്തനും ബുദ്ധിമാനും പ്രാപ്തനുമാണെന്ന് കണ്ട ഹംഫ്രി ഡേവി അയാളിൽ പ്രീതനായി. ശാസ്ത്രഗവേഷ ണത്തിലും ഔദ്യോഗിക രംഗത്തും സ്വന്തം കഴിവുപയോഗിച്ച് വളരാ നുള്ള സൗകര്യം അദ്ദേഹം ഫാര ഡെയ്ക്കു നൽകി. തന്റെ പര്യടന വേളകളിൽ സഹായിയായി ഡേവി ഫാരഡെയേയും കൊണ്ടുപോകുക പതിവായിരുന്നു. ഡേവിയുടെ പ്രഭാഷണ ങ്ങളോടൊപ്പം നടത്തേ ണ്ട പരീക്ഷണങ്ങളിൽ അദ്ദേഹ ത്തെ സഹായിക്കേണ്ട ചുമതല ഫാരഡേയ്ക്കായി. ഇതോടൊപ്പം

ഫാരഡെ

പഠനങ്ങളും ഗവേഷണങ്ങളും ഫാരഡെ സ്വന്തമായി നടത്തുന്നു ണ്ടായിരുന്നു. ക്രമേണ ലബോറട്ടറി പരിചാരകസ്ഥാനത്തുനിന്നും, ഡേവിയുടെ സെക്രട്ടറി സ്ഥാനത്തേക്കും റോയൽ സൊസൈറ്റി അംഗത്വത്തിലേക്കും ഫാരഡെ ഉയർന്നു. സർ ഹംഫ്രി ഡേവിയുടെ കാലശേഷം റോയൽ ഇൻസ്റ്റിറ്റ്യൂഷന്റെ മേധാവിയായി ഫാരഡെ നിയമിതനായി. അന്ന് അദ്ദേഹത്തിന്റെ പ്രായം 29 വയസ്സ്.

വൈദ്യുതിയായിരുന്നു ഫാരഡെയ്ക്ക് ഇഷ്ടപ്പെട്ട ഗവേഷണ വിഷയം. ഈ വിഷയത്തെക്കുറിച്ചുള്ള പുതിയ പുതിയ സിദ്ധാന്തങ്ങളും പരീക്ഷണങ്ങൾ വഴി അവ തെളിയിക്കാനുള്ള കഴിവുമായിരുന്നു അദ്ദേഹത്തെ മറ്റു ശാസ്ത്രജ്ഞന്മാരുടെ മുൻപന്തിയിലെത്തിച്ചത്. വൈദ്യുതിയും കാന്തതയുമായി ബന്ധപ്പെടുത്തി ഫാരഡെ നടത്തിയ പരീക്ഷണങ്ങളും ആവിഷ്ക്കരിച്ച സിദ്ധാന്തങ്ങളും എന്തെല്ലാം വിലപ്പെട്ട ഉപകരണങ്ങൾക്കാണ് പിന്നീട് രൂപം നൽകിയത്! ജനറേറ്റർ, ഇലക്ട്രിക് മോട്ടോർ, ട്രാൻസ്ഫോർമർ എന്നിവയുടെ നിർമാണത്തിനടിസ്ഥാനം അദ്ദേഹത്തിന്റെ സിദ്ധാന്തങ്ങളും അവ തെളിയിക്കാനുള്ള പരീക്ഷണ ങ്ങളുമായിരുന്നു. വൈദ്യുതരസതന്ത്രവും ഫാരഡെയ്ക്ക് ഇഷ്ടപ്പെട്ട ഒരു ശാസ്ത്രശാഖയായിരുന്നു. ഇലക്ട്രോഡ്, ആനോഡ്, കാഥോഡ് എന്നീ പേരുകൾ അദ്ദേഹത്തിന്റെ വകയാണ്. ഇന്നത്തെതുപോലെ അതിസങ്കീർണ്ണവും വിലപിടിപ്പുള്ളതുമായ ഉപകരണങ്ങളൊന്നും

ശാസ്ത്രഗവേഷണത്തിനായി ഫാരഡേയ്ക്ക് കൂട്ടുണ്ടായിരുന്നില്ല. പ്രവർത്തനക്ഷമമായ സ്വന്തം തലച്ചോർതന്നെയായിരുന്നു, അദ്ദേഹ ത്തിന്റെ മുഖ്യ ഉപകരണം.

മൈക്കേൽ ഫാരഡേയുടെ വൈദ്യുതകാന്തികപ്രേരണ സിദ്ധാന്തം ഏറെ താമസിയാതെ, ചെലവുകുറഞ്ഞ വിധത്തിൽ വൻതോതിൽ വൈദ്യുതി ഉത്പാദിപ്പിക്കാൻ കഴിയുന്ന പടുകൂറ്റൻ ജനറേറ്റുകളുടെ നിർമ്മാണത്തിലേക്കു നയിച്ചു. എന്നാൽ ഈ വൈദ്യുതിയെ മനുഷ്യന്റെ പലതരം ആവശ്യങ്ങൾക്ക് ഉപയോഗി ക്കാറാക്കിയത് ഇലക്ട്രിക് മോട്ടോ റിന്റെ കണ്ടുപിടിത്തമായിരുന്നു. വ്യവസായത്തിനും വീട്ടുപയോഗത്തിനും മറ്റനേകം ആവശ്യങ്ങൾക്കും നാം ഇന്നുപയോഗിക്കുന്ന വൈദ്യുതിയിൽ തൊണ്ണൂറ്റൊമ്പത് ശതമാനവും ജനറേറ്റുപയോഗിച്ചാണ് ഉത്പാദിപ്പിക്കു ന്നത്. അതേസമയം വൈദ്യുതികൊണ്ട് ചെയ്യിക്കാനുള്ള അധ്വാനപ്രധാ നമായ ജോലികളിൽ ഭൂരിഭാഗവും നിർവഹിക്കുന്നതോ, ഇലക്ട്രിക് മോട്ടോർ ഉപയോഗിച്ചാണ്. ജനറേറ്റിനെക്കുറിച്ചും മോട്ടോറിനെ ക്കുറിച്ചു മൊക്കെ പരാമർശിക്കുമ്പോൾ, മൈക്കേൽ ഫാരഡെ യോടൊപ്പം പരാമർശിക്കപ്പെടേണ്ട ഒരു നാമമാണ്, അമേരിക്കക്കാരനായ ജോസഫ് ഹെൻറിയുടേത് (1797-1878). രണ്ടുപേരും പരസ്പരം അറിയാതെ സ്വതന്ത്രമായിട്ടായിരുന്നു തങ്ങളുടെ കണ്ടുപിടിത്തങ്ങൾ നടത്തിയതെ ങ്കിലും, ജീവിതരീതിയിലും പ്രവർത്തനങ്ങളിലും അവർക്കു തമ്മിലുള്ള സാമ്യം അത്ഭുതാവഹമാണ്. വീട്ടിലെ ദാരിദ്ര്യം നിമിത്തം ഫാരഡെ പതിമൂന്നാം വയസ്സിൽ ബുക്ക് ബയ്ന്റിങ്ങിന് പോയതുപോലെ, അതേ കാരണത്താൽ ഇളംപ്രായത്തിൽ ഒരു വാച്ച് റിപ്പയറുടെ കടയിൽ ജോലി ക്ക് ചേർന്നവനാണ് ജോസഫ് ഹെൻറി. ഔപചാരിക വിദ്യാഭ്യാസം കൊണ്ടായിരുന്നില്ല ഇരുവരും ശാസ്ത്രരംഗത്ത് നിലയുറപ്പിച്ചതും വൈദ്യുതിയെ സംബന്ധിച്ച നിരവധി പരീക്ഷണങ്ങൾ നടത്തിയതും. ജോസഫ് ഹെൻറിയെക്കുറിച്ച് എടുത്തുപറയാനുള്ള മറ്റൊരു പ്രത്യേകത, ബെഞ്ചമിൻ ഫ്രാങ്ക്ളിനുശേഷം വൈദ്യുതിയെക്കുറിച്ച് ഗൗരവപൂർവ്വം ഗവേഷണം നടത്തിയ അമേരിക്കൻ ശാസ്ത്രജ്ഞൻ അദ്ദേഹമായിരുന്നു വെന്നതാണ്.

ഏർസ്റ്റെഡിന്റേയും ആമ്പേറുടേയും സിദ്ധാന്തങ്ങൾ തന്നെയായി രുന്നു, ജോസഫ് ഹെൻറിയുടെയും പരീക്ഷണങ്ങൾക്കുള്ള മാർഗദീപ ങ്ങൾ. ബാറ്ററിയിലെ കറന്റുപയോഗിച്ചുകൊണ്ടുതന്നെ വലിയ ഇരുമ്പു കട്ടകളെ ഉയർത്താൻ കഴിവുള്ള വൈദ്യുതകാന്തങ്ങൾ നിർമ്മിക്കാൻ ഹെൻറിക്കു കഴിഞ്ഞിരുന്നു. കാന്തികക്ഷേത്രത്തിൽ വച്ചിരിക്കുന്ന കമ്പി ച്ചുരുളിൽക്കൂടി വൈദ്യുതി കടത്തി വിട്ടാൽ അത് വൈദ്യുതകാന്തമാകു ന്നതുകാരണം കാന്തത്തിന്റെ ധ്രുവങ്ങൾക്കിടയിൽ ഭ്രമണം ചെയ്യുമെന്ന

വസ്തുത ആദ്യം പരീക്ഷണത്തിൽക്കൂടി വ്യക്തമാക്കിയത് ഹെൻറിയാ യിരുന്നു. ഇതുതന്നെയാണല്ലോ ഇലക്ട്രിക് മോട്ടോറിൽ സംഭവി ക്കുന്നത്. ജനറേറ്റർ യാന്ത്രികോർജ്ജത്തെ വൈദ്യുതിയാക്കി മാറ്റു മ്പോൾ, മോട്ടോർ വൈദ്യുതിയെ യാന്ത്രികോർജ്ജമാക്കിത്തീർക്കുന്നു. ഇങ്ങനെ ഉത്പാദിപ്പിക്കപ്പെടുന്ന യാന്ത്രികോർജ്ജമാണ് ഫാൻ മുതൽ ഇലക്ട്രിക് ട്രെയിൻവരെയുള്ള വിവിധ ഉപകരണങ്ങളെ പ്രവർത്തി പ്പിക്കുന്നത്. എന്നുവച്ചാൽ, വൻതോതിൽ ഉത്പാദിപ്പിക്കപ്പെടുന്ന വൈദ്യുതിയെ കൊണ്ട് പണിയെടുപ്പിക്കാമെന്നായത് മോട്ടോറിന്റെ കണ്ടുപിടിത്തത്തിൽക്കൂടിയാണെന്നർത്ഥം.

16 'വെളിച്ചമുണ്ടായതെങ്ങനെ?'

'നിന്റെ വിഡ്ഢിച്ചോദ്യങ്ങൾ കുറെ കൂടിപ്പോകുന്നു: വെളിച്ചം എങ്ങനെ ഉണ്ടായി എന്നാരെങ്കിലും ചോദിക്കുമോ?' സുമി എന്താണുദ്ദേശി ക്കുന്നതെന്നു മനസ്സിലാവാതെ രശ്മി ചോദിച്ചു. 'രശ്മിച്ചേച്ചി ഇതുവരെ വൈദ്യുതിയുടെ കഥ പറയ്യായിരുന്നു. കഥക്കിടയിൽ ചില പരീക്ഷണങ്ങളും ചെയ്തു. രണ്ടും എനിക്കിഷ്ടായി. വൈദ്യുതി എങ്ങനെ ഉണ്ടാക്കാമെന്നതിനെക്കുറിച്ചും വൈദ്യുതികൊണ്ടു പ്രവർത്തിക്കുന്ന ഉപകരണങ്ങളെക്കുറിച്ചും അവ കണ്ടുപിടിച്ച ശാസ്ത്രജ്ഞന്മാരെ ക്കുറിച്ചും രശ്മിച്ചേച്ചി വിശദീകരിച്ചപ്പോഴാണ്, ഇത്ര രസകരമാണ് വൈദ്യുതിയുടെ കഥ എന്ന് ഞാൻ മനസ്സിലാക്കുന്നത്. ഞങ്ങളുടെ സാറന്മാർ ഇതൊന്നും പറയില്ല. ബോർഡിൽ ചില സമവാക്യ ങ്ങളെഴുതും. എന്നിട്ടതു വിശദീകരിക്കും. അതു കേൾക്കുമ്പോൾത്തന്നെ തലതരിക്കും. പക്ഷേ, സ്റ്റീഫൻ ഗ്രേയുടേയും മൈക്കേൽ ഫാരഡെയുടേ യുമൊക്കെ കഥ കേട്ടപ്പോൾ വൈദ്യുതിയോടുള്ള എന്റെ വിരോധം പകുതികുറഞ്ഞു. വൈദ്യുതി ഉപയോഗിച്ചു പ്രവർത്തിക്കുന്ന അനേകം ഉപകരണങ്ങളുണ്ടെന്നും എനിക്കറിയാം. പക്ഷേ ഒരു സാധാരണ ക്കാരന്റെ മനസ്സിൽ കറന്റ് എന്നുപറഞ്ഞാൽ വെളിച്ചമാണ്. വീട്ടിൽ കറന്റില്ല എന്നുപറഞ്ഞാൽ ബൾബുകത്തുന്നില്ല എന്നാണ് അവർ ഉദ്ദേശി ക്കുന്നത്. വൈദ്യുതികൊണ്ടു പ്രവർത്തിക്കുന്ന മറ്റുപകരണങ്ങളൊന്നും ഇല്ലാത്ത വീട്ടിലും രണ്ടോമൂന്നോ ബൾബുകളുണ്ടാവും. അതുകൊണ്ടു തന്നെ ആളുകളുടെ കണ്ണിൽ വൈദ്യുതിയെന്നാൽ ഒന്നാമതായി വെളിച്ചമാണ്. എന്നിട്ടും ഇതുവരെ വൈദ്യുതി എങ്ങനെ വെളിച്ചമായി മാറുന്നു എന്ന് പറയാത്തതെന്തേ?.'

'സുമീ നീ ഇങ്ങനെ ധൃതി പിടിച്ചാലോ? വെളിച്ചത്തിലേക്കല്ലേ നമ്മൾ വരുന്നത്. വൈദ്യുതിക്കുള്ള വലിയ മേന്മ എന്താണെന്നറിയാമോ?

അതിനെ ആവശ്യാനുസരണം ഏതുതരം ഊർജ്ജമായും മാറ്റാൻ കഴിയും. വൈദ്യുതി കാന്തമായതും, രാസപ്രവർത്തനമായതുമൊക്കെ നീ മനസ്സിലാക്കിയതാണ്. നമ്മുടെ തലയ്ക്കു മുകളിൽ തിരിയുന്ന ഫാൻ വൈദ്യുതിയെ യാന്ത്രിക ഊർജ്ജമാക്കി മാറ്റുന്നു. ബൾബും ട്യൂബ്ലൈറ്റു മൊക്കെ അതിനെ വെളിച്ചമാക്കുന്നു.' രശ്മി പറഞ്ഞു.

'സമ്മതിച്ചു. വൈദ്യുതി എങ്ങനെ വെളിച്ചമായി മാറുന്നു എന്നാണെ നിക്കറിയേണ്ടത്?' സുമി

'അതുതന്നെയാണ് ഞാൻ പറയാൻ പോകുന്നത്.' രശ്മി.

'ഇരുട്ടുമുറിയിൽവെച്ച് ഇലക്ട്രിക് ഹീറ്റർ ഓൺ ചെയ്താൽ അത് ചുട്ടുപഴുത്ത് ചുവന്ന പ്രകാശമുണ്ടാകുന്നത് നീ കണ്ടിട്ടില്ലേ? ഹീറ്ററിലെ കമ്പി നന്നായി ചൂടാകുമ്പോഴാണ് അതിൽനിന്നും പ്രകാശമുണ്ടാവുന്നത്. ഇതുപോലെ വൈദ്യുതികൊണ്ടു ചൂടാവുന്ന കമ്പിയും പ്രകാശിക്കും. പക്ഷേ വൈദ്യുതി കടന്നുപോകുമ്പോൾ കമ്പി ചൂടാവുന്നതെങ്ങ നെയാണ്? വൈദ്യുതിയുടെ ഒഴുക്കിന് കമ്പിയുണ്ടാക്കുന്ന തടസ്സമാണ് അത് ചൂടാവാൻ കാരണം. ഈ തടസ്സത്തെ രോധം എന്നു പറയുന്നു. കമ്പിയുടെ രോധം കൂടുന്തോറും ചൂടിന്റെ അളവും വർധിക്കുന്നു. കമ്പി യിൽക്കൂടി വളരെ അധികം കറന്റു കടന്നുപോയാലും അതിലൊരു ഭാഗം താപമായി മാറും. ഈ വസ്തുതകൾ ശരിക്കും മനസ്സിലാക്കി വൈദ്യുതി കടന്നുപോകുന്ന കമ്പിയിലുണ്ടാകുന്ന താപത്തിന്റെ അളവ് കമ്പിയുടെ രോധത്തിനും കറന്റിന്റെ വർഗത്തിനും ആനുപാതികമായിരിക്കുമെന്ന് ജെയിംസ് ജൂൾ എന്ന ശാസ്ത്രജ്ഞൻ നേരത്തെ മനസ്സിലാക്കിയിരുന്നു. കനംകുറഞ്ഞ കമ്പിയിൽക്കൂടി വൈദ്യുതിയൊഴുകുമ്പോൾ അത് ചുട്ടുപഴുക്കുന്നതും അൽപ്പസമയത്തിനകം കമ്പി എരിഞ്ഞുപോകു ന്നതും നീ കണ്ടിട്ടില്ലേ. കമ്പിക്കു താങ്ങാവുന്നതിലധികം ചൂടുണ്ടാവു ന്നതാണ് അത് എരിഞ്ഞോ ഉരുകിയോ പോവാൻ കാരണം. ഈ വസ്തുത മനസ്സിലാക്കി, സ്വതവേ രോധം കൂടിയ കമ്പികളിൽക്കൂടി വൈദ്യുതികടത്തിവിട്ട്, അതിനെ വെളിച്ചമാക്കിമാറ്റാൻ പല ശാസ്ത്ര ജ്ഞന്മാരും ശ്രമിച്ചിരുന്നു. പരാജയമായിരുന്നു ഫലം. വൈദ്യുതിയിൽ നിന്ന് ഒരിക്കലും പ്രകാശമുണ്ടാക്കാൻ പറ്റില്ലെന്ന്, ഈ അനുഭവം വെച്ചുകൊണ്ട് പ്രാമാണികരായ പല ശാസ്ത്രജ്ഞന്മാരും സിദ്ധാന്തങ്ങൾ നിരത്തി സ്ഥാപിക്കാൻ ശ്രമിച്ചു. പക്ഷേ അവരുടെ വിലക്കുകളെല്ലാം അവഗണിച്ച് വൈദ്യുതിയെ പ്രകാശമാക്കിമാറ്റാൻ ഒരു ശാസ്ത്രജ്ഞൻ കഠിനാധ്വാനം ചെയ്തു. അതിലദ്ദേഹം വിജയിച്ചു എന്നതിനു തെളിവാണ് നമ്മുടെ മുറിയിൽ പ്രകാശിക്കുന്ന ഈ ബൾബ്. ആരാണീ ശാസ്ത്ര ജ്ഞനെന്നു പറയണോ?' രശ്മി ചോദിച്ചു.

'ഓഹോ, ഇലക്ട്രിക് ബൾബ് കണ്ടുപിടിച്ചത് എഡിസൺ ആണെന്ന് അറിയാത്ത വർ ആരെങ്കിലുമുണ്ടോ? പക്ഷേ എനിക്കറിയേണ്ടത് എങ്ങനെയാണദ്ദേഹം ഈ നേട്ടം കൈവരിച്ചതെന്നാണ്?' സുമി പറഞ്ഞു.

'എന്താ നിനക്ക് എഡിസന്റെ കഴിവിൽ വിശ്വാസക്കുറവുണ്ടോ?' രശ്മി ചോദിച്ചു: 'സാധാരണ ജനങ്ങൾ ചിത്രത്തിൽപ്പോലും കണ്ടിട്ടില്ലാത്ത ഒരു ശാസ്ത്രജ്ഞൻ എന്ന നിലവിട്ട്, ഐതിഹ്യങ്ങളിലെ വീരപുരുഷന്മാരെപ്പോലെ സ്വന്തം ജീവിതകാലത്തുതന്നെ ഒരു അത്ഭുതമനുഷ്യനാ

തോമസ് ആൽവാ എഡിസൻ

യി ത്തീർന്ന ആളാണ് എഡിസൺ. 'മെൻലോ പാർക്കിലെ മാന്ത്രികൻ' എന്ന് ആളുകൾ ആദരപൂർവ്വം വിളിച്ചിരുന്ന എഡിസൺ പലതുകൊണ്ടും മറ്റ് ശാസ്ത്രജ്ഞന്മാരിൽ നിന്നും വ്യത്യസ്തനായിരുന്നു. താൻ സ്വന്തമായി കണ്ടുപിടിച്ച 1093 ഉപകരണങ്ങൾക്ക് അദ്ദേഹം പേറ്റന്റ് എടുത്തിരുന്നു. മറ്റേതെങ്കിലും ശാസ്ത്രകാരന് സ്വന്തമായി ഇത്രയേറെ കണ്ടുപിടിത്തങ്ങളുടെ ഉടമസ്ഥാവകാശം ഉണ്ടായിട്ടില്ല. എഡിസൺ പേറ്റന്റെടുത്ത കണ്ടുപിടിത്തങ്ങളിൽ 141 എണ്ണം ബാറ്ററിയെ സംബന്ധിച്ചും, 150 എണ്ണം ടെലഗ്രാഫിയിൽ വരുത്തിയ പരിഷ്കാരങ്ങളുടെ പേരിലും, 389 എണ്ണം വൈദ്യുതിയുമായി ബന്ധപ്പെട്ടതുമായിരുന്നു. എഡിസൺ നടത്തിയ ആയിരത്തിലധികം കണ്ടുപിടിത്തങ്ങളിൽ ഏറ്റവും പ്രധാനപ്പെട്ടവ ഇലക്ട്രിക് ബൾബും ഗ്രാമഫോണുമാണ്. ഗ്രാമഫോണിന്റെ സ്ഥാനം ഇന്ന് ടേപ്പ് റെക്കോർഡറും കാസെറ്റുകളും കയ്യടക്കി. എന്നാൽ വൈദ്യുതബൾബ് അവയ്ക്കിടയിൽ പ്രകാശം പരത്തിക്കൊണ്ട് ഇന്നും നിലനിൽക്കുന്നു.

ഒറ്റനോട്ടത്തിൽ വളരെ ലളിതമാണ് ഇലക്ട്രിക്ബൾബിന്റെ ഘടന. മിക്കവാറും വായുശൂന്യമാക്കിയ ഒരു ഗ്ലാസ്ബൾബും അതിനകത്ത് വളരെ കനംകുറഞ്ഞ നാരുപോലെയുള്ള ഒരു ഫിലമെന്റും. ഫിലമെന്റിലേക്ക് വൈദ്യുതി പ്രവഹിക്കുമ്പോൾ അത് ചുട്ടുപഴുത്ത് പ്രകാശം

പ്രസരിപ്പിക്കുന്നു. ഇത്രയേ ഉള്ളൂ. എന്നാൽ എരിഞ്ഞുപോവുകയോ ഉരുകിപ്പോവുകയോ ചെയ്യാതെ സ്ഥിരമായിനിന്ന് പ്രകാശംനൽകുന്ന ഒരു ഫിലമെന്റ് കണ്ടുപിടിക്കാൻ എഡിസൺ നടത്തിയ അന്വേഷണ ങ്ങളും കഠിനാധ്വാനവും വളരെ വലുതായിരുന്നു. അതിനുവേണ്ടി ചെലവാക്കിയ തുകയോ, ലക്ഷക്കണക്കിനു ഡോളറും. ഇലക്ട്രോണിക് ബൾബ് കണ്ടുപിടിക്കാനുള്ള ശ്രമത്തിൽ, അദ്ദേഹം സഹായികളായി നിയമിച്ചിരുന്നത് 3000 പേരെയാണെന്നോർക്കണം. എന്തായാലും അതീവപ്രയാസകരമായ ആ പരിശ്രമത്തിന്റെ വിജയം, വൈദ്യുതിയുടെ പലതരം പ്രയോജനങ്ങളിൽ, മനുഷ്യരാശിക്ക് ഏറ്റവും ഗുണകരമായ ഒന്നായി ഭവിച്ചു.

മറ്റു ശാസ്ത്രജ്ഞന്മാരിൽനിന്നും വിഭിന്നമായിരുന്നു എഡിസന്റെ വീക്ഷണങ്ങളും പ്രവർത്തനരീതിയും. പുതിയ ശാസ്ത്രസിദ്ധാന്തങ്ങൾ കണ്ടുപിടിക്കുന്നതിലായിരുന്നില്ല അദ്ദേഹത്തിനു താൽപര്യം. അറിയ പ്പെടുന്ന തത്ത്വങ്ങളും സിദ്ധാന്തങ്ങളുമുപയോഗിച്ച്, ആളുകൾക്കു പ്രയോ ജനമുള്ള കണ്ടുപിടിത്തങ്ങൾ നടത്തുന്നതിലായിരുന്നു എഡിസൺ ശ്രദ്ധ കേന്ദ്രീകരിച്ചത്. തന്നെ ശാസ്ത്രജ്ഞനെന്നു വിശേഷിപ്പിച്ച ഒരു പത്രപ്രവർത്തകനോട് എഡിസൺ തന്നെ ഇക്കാര്യം തുറന്നു സമ്മതിച്ചി ട്ടുള്ളതാണ്: 'ഫാരഡെയേപ്പോലെ പുതിയ സിദ്ധാന്തങ്ങളും തത്ത്വങ്ങളും ആവിഷ്കരിക്കുന്ന ഒരു ശാസ്ത്രജ്ഞനല്ല ഞാൻ. എന്നെ ഒരു കണ്ടുപിടി ത്തക്കാരൻ (inventor) എന്നു വിളിക്കുന്നതായിരിക്കും കൂടുതൽ ശരി.' തന്റെ കണ്ടുപിടിത്തങ്ങൾക്ക് യഥാസമയം പേറ്റന്റ് എടുക്കാനും അവ വൻതോതിൽ നിർമിച്ച് സാമ്പത്തികലാഭമുണ്ടാക്കാനും എഡിസൺ വളരെ ശ്രദ്ധിച്ചു. ഒന്നാന്തരം സംഘാടകനും വ്യവസായിയും കൂടിയായി രുന്നു അദ്ദേഹം. സ്വന്തം കണ്ടുപിടിത്തങ്ങളിൽനിന്നു ലഭിച്ച സാമ്പത്തിക നേട്ടമുപയോഗിച്ച്, എഡിസൺ, ന്യൂയോർക്കിൽനിന്നും ഏറെ ദൂര ത്തല്ലാത്ത 'മെൻലോപാർക്ക്' എന്ന ഗ്രാമത്തിൽ എല്ലാ സൗകര്യ ങ്ങളോടും കൂടിയ ഒരു ലബോറട്ടറിയും വീടും പണികഴി പ്പിച്ചു. ന്യൂയോർക്കിൽ നിന്നും ഒരു മണിക്കൂർ തീവണ്ടിയാത്ര ചെയ്താൽ മെൻലോപാർക്കിലെത്താം. പ്രശാന്തമായ ഈ ഗ്രാമാന്തരീക്ഷം, ഒന്നിനു പിറകെ മറ്റൊന്നായി വരുന്ന സ്വന്തം ആശയങ്ങൾക്ക് മൂർത്തരൂപം നൽകാൻ പറ്റിയ സ്ഥലമായി അദ്ദേഹം കരുതി. മെൻലോപാർക്കിലെ ലബോറട്ടറി സ്ഥാപിച്ച് പത്തുവർഷങ്ങൾക്കുശേഷമായിരുന്നു അദ്ദേഹം വൈദ്യുതിയിൽ നിന്നും വെളിച്ചമുണ്ടാക്കാനുള്ള പരീക്ഷണങ്ങളാ രംഭിച്ചത്.

ഏറെ കനംകുറഞ്ഞ ഒരു പ്ലാറ്റിനം ഫിലമെന്റ് ഒരു ഗ്ലാസ്ബൾ ബിനകത്തു സ്ഥാപിച്ച് അതിലേക്ക് വൈദ്യുതി പ്രവഹിപ്പിച്ചു കൊണ്ടായി

രുന്നു എഡിസന്റെ തുടക്കം. വൈദ്യുതിപ്രവാഹത്തിൽ ചുട്ടുപഴുത്ത പ്ലാറ്റിനം തന്തു പ്രകാശം വിതറി. പക്ഷേ ഏതാനും നിമിഷങ്ങൾ ക്കുള്ളിൽ, ചൂടിന്റെ പാരമ്യത്തിൽ കമ്പി മുറിഞ്ഞു പോയി. അതോടെ പരിപഥം അപൂർണമായി വൈദ്യുതിപ്രവാഹം നിലച്ചു. ചുട്ടുപഴുത്ത കമ്പി എരിഞ്ഞുപോകുന്നത് ഓക്സിജന്റെ സാന്നിധ്യത്തിലാണ്. ബൾബിനകത്തു നിന്നും വായു നീക്കം ചെയ്താൽ ഈ തകരാറ് പരിഹരിക്കാം. ഫിലമെന്റ് ഘടിപ്പിച്ച ഗ്ലാസ് ബൾബിൽനിന്നും ഒരു പമ്പുപയോഗിച്ച് വായു വലിച്ചെടുത്ത് ബൾബിന്റെ ഉൾഭാഗം വായുശൂന്യ മാക്കി. അതുകൊണ്ടു ഗുണമുണ്ടായി. വൈദ്യുതി കടത്തിവിട്ടപ്പോൾ എട്ടുമിനിറ്റു സമയത്തോളം ഫിലമെന്റ് പ്രകാശം പ്രസരിപ്പിച്ചു. പിന്നീടതു മുറിഞ്ഞുപോയി. ഇലക്ട്രിക്ബൾബിൽ പ്ലാറ്റിനം തന്തു ഉപയോഗിക്കു ന്നതിന് പ്രയാസമുണ്ടായിരുന്നു. ഒന്നാമത് പ്ലാറ്റിനം വളരെ വിലകൂടിയ ലോഹമാണ്, രണ്ടാമതായി വൈദ്യുതി പ്രവഹിച്ച് ചൂടുപിടിക്കുമ്പോൾ അതു പൊട്ടിപ്പോകുന്നു. പ്ലാറ്റിനത്തേക്കാൾ വില കുറഞ്ഞതും പ്രതിരോധമുള്ളതും പൊട്ടിപ്പോകാൻ സാധ്യത കുറഞ്ഞതുമായ ഒരു ഫിലമെന്റിനു വേണ്ടിയായിരുന്നു, എഡിസന്റെ പിന്നീടുള്ള അന്വേഷണം. കാർബൺ പൂശിയ നൂല് വളരെ ശ്രദ്ധാപൂർവ്വം നിർമ്മിച്ച്, അതിനെ വായുശൂന്യമാക്കിയ ബൾബിൽ സ്ഥാപിച്ച്, അദ്ദേഹം പരീക്ഷണം ആവർത്തിച്ചു. ഇത്തവണ ഫിലമെന്റ് നാൽപ്പത്തഞ്ചു മിനിറ്റുനേരം പ്രകാശിച്ചു. അതിനുശേഷം അതുപൊട്ടിപ്പോയെങ്കിലും, താൻ ശരിയായ വഴിക്കാണ് നീങ്ങുന്നതെന്ന ആത്മവിശ്വാസം എഡിസണു നൽകാൻ ഈ പരീക്ഷണം ഉപകരിച്ചു. കൂടുതൽ സമയം പൊട്ടാതെനിന്ന് വെളിച്ചം നൽകുന്ന ഒരു പുതിയ ഫിലമെന്റിനു വേണ്ടിയുള്ള അന്വേഷണം അദ്ദേഹം ആരംഭിച്ചു. അപ്രതീക്ഷിതമായി മുളയുടെ നാര് ഇതിനു പറ്റിയതാണെന്ന് അദ്ദേഹത്തിനു ബോധ്യമായി. കാർബൺ പൂശിയ മുളനാരിന് കൂടുതൽ സമയം പൊട്ടാതെ നിന്നു പ്രകാശിക്കാൻ കഴിവുണ്ടെന്ന വസ്തുത, ഒരു പുതിയ അന്വേഷണത്തിനു ചാലുകീറി. പലതരത്തിലുള്ള മുളകളിൽ ഏറ്റവും ഈടുറ്റത് ഏതാണെന്ന് കണ്ടെത്താനായി പിന്നത്തെ പരിശ്രമം. മുളങ്കാടുകൾ ധാരാളമായി വളരുന്ന ബ്രസീൽ, ചൈന, ജപ്പാൻ, ഇന്ത്യ എന്നിവിടങ്ങളിലേക്ക് അദ്ദേഹം പ്രവർത്തകരെ അയച്ച് പലതരം മുളകളുടെ സാമ്പിളുകൾ ശേഖരിച്ചു. ഇപ്രകാരമുള്ള 6000 സാമ്പിളുകൾ പ്രത്യേകം പ്രത്യേകം പരീക്ഷിച്ചുനോക്കിയതിൽനിന്ന്, ജപ്പാനിൽ വളരുന്ന ഒരിനം മുളയുടെ നാരാണ് ബൾബിലെ ഫിലമെന്റായിരിക്കാൻ ഏറ്റവും അനുയോജ്യം എന്നദ്ദേഹം കണ്ടുപിടിച്ചു. പലതരത്തിലുള്ള മുളനാരുകൾ അന്വേഷിച്ചു കണ്ടെത്തുന്നതിനും അവ ഓരോന്നായി ഫിലമെന്റിന്റെ സ്ഥാനത്തുവച്ച്

പരീക്ഷിക്കുന്നതിനുമായി എഡിസൺ ചെലവാക്കിയത് ഒരുലക്ഷം ഡോളറായിരുന്നു.

ജപ്പാൻ മുളനാരുകൾ ഈടുറ്റ ഫിലമെന്റുകളാണെന്നു ബോധ്യ മായതോടെ, അവയുടെ ലഭ്യത ആവശ്യാനുസരണം ഉറപ്പുവരുത്തേണ്ട തുണ്ടായിരുന്നു. പരീക്ഷണം വിജയിച്ചാൽ വൻതോതിൽ ഇലക്ട്രിക് ബൾബുകൾ വ്യാവസായിക അടിസ്ഥാനത്തിൽ നിർമിക്കാനായിരുന്നു, എഡിസന്റെ പദ്ധതി. ഇതിനായി അദ്ദേഹം ജപ്പാനിലേക്ക് സ്വന്തം ആളുകളെ അയച്ച് അവിടെ സ്ഥലമെടുത്ത് ധാരാളം മുളങ്കാടുകൾ വളർത്താനുള്ള ഒരു പദ്ധതിയിട്ടു. പക്ഷേ ഇതിനിടയിൽ മറ്റൊന്നു സംഭവി ച്ചിരുന്നു: ജപ്പാൻ മുളനാരിനേക്കാൾ ഈടുനിൽക്കുന്ന ഫിലമെന്റ് കാർബൺ പൂശിയ പരുത്തിനാരുപയോഗിച്ച് അദ്ദേഹംതന്നെ കണ്ടു പിടിച്ചു. ഈ പുതിയ ഫിലമെന്റുപയോഗിച്ച് യാതൊരു കേടുംകൂടാതെ അനേകം മണിക്കൂറുകൾ പ്രകാശം നൽകുന്ന ഇലക്ട്രിക്ബൾബ് നിർമിക്കാൻ എഡിസണു കഴിഞ്ഞു. മൂവായിരം ആളുകളുടെ സജീവ സഹകരണത്തോടെ തികച്ചും ഒരുവർഷം നീണ്ടുനിന്ന കഠിനാ ധ്വാനം കൊണ്ടായിരുന്നു, ശാസ്ത്ര ജ്ഞന്മാർ അസാധ്യമെന്ന് വിധിയെ ഴുതിയ ഈ നേട്ടം അദ്ദേഹം കൈവ രിച്ചത്.

എഡിസൺ വൈദ്യുതിയെ വെളിച്ചമാക്കി മാറ്റിയതിന്റെ ആദ്യ റിപ്പോർട്ട് 'ന്യൂയോർക്ക് ഹെറാൾഡ്' എന്ന പത്രത്തിൽ വലിയ വാർത്ത യായി പ്രത്യക്ഷപ്പെട്ടത് 1879 ഡിസം ബറിലായിരുന്നു. മാർഷൽഫോക്സ് എന്ന ലേഖകൻ രണ്ടാഴ്ചക്കാലം മെൻലോ പാർക്കിൽവന്നു താമസിച്ച് ഇലക്ട്രിക് ബൾബിനെക്കുറിച്ചുള്ള മുഴു വൻ വിവരങ്ങളും വിശദമായി പഠിച്ചുകൊണ്ടെഴുതിയതായിരുന്നു, ആ റിപ്പോർട്ട്. അമേരിക്കയിലെങ്ങും ഉടൻ അതൊരു സജീവചർച്ചാ വിഷയമായി. പലരും അത്ഭുതപ്പെട്ടു. ഇതൊരു കെട്ടുകഥയാണെന്ന്

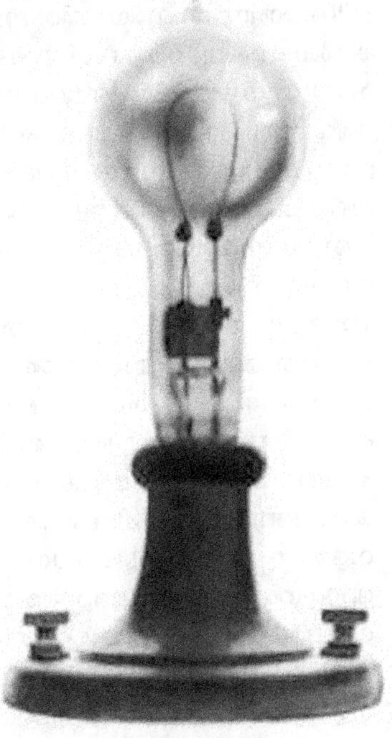

എഡിസൻെറ ആദ്യത്തെ ഇലക്ട്രിക് ബൾബ്

കരുതിയവർ, ഈ യാഥാർത്ഥ്യം അംഗീകരിക്കാൻ തയ്യാറായവരേക്കാൾ അധികമായിരുന്നു.

ഇലക്ട്രിക്ബൾബ് കണ്ടുപിടിച്ച തുപോലെ തന്നെ പ്രധാനമായി രുന്നു, അതൊരു യാഥാർഥ്യമാണെന്ന് ജനങ്ങളെ ബോധ്യപ്പെടുത്തുന്ന കാര്യം. എഡിസണെ സംബന്ധിച്ചിടത്തോളം അതൊരു പ്രധാനപ്പെട്ട കാര്യമായിരുന്നു. ആളുകൾക്കു ബോധ്യപ്പെട്ട് അവരതുപയോഗി ച്ചെങ്കിലല്ലേ, ഈ കണ്ടുപിടിത്തംകൊണ്ട് എന്തെങ്കിലും പ്രയോജന മുണ്ടാവൂ. ഇതിനുവേണ്ടി നവവത്സരപ്പിറവി ദിനത്തിൽ വൈകുന്നേരം മെൻലോപ്പാർക്കിൽവച്ച് ഒരു വമ്പിച്ച പാർട്ടിയും 'പ്രകാശോത്സവവും' സംഘടിപ്പിക്കാൻ എഡിസൺ തീരുമാനിച്ചു. അമേരിക്കയുടെ നാനാഭാഗത്തു നിന്നും പ്രമാണികളും അല്ലാത്തവരുമായ ആളുകളെ ഉത്സവത്തിനു ക്ഷണിച്ചു. ന്യൂയോർക്കിൽനിന്നും ഫിലാഡെൽഫി യയിൽനിന്നും ഉത്സവത്തിൽ പങ്കെടുക്കാനെത്തുന്ന ആളുകൾക്കു സഞ്ചരിക്കാൻ പ്രത്യേക തീവണ്ടികൾ ഏർപ്പെടുത്തി. 1880 ജനുവരി ഒന്നാംതീയതി സന്ധ്യയ്ക്ക് 3000 ആളുകളാണ് എഡിസന്റെ പ്രകാശോത്സവം നേരിട്ടുകാണാൻ മെൻലോപാർക്കി ലെത്തിയത്. അവരിൽ ശാസ്ത്രജ്ഞന്മാരും, സാങ്കേതികവിദഗ്ധരും, പൊതു പ്രവർത്തകരും വ്യവസായികളും സാധാരണക്കാരുമുണ്ടായിരുന്നു. എഡിസൺ ഒരുക്കിയ ഗംഭീരമായ വിരുന്നിൽ പങ്കെടുത്ത് തിന്നും കുടിച്ചും അതിഥികൾ ആ സായാഹ്നം ആഹ്ലാദപൂർവം ചെലവഴിച്ചു. സന്ധ്യകഴിഞ്ഞ് പരിസരം ക്രമേണ ഇരുളിൽ മുങ്ങിക്കൊണ്ടിരുന്നു. ആളുകൾക്ക് പരസ്പരം തിരിച്ചറിയാനാകാത്ത ഇരുട്ട്. ഇതൊരു തട്ടിപ്പാണെന്ന് അക്ഷമരായ പലരും പിറുപിറുക്കുന്നുണ്ടായിരുന്നു. ഈ 'പഹയൻ' എന്താണ് കാണിക്കാൻ പോകുന്നതെന്ന ഉത്കണ്ഠയോടെ എല്ലാവരും കാത്തിരുന്നു.

നിമിഷങ്ങൾക്കകം എഡിസൺ ഒരു സ്വിച്ചമർത്തി. ഇരുളിലാണ്ടു കഴിഞ്ഞിരുന്ന മെൻലോപാർക്ക് അതാ ഒരു പ്രകാശകേന്ദ്രമായി മാറുന്നു! എവിടെയും വെളിച്ചം പരത്തുന്ന ബൾബുകൾ. അകത്തും പുറത്തും, മതിലിന്മേലും മരക്കൊമ്പിലും ബൾബുകൾ. കടലിൽ മുങ്ങിയ സൂര്യൻ തിരിച്ചുവന്നതുപോലെ ഒരനുഭവം. പ്രകാശപൂരത്തിൽ കണ്ണഞ്ചിയ ജനങ്ങൾ ആഹ്ലാദംകൊണ്ടും അത്ഭുതംകൊണ്ടും ആർത്തുവിളിച്ചു. പിന്നീടുണ്ടായത് അഭിനന്ദനങ്ങളുടെ ഒരു വൻപ്രവാഹമായിരുന്നു. ആകാശത്തെ ശുക്ര നക്ഷത്രംപോലും എഡിസൺ ബലൂണിലയച്ച ഇലക്ട്രിക് ബൾബാണെന്ന് ചില പത്രങ്ങൾ എഴുതിപ്പിടിപ്പിച്ചു. എന്തായാലും കെട്ടുകഥകളെ യഥാസമയം എഡിസൺ നിഷേധിച്ചു.

പക്ഷേ പ്രശ്നങ്ങൾ അവിടെ അവസാനിക്കുകയല്ല, ആരംഭിക്കു കയായിരുന്നു. വളരെ പണിപ്പെട്ടും പണം ചെലവഴിച്ചും ഇലക്ട്രിക് ബൾബ് കണ്ടുപിടിച്ചതുകൊണ്ടെന്തുഫലം, അവ ജനങ്ങൾക്ക് ഉപയോഗയോഗ്യമായില്ലെങ്കിൽ. തങ്ങളുടെ വീടുകളിലും കടകളിലും ബൾബുകൾ സ്ഥാപിക്കാൻ ജനങ്ങൾക്കു ഭയം. വൈദ്യുതിയല്ലേ, ബൾബു സ്ഥാപിച്ചാൽ ഷോക്കടിച്ചു ചത്തുപോവുമെന്ന് അനേകം ആളുകൾ ദൃഢമായി വിശ്വസിച്ചു. സുമിയെപ്പോലെത്തന്നെ അവരെല്ലാം വൈദ്യുതവിരോധികളായി സ്വയം മാറി. ആളുകളുടെ ഭയവും വിരോ ധവും മാറ്റി നഗരത്തെയാകെ വൈദ്യുതവത്കരിക്കണം. ന്യൂയോർക്ക് നഗരം രാത്രിയിലും പകൽപോലെ വെളിച്ചത്തിൽ മുങ്ങണം. ഇതായി രുന്നു എഡിസന്റെ ലക്ഷ്യം. പക്ഷേ അതൊരു പ്രയാസംനിറഞ്ഞ ലക്ഷ്യ മായിരുന്നു. അക്കാലത്ത് ജനറേറ്ററുകൾ ഉണ്ടായിരുന്നുവെങ്കിലും, വൻതോതിലുള്ള വൈദ്യുതോത്പാദനം ഒരാവശ്യമായിരുന്നില്ല. ടെലഗ്രാ ഫിനും ടെലഫോണിനുമൊക്കെ കുറച്ചു കറന്റേ ആവശ്യമുണ്ടായിരു ന്നുള്ളൂ. ഓരോ വീട്ടിലും വൈദ്യുതബൾബ് തെളിയിക്കണമെങ്കിൽ വളരെയേറെ കറന്റുവേണം. പുതിയ ജനറേറ്ററുകൾ നിർമിച്ച് അതുത്പാദി പ്പിക്കാനുള്ള ഏർപ്പാടുണ്ടാക്കണം. കറന്റുത്പാദിപ്പിച്ചാൽ മാത്രം പോരാ. അതു തെരുവുകളിലും വീടുകളിലും എത്തിക്കാനുള്ള വിതരണസൗക ര്യമുണ്ടാവണം. എന്നുവെച്ചാൽ ഇതിനാവശ്യമുള്ള കാലുകളും കമ്പിയു മൊക്കെ ഉണ്ടാകണം. അതുപോലെ ബൾബുകളുടെ വൻതോതിലുള്ള നിർമാണത്തിനുള്ള ഫാക്ടറിയും സ്ഥാപിക്കണം. ഒരു വ്യക്തിയുടെ കഴിവിന്റെ പരിധിക്കപ്പുറത്തുള്ള കാര്യങ്ങളായിരുന്നു ഇവയെല്ലാം. പക്ഷേ എഡിസണെന്ന വ്യക്തി ഒരു ശാസ്ത്രകാരൻ മാത്രമായിരുന്നില്ല. കണ്ടുപിടിത്തക്കാരൻ എന്നതിനുപരി ഒരൊന്നാന്തരം സംഘാടകന്റെയും വ്യവസായിയുടേയും പ്രായോഗികമനസ്സ് അദ്ദേഹത്തിനുണ്ടായിരുന്നു. ഈ ചങ്കൂറ്റത്തോടെ എഡിസൺ ന്യൂയോർക്ക് നഗരത്തിലെ വീടുകളി ലെല്ലാം വൈദ്യുതവിളക്കുകൾ സ്ഥാപിക്കാനുള്ള പരിപാടികളാവി ഷ്കരിച്ചു.

പക്ഷേ എഡിസന്റെ വ്യാവസായികബുദ്ധിക്കും, ആത്മവിശ്വാസ ത്തിനും പരിഹരിക്കാൻ പ്രയാസമായ മറ്റൊരു പ്രശ്നം അദ്ദേഹത്തെ കാത്തിരിക്കുന്നുണ്ടായിരുന്നു. തങ്ങളുടെ വീടുകളിലും കച്ചവടസ്ഥാപന ങ്ങളിലും ഓഫീസുകളിലുമൊക്കെ വൈദ്യുതബൾബു സ്ഥാപിക്കാൻ ആളുകൾ തയ്യാറായിരുന്നില്ല. അവർ വൈദ്യുതിയെ ഭയപ്പെട്ടു. വീട്ടിൽ കറന്റുവന്നാൽ ഷോക്കടിച്ച് ചാവുമെന്നും തീപിടിത്തമുണ്ടാവുമെന്നു മൊക്കെ അവർ ഭയപ്പെട്ടു. അന്നത്തെ ന്യൂയോർക്കുകാർ ഇക്കാര്യത്തിൽ സുമിയുടെ കൂട്ടുകാരായിരുന്നു. ജനങ്ങൾ സമ്മതിക്കാതെ എങ്ങനെ

അവരുടെ വീടുകളിൽ വൈദ്യുതി എത്തിക്കും? എല്ലാറ്റിനുമുപരി വൈദ്യുതിയെക്കുറിച്ച് ആളുകൾക്കുള്ള ഭയവും ആശങ്കയും ദൂരീകരിക്കുക എന്നത് എഡിസന്റെ മുന്നിൽ ഒരു വലിയ പ്രതിബന്ധമായി ഉയർന്നുവന്നു. വൈദ്യുതിയെ സ്വീകരിക്കാൻ ന്യൂയോർക്കിലെ ജനങ്ങളെ സന്നദ്ധരാക്കുകയെന്നതായിരുന്നു ഒന്നാമത്തെയും, അതേസമയം ഏറ്റവും പ്രയാസമേറിയതുമായ പ്രശ്നം. പഴമയിൽ നിന്നും മാറാൻ ആളുകൾക്കെന്നും മടിയാണ്. ശീലിച്ചതേ പാലിക്കൂ. പണ്ട് ജോർജ് സ്റ്റീവൺസൺ ഇംഗ്ലണ്ടിൽ തീവണ്ടിപ്പാത നിർമ്മിച്ച് അതിൽക്കൂടി തീവണ്ടിയോടിക്കാൻ ആരംഭിച്ചപ്പോൾ, അവിടത്തെ ആളുകൾ വളരെ വിചിത്രമായ ഒരു വ്യവസ്ഥ മുന്നോട്ടുവച്ചു. തീവണ്ടിയോടിക്കാം. പക്ഷേ വണ്ടിയുടെ മുന്നിൽ കുതിരപ്പുറത്തിരുന്ന് ഒരാൾകൂടി സഞ്ചരിക്കണം. തീവണ്ടി വളരെ വേഗത്തിൽ ഓടി അപകടമുണ്ടാക്കാതിരിക്കാനായിരുന്നുവത്രെ, ഈ മുൻകരുതൽ. കേട്ടാൽ ചിരിവരുന്ന ഈ വിചിത്രമായ മുൻകരുതൽ അനുഭവത്തിന്റെ വെളിച്ചത്തിൽ അവർ പിന്നീട് വേണ്ടെന്നുവച്ചു.

'വൈദ്യുതിയെക്കുറിച്ചും വൈദ്യുതദീപങ്ങളെക്കുറിച്ചും ജനങ്ങൾക്കുള്ള പേടിമാറ്റാനെന്താണു മാർഗം.' എഡിസൺ അതിനുള്ള പരിപാടികളാലോചിച്ചു. ന്യൂയോർക്കിലെ പ്രസിദ്ധമായ തെരുവുകളിലൊന്നായ 'ഫിഫ്ത്ത് അവന്യു' (Fifth Avenue) വിൽക്കൂടി ഒരു സന്ധ്യയ്ക്ക് അതിവിചിത്രമായ ഒരു ജാഥ അദ്ദേഹം പ്ലാൻ ചെയ്തുനടത്തി. ജാഥയിൽ നൂറ് അംഗങ്ങളുണ്ടായിരുന്നു. നിരനിരയായി നീങ്ങിയിരുന്ന അവരിൽ, ഓരോരുത്തന്റെയും തൊപ്പിയിൽ പ്രകാശം ചൊരിയുന്ന ഓരോ ഇലക്ട്രിക്ബൾബ് ഘടിപ്പിച്ചിരുന്നു. ഈ ലൈറ്റുകളെല്ലാം ജാഥയോടൊപ്പമുള്ള ഒരു വാഹനത്തിൽ പ്രവർത്തിച്ചിരുന്ന ജനറേറ്ററുമായി വയറുകൾ വഴി ബന്ധിക്കപ്പെട്ടിരുന്നുവെന്ന് പറയേണ്ടതില്ലല്ലോ. തൊപ്പിയിൽ പ്രകാശം പൊഴിക്കുന്ന ബൾബുകളുമായി നീങ്ങുന്ന ആ ജാഥയെ ജനക്കൂട്ടം കൗതുകത്തേക്കാളേറെ അത്ഭുതത്തോടെയാണ് വീക്ഷിച്ചത്. ഇതുകൂടാതെ എഡിസൺ ന്യൂയോർക്കിൽ വളരെ വിപുലമായ ഒരു നൃത്തപരിപാടി സംഘടിപ്പിച്ചു. നൃത്തം ചെയ്യുന്നവരുടെ കയ്യിലെല്ലാം വൈദ്യുതദീപം ഘടിപ്പിച്ച ഒരു മാന്ത്രികദണ്ഡുണ്ടായിരുന്നു. ഫിഫ്ത് അവന്യുവിലെ 'വിളക്കു ജാഥയെ'ക്കുറിച്ചും നഗരത്തിലെ 'വൈദ്യുതനൃത്ത'ത്തെക്കുറിച്ചുമുള്ള വാർത്തകൾ പത്രങ്ങൾ വലിയ പ്രാധാന്യത്തോടെ പ്രസിദ്ധീകരിച്ചു. ഇപ്രകാരം തലയിലെടുത്താലും കയ്യിലെടുത്താലും വൈദ്യുതവിളക്കുകൾ അപകടകാരികളോ ആളെക്കൊല്ലികളോ അല്ലെന്ന് എഡിസൺ ജനങ്ങളെ ബോധ്യപ്പെടുത്തി. ഇത്രയൊക്കെയായിട്ടും വീടുകളിലേക്ക് കേബിളുകൾ വലിക്കാൻ അനുവാദം നൽകാൻ

അറച്ചുനിന്ന മേയറെയും എഡിസൺ ഒരുവിധത്തിൽ വശത്താക്കി അനുമതി വാങ്ങി. ഇതുകൊണ്ടായില്ലല്ലോ. ജനങ്ങളുടെ ആശങ്കമാറ്റുക എന്ന മുഖ്യപ്രശ്നം പരിഹരിക്കപ്പെട്ടെങ്കിലും, ഇത്രയും വമ്പിച്ച ഒരു പരിപാടിക്കുള്ള പണം വേണ്ടേ. മുന്നനുഭവമില്ലാത്ത ഈ സന്നാഹത്തി നുവേണ്ടി ലോൺ നൽകാൻ ബാങ്കുകൾ മടിച്ചു. അവസാനം പത്തു ലക്ഷം ഡോളർ തന്റെ ബൃഹത്പരിപാടി നടപ്പിലാക്കാൻവേണ്ടി ലോണായി നേടുന്നതിൽ എഡിസൺ വിജയിച്ചു. ഇതോടെ 'എഡിസൺ ഇലക്ട്രിക് ഇല്യുമനേറ്റിങ് കമ്പനി' (Edison Electric illuminating com- pany) രജിസ്റ്റർ ചെയ്യപ്പെട്ടു.

പുതിയ പരിപാടിയായതിനാൽ, കറന്റുത്പാദിപ്പിക്കാൻവേണ്ട ജനറേറ്റർ മുതൽ ഫ്യൂസുകട്ടവരെ എഡിസൺ ഫാക്ടറിയടിസ്ഥാന ത്തിൽ നിർമിക്കേണ്ടിവന്നു. പ്രതിബന്ധങ്ങൾ നീങ്ങിക്കിട്ടിയതോടെ എല്ലാം ത്വരിതഗതിയിൽ നടന്നു. 1882 സെപ്റ്റംബർ 4ന് ന്യൂയോർക്ക് നഗരത്തിൽ വൈദ്യുതിവിതരണം നടത്തുമെന്ന് എഡിസൺ പ്രഖ്യാ പിച്ചു. നിശ്ചിത ദിവസം വൈകുന്നേരം, ലോകത്തിൽ ആദ്യത്തെ വൈദ്യുതിവിതരണ പരിപാടിയുടെ ഉദ്ഘാടനച്ചടങ്ങിൽവച്ച് എഡിസൺ ഒരു സ്വിച്ചമർത്തിയപ്പോൾ, 9000 വീടുകളിലായി നഗരത്തിൽ 14000 ബൾബുകൾ ഒരുമിച്ചു തെളിഞ്ഞു. പുത്തനായി ലഭിച്ച വൈദ്യുത വിളക്കിന്റെ വെളിച്ചത്തിലിരുന്ന് ന്യൂയോർക്ക് ഹെരാൾഡിന്റെ ലേഖകൻ അടുത്ത ദിവസത്തേക്കുള്ള പത്രത്തിനുവേണ്ടി തയ്യാറാക്കുന്ന റിപ്പോർട്ട് ഇപ്രകാരം ഉപസംഹരിച്ചു: 'അങ്ങനെ മെൻലോപാർക്കിലെ മാന്ത്രികൻ, വിമർശകരും പണ്ഡിതന്മാരും അസാധ്യമെന്നു വിധിച്ചിരുന്ന സംഗതി യാഥാർഥ്യവൽക്കരിച്ചിരിക്കുന്നു.'

ഈ നേട്ടം അമേരിക്കയ്ക്കും ലോകത്തിനും ഒരു മാതൃക യായിരുന്നു. വൈദ്യുതികൊണ്ട് പല ഉപകരണങ്ങളും മുമ്പ് പ്രവർത്തി ച്ചിരുന്നുവെങ്കിലും, ഇലക്ട്രിക്ബൾബിന്റെ കണ്ടുപിടിത്തവും, അതുപയോഗിച്ച് വീടുകളിലും തെരുവുകളിലും പകൽപോലെയുള്ള പ്രകാശം ലഭ്യമാക്കലും നടന്നതോടെയാണ് യഥാർഥ 'വൈദ്യുതിയുഗം' ആരംഭിച്ചതെന്നു പറയാം.

എന്നാൽ എഡിസൺ കണ്ടുപിടിച്ച ഇലക്ട്രിക്ബൾബ് അതേ രൂപത്തിലല്ല നാം ഇന്നുപയോഗിക്കുന്നത്. കാലാനുസൃതമായി അതിനു പല പരിഷ്കരണങ്ങളും വന്നിട്ടുണ്ട്. കാർബൺപൂശിയ പരുത്തിനാരിനു പകരം 'ടങ്സ്റ്റൺ' എന്ന ലോഹത്തിന്റെ നേരിയ തന്തുക്കളാണ് ഇന്ന് ബൾബുകളിൽ ഫിലമെന്റായി ഉപയോഗിക്കുന്നത്. ബൾബിനകം പൂർണമായും ശൂന്യമല്ല. എത്ര ചൂടായാലും ഫിലമെന്റുമായി പ്രവർത്തി ക്കാത്ത ചില നിഷ്ക്രിയ വാതകങ്ങൾ ബൾബിനകത്തെ മർദം ക്രമീകരി

ക്കാനായി അതിൽ കയറ്റിയിട്ടുണ്ട്. ഡി.സി. ജനറേറ്റുപയോഗി ച്ചുണ്ടാക്കിയ കറന്റുകൊണ്ടായിരുന്നു എഡിസൺ ന്യൂയോർക്കുനഗര ത്തിലെ വിളക്കുകൾ തെളിയിച്ചത്. ക്രമേണ ഇലക്ട്രിക് ബൾബുകൾ മറ്റുനഗരങ്ങളിലും വേണമെന്നായി. എന്നാൽ ഉത്പാദനസ്ഥലത്തു നിന്നും അകലെയുള്ള വിതരണകേന്ദ്രങ്ങളിലേയ്ക്ക് നേർധാരാ വൈദ്യുതി കൊണ്ടുപോവുകയാണെങ്കിൽ വമ്പിച്ച പ്രസരണനഷ്ടം സംഭവിക്കുമെന്നതിനു പുറമെ അതിന് വളരെ വണ്ണമുള്ള കമ്പികൾ വേണ്ടിവരും. മാത്രമല്ല ജനറേറ്ററിൽ ഉത്പാദിപ്പിക്കുന്ന കറന്റിന്റെ അതേ വോൾട്ടതയല്ല വീടുകളിൽ വേണ്ടത്. അതിനേക്കാൾ കുറവുമതി. ചില ഉപകരണങ്ങൾക്കാകട്ടെ വളരെ ഉയർന്ന വോൾട്ടത വേണംതാനും. ഇപ്രകാരം വൈദ്യുതി വളരെ ദൂരത്തേക്ക് കൊണ്ടുപോവാനും വോൾട്ട തയിൽ ആവശ്യാനുസരണം മാറ്റംവരുത്താനും എഡിസണുപയോഗിച്ച ഡി.സി. ജനറേറ്ററിലെ വൈദ്യുതി പറ്റില്ല. അതിനാൽ എ.സി. മോട്ടോറു കളും എ.സി. കറന്റും പ്രചാരം നേടി. വില്യം സ്റ്റാൻലി കണ്ടുപിടിച്ച ട്രാൻസ്ഫോർമറുകളുടെ സഹായത്തോടെ വൈദ്യുതി ഉയർന്ന വോൾട്ടതയിൽ വിദൂര സ്ഥലങ്ങളിലേക്ക് വലിയ പ്രസരണനഷ്ടം കൂടാതെ കൊണ്ടുപോകാൻ സാധിച്ചു. മാത്രമല്ല, ട്രാൻസ്ഫോർമറിന്റെ സഹായത്തോടുകൂടിത്തന്നെ ഉയർന്നവോൾട്ടത, വീടുകൾക്കാവശ്യ മുള്ള രീതിയിൽ താഴ്ന്ന വോൾട്ടതയായി കുറയ്ക്കാനും കഴിയും. നമുക്ക് ഇപ്പോൾ വീട്ടിൽ ലഭിക്കുന്നത് എ.സി. കറന്റാണ്. ഇടുക്കിയിലും മറ്റുമുള്ള ഹൈഡ്രോ ഇലക്ട്രിക് പ്രോജക്റ്റുകളിൽനിന്ന് അത് വളരെ ഉയർന്ന വോൾട്ടതയിലാണ് നഗരത്തിലേക്ക് കൊണ്ടുവരുന്നതെങ്കിലും ഇവിടെയുള്ള ട്രാൻസ്ഫോർമറുകൾ അതിന്റെ വീടുകളുടെ ആവശ്യത്തി നനുസരിച്ച് താഴ്ന്ന വോൾട്ടതയുള്ള വൈദ്യുതിയാക്കി മാറ്റുന്നു. വില്യം സ്റ്റാൻലി തന്റെ ട്രാൻസ്ഫോർമർ വികസിപ്പിച്ചെടുത്ത് മൈക്കേൽ ഫാരഡെയുടെ വൈദ്യുത കാന്തികപ്രേരണ സിദ്ധാന്തവും, പ്രേരിത വൈദ്യുതിയുടെ സാന്നിധ്യം തെളിയിക്കാൻ അദ്ദേഹം നടത്തിയ പരീക്ഷണത്തേയും അടിസ്ഥാനമാക്കിയായിരുന്നു.

ലോകത്തിൽ ഏറ്റവും കൂടുതൽ കണ്ടുപിടിത്തങ്ങൾ സ്വന്തം നിലയിൽ നടത്തിയ പ്രതിഭാശാലികളിൽ ഒരാളായിരുന്നു തോമസ് ആൽവ എഡിസൺ. കേവലം ശാസ്ത്രപ്രതിഭകൊണ്ടുമാത്രമല്ല അദ്ദേഹം ഇത്രയധികം നേട്ടങ്ങളുടെ ഉടമയായത്. പുത്തനാശയങ്ങൾ രൂപം കൊള്ളുന്ന തലച്ചോറിനോടൊപ്പം കഠിനാധ്വാനത്തിനു തയ്യാറുള്ള ഒരു മനസ്സും അദ്ദേഹത്തിനുണ്ടായിരുന്നു. പരീക്ഷണം നടത്തിയിട്ടും റിസൽട്ട് അനുകൂലമല്ലെന്നു പരാതിപ്പെട്ട ഒരു സഹപ്രവർത്തകനോട് നിസ്സാരമട്ടിൽ എഡിസൺ പ്രതികരിച്ചതിങ്ങനെയാണ്: 'റിസൽട്ടോ, ഒരു

റിസൽട്ടും കിട്ടാതെ പാഴായിപ്പോയ അമ്പതിനായിരം പരീക്ഷണങ്ങൾ ഞാൻ നടത്തിയിട്ടുണ്ട്.' സംഗതി വാസ്തവമാണ്. ഇലക്ട്രിക്ബൾബിനു പറ്റിയ ഒരു ഫിലമെന്റു കണ്ടെത്താൻ ആറായിരത്തിലധികം വിഭിന്ന പദാർഥങ്ങൾ അദ്ദേഹം പരീക്ഷിച്ചുനോക്കി. നീയും ഞാനുമൊ ക്കെയാണെങ്കിൽ, ആറായിരത്തിനുപകരം ആറുപരീക്ഷണങ്ങൾ പരാജയപ്പെട്ടാൽ, നിരാശപ്പെട്ട് നമ്മുടെ പാട്ടിനു പോകും. പക്ഷേ എത്രയെത്ര പരാജയങ്ങൾ ഏറ്റുവാങ്ങേണ്ടി വന്നാലും വിജയം കാണുന്നതുവരെ നിരാശപ്പെടാതെയും മാനസികമായി തളരാതെയും പണിയെടുക്കുക എന്നതായിരുന്നു എഡിസന്റെ രീതി. 'ഒരു ശതമാനം പ്രതിഭയും തൊണ്ണൂറ്റൊമ്പതു ശതമാനം അധ്വാനവും ചേർന്നാണ് നേട്ടങ്ങളുണ്ടാക്കുന്നതെന്ന്' അദ്ദേഹം കൂടെക്കൂടെ പറയാറുണ്ടായിരുന്നു. ആ പാഠത്തിൽ കുറച്ചെങ്കിലും നാം ഉൾക്കൊള്ളേണ്ടതാണ്. ഇതിന് ഏറ്റവും മികച്ച മാതൃക എഡിസന്റെ ജീവിതം തന്നെയാണ്. ഫാരഡെയെ പ്പോലെ തന്നെ പ്രാഥമികവിദ്യാഭ്യാസം മാത്രം ലഭിച്ച ഒരു കുട്ടിയായി രുന്നു എഡിസൺ. പ്രൈമറി ക്ലാസിലായിരിക്കുമ്പോൾത്തന്നെ പഠിക്കാൻ വളരെ മടിയുമായിരുന്നു. 'ഈ ലോകത്തിൽ പ്രയോജനകരമായ ഒരു കാര്യത്തിനും നിന്നെ കൊള്ളില്ല' എന്നു പറഞ്ഞ് ഒരിക്കൽ ടീച്ചർ കുട്ടിയായ എഡിസണെ ശപിച്ചുവിട്ടു. ഇത് കേൾക്കാനിടയായ അമ്മ പിന്നീട് മകനെ സ്കൂളിലയച്ചില്ല. തനിക്കാവുന്നവിധം വീട്ടിലിരുത്തി കുട്ടിയെ പഠിപ്പിച്ചു. പന്ത്രണ്ടാംവയസ്സിൽ തീവണ്ടിയിൽ പത്രവിൽപ്പ നക്കാരനായും മിഠായിവിൽപ്പനക്കാരനായിട്ടുമൊക്കെയാണ് എഡിസൺ ജീവിതത്തിലേക്കിറങ്ങിയത്. പിന്നീട് ടെലഗ്രാഫി പഠിച്ച് ടെലഗ്രാഫ് ഓപ്പറേറ്ററായി. പിന്നീടങ്ങോട്ട് സ്വന്തമായ കണ്ടുപിടിത്തങ്ങളുടെയും അവയുടെ ലാഭകരമായ വിപണനത്തിന്റേയും കാലഘട്ടമാണ്. 'ഒരു ശതമാനം ബുദ്ധിയും തൊണ്ണൂറ്റൊമ്പതുശതമാനം അധ്വാനവുമാണ് നേട്ടങ്ങൾക്കടിസ്ഥാനം' എന്ന ഉറച്ച വിശ്വാസമാണ് ക്ലാസ്ടീച്ചർ 'യാതൊന്നിനും കൊള്ളാത്തവനെന്ന്' മുദ്രകുത്തിയ എഡിസണെ വൈദ്യുതവിളക്കിന്റേയും മറ്റുള്ള ആയിരം കണ്ടുപിടിത്തങ്ങളുടേയും ഉടമയാക്കിമാറ്റിയത്.

'എഡിസന്റെ ജീവചരിത്രമടങ്ങുന്ന വല്ല പുസ്തകങ്ങളുമുണ്ടോ.' സുമി ചോദിച്ചു.

'എന്റെ കൈവശമുണ്ട്. നിനക്കുതരാം.' രശ്മി പുസ്തകം തെരയാൻ അലമാരിക്കടുത്തേക്കുപോയി.

17 കമ്പിയില്ലാക്കമ്പി

'രശ്മിച്ചേച്ചി, അമ്മ എവിടെപ്പോയി. ഇവിടെ ആരും ഇല്ലേ?' പതിവു സന്ദർശനവേളയിൽ വീട്ടിൽ ആരെയും കാണാഞ്ഞ് സുമി അന്വേഷിച്ചു.

'മുത്തച്ഛനും മുത്തശ്ശിയും കന്യാകുമാരി എക്സ്പ്രസ്സിന് വരുന്നു ണ്ടെന്ന് കാണിച്ച് കമ്പിയടിച്ചിട്ടുണ്ട്. അമ്മയും അച്ഛനും അവരെ കൊണ്ടു വരാൻ പോയിരിക്ക്യാണ്. വരേണ്ടസമയം കഴിഞ്ഞു. വണ്ടി വൈകി യിരിക്കും.'

'എന്താ രശ്മിച്ചേച്ചി ടെലഗ്രാം ചെയ്യുന്നതിനെ കമ്പിയടിക്കുക എന്ന് പറയുന്നത്. ടെലഗ്രാം ചെയ്യുമ്പോൾ ആരെങ്കിലും കമ്പീമ്മെച്ചെന്ന് അടിക്കുന്നുണ്ടോ?' സുമി ചോദിച്ചു.

'ഞാനിതു മുത്തശ്ശിയിൽനിന്നും കേട്ട് പഠിച്ചതാണ്. ടെലഗ്രാം ചെയ്യുക എന്നുപറയാനൊന്നും അവർക്കറിഞ്ഞുകൂടാ. പഴയ ആളുകൾ ഇപ്പോഴും കമ്പിയടിക്കുക എന്നുതന്നെയാണ് പറയുക. ഒരർഥത്തിൽ മുത്തശ്ശി പറയുന്നതാണ് ശരി. ടെലഗ്രാഫ് വഴി നാം അയയ്ക്കുന്ന സന്ദേശം സിഗ്നലായി കമ്പിയിൽക്കൂടി പോയിട്ടു വേണം എത്തേണ്ടിട ത്തെത്താൻ. പിന്നീടു ടെലഫോണിൽക്കൂടി നമുക്ക് സംസാരിക്കുന്ന ആളുടെ ശബ്ദം നേരിട്ടുകേൾക്കാം. പക്ഷേ അതുംവരുന്നത് കമ്പിയിൽ ക്കൂടിയാണ്.' രശ്മി പറഞ്ഞു.

'ഇപ്പോൾ ദുബായിയിൽനിന്നും അമേരിക്കയിൽ നിന്നുമൊക്കെ ഫോൺ വരുന്നുണ്ടല്ലോ. അവിടന്നൊക്കെ കടലിൽക്കൂടി ഇങ്ങോട്ടു കമ്പി വലിച്ചിട്ടുണ്ടോ. കഴിഞ്ഞ ദിവസം വേണ്ണോട്ടൻ ദുബായിൽനിന്നും വിളിച്ചിരുന്നു. കടലിൽക്കൂടി കമ്പിയിടാൻ മഹാബുദ്ധിമുട്ടല്ലേ?'

സുമിയുടെ വിഡ്ഢിച്ചോദ്യംകേട്ട് രശ്മി ഉറക്കെച്ചിരിച്ചു.

'കളിയാക്കല്ലെ, രശ്മിച്ചേച്ചി, അറിഞ്ഞുകൂടാഞ്ഞിട്ടല്ലേ ചോദിക്കുന്നത്.'

'സുമീദുബായീന്നും അമേരിക്കയിൽനിന്നുമൊക്കെ ടെലഫോണും ടെലഗ്രാമുമൊക്കെവരുന്നത് കമ്പിയിൽക്കൂടിയല്ല, കമ്പിയില്ലാക്കമ്പി വഴിയാണ്.'

'എന്നുവച്ചാൽ?'

'അതിന് കമ്പിവേണ്ട. ട്രാൻസ്മിറ്ററിൽക്കൂടി അയയ്ക്കുന്ന സന്ദേശം ഒരു കമ്പിയുടേയും സഹായംകൂടാതെ ആകാശത്തുകൂടി സഞ്ചരിച്ച് നമ്മുടെ റിസീവറിലെത്തും. അതുകൊണ്ടാണ് ഇത്തരം സന്ദേശത്തെ കമ്പിയില്ലാക്കമ്പി എന്നുപറയുന്നത്. ഡൽഹിയിലും കോഴിക്കോട്ടുമൊ ക്കെയുള്ള റേഡിയോസ്റ്റേഷനുകളിൽനിന്നുള്ള വാർത്തയും സംഗീതവു മൊക്കെ നമ്മുടെ റേഡിയോവിൽ കിട്ടുന്നില്ലേ. ഏതെങ്കിലും കമ്പി വഴിയാണോ അതു വരുന്നത്. പഴയ കമ്പിയില്ലാക്കമ്പിയിൽ നിന്നും പരിഷ്ക്കരിച്ചുണ്ടായ ഉപകരണമാണ് റേഡിയോ. പക്ഷേ അതിന്റെ അടിസ്ഥാനം കമ്പിയില്ലാക്കമ്പിതന്നെയാണ്. റേഡിയോ കണ്ടുപിടിച്ചതാ രാണെന്നു ചോദിച്ചാൽ ചിലർ മാർക്കോണി എന്നുപറയാറുണ്ട്. പക്ഷേ മാർക്കോണി കണ്ടുപിടിച്ചത് നാം കമ്പിയില്ലാക്കമ്പിയെന്നു പറയുന്ന വയർലെസ് ടെലഗ്രാഫാണ്. അതിനുശേഷം ഫ്ളെമിങ്ങിന്റെ ഡയോഡും, ലിസിഫോറസ്റ്റിന്റെ ട്രയോഡുമൊക്കെ വന്നതിനുശേഷമാണ് റേഡിയോ പ്രവർത്തിക്കാൻ തുടങ്ങിയത്.'

എന്താണ് ഡയോഡെന്നും ട്രയോഡെന്നുമൊക്കെ സുമിക്കു മനസ്സി ലായില്ല. 'എങ്ങനെയാണ് കമ്പിയുടെ സഹായംകൂടാതെ വായുവിൽ ക്കൂടിയും ആകാശത്തുകൂടിയുമൊക്കെ സന്ദേശങ്ങളയയ്ക്കാൻ കഴിയു ന്നത്?' അവൾക്കതാണറിയേണ്ടിയിരുന്നത്.

'കമ്പിയില്ലാക്കമ്പിയെന്നു വിളിക്കുന്ന വയർലെസ് ടെലഗ്രാഫിയുടെ വേരന്വേഷിച്ചുപോകുമ്പോൾ നാം വീണ്ടും മൈക്കേൽ ഫാരഡെയുടെ പരീക്ഷണങ്ങളിലും സിദ്ധാന്തങ്ങളിലുമാണ് ചെന്നെത്തുക. ഒരു ചാലകത്തിൽ ചാഞ്ചാടിക്കൊണ്ടിരിക്കുന്ന വൈദ്യുതചാർജ്ജ് അതുമായി നേരിട്ടുബന്ധമില്ലാതെത്തന്നെ സമീപത്തുള്ള മറ്റൊരു ചാലകത്തിൽ പ്രേരണം ചെയ്യപ്പെടുന്നതായി അദ്ദേഹം പരീക്ഷണം വഴി തെളിയി ച്ചിട്ടുണ്ട്. ട്രാൻസ്ഫോർമറിൽ സംഭവിക്കുന്നതിതാണ്. ഇതിനർത്ഥം ചാഞ്ചാടുന്ന വൈദ്യുതചാർജ്ജിന് യാതൊരു ചാലകത്തിന്റേയും സഹായം കൂടാതെ ഒരിടത്തു നിന്നും മറ്റൊരിടത്തേക്കു സഞ്ചരിക്കാ മെന്നല്ലേ? ഈ പ്രതിഭാസത്തെ സംബന്ധിച്ച് കൂടുതൽ ഗവേഷണം നടത്താൻ ഫാരഡെയ്ക്കായില്ല. എന്നാൽ അദ്ദേഹം തന്റെ വൈദ്യുത

മാക്സ് വെൽ

കാന്തിക പ്രേരണത്തത്വം പ്രഖ്യാ പിച്ച വർഷമായ 1831ൽ ജനിച്ച ഒരു ശാസ്ത്രജ്ഞൻ ഫാരഡെയുടെ നിരീക്ഷണങ്ങൾക്കും നിഗമന ങ്ങൾക്കും സൈദ്ധാന്തികവും ഗണിതശാസ്ത്രപരവുമായ അടിസ്ഥാനം കണ്ടെത്തുകയും അവയെ വികസിപ്പിക്കുകയും ചെയ്തു. സ്കോട്ട്ലന്റുകാരനായ ക്ലാർക്സ് മാക്സ്‌വെൽ ആയിരു ന്നു ഈ ശാസ്ത്രകാരൻ. ചാഞ്ചാടി ക്കൊണ്ടിരിക്കുന്ന ചാർജ്ജിൽ നിന്നുണ്ടാവുന്ന വിദ്യുത്കാന്തിക തരംഗങ്ങൾക്ക് പ്രകാശത്തിന്റെ അതേ വേഗതയിൽ സഞ്ചരിക്കാൻ കഴിയുമെന്നും പ്രകാശംതന്നെ വിപുലമായ വൈദ്യുതകാന്തിക സ്പെക്ട്രത്തിന്റെ ഒരു ഭാഗമാണെന്നും മാക്സ്‌വെൽ സൈദ്ധാന്തി കമായി സ്ഥാപിച്ചു. കാന്തികക്ഷേത്രത്തിലോ വൈദ്യുതക്ഷേത്ര ത്തിലോ ഉണ്ടാകുന്ന വ്യതിയാനങ്ങൾ അതുമൂലമുണ്ടാകുന്ന തരംഗങ്ങളിലേക്കും വ്യാപിക്കും എന്നും മാക്സ്‌വെൽ സിദ്ധാന്തിച്ചു. വൈദ്യുതകാന്തികതരംഗങ്ങൾ ചാലകത്തിന്റെ സഹായം കൂടാതെ സഞ്ചരിക്കാൻ കഴിയുന്നവയാകയാൽ അവയെ വയർലെസ്‌തരംഗങ്ങൾ എന്നും വിളിക്കുന്നു.

അകാലത്തിൽ മരണമടഞ്ഞ ഒരു വലിയ ശാസ്ത്രജ്ഞനായിരുന്നു ക്ലാർക്സ്‌മാക്സ്‌വെൽ. അദ്ദേഹം അന്തരിച്ച് ഒരു ദശാബ്ദത്തിനുശേഷം ഹെൻറിച്ച് ഹെർട്ട്സ് (1857-94) എന്ന ജർമൻശാസ്ത്രകാരൻ വളരെ ലഘുവായ ഒരുപകരണത്തിന്റെ സഹായത്തോടെ മാക്സ്‌വെല്ലിന്റെ സിദ്ധാന്തത്തിന്റെ സാധുത പരിശോധിച്ചു. തന്റെ ഉപകരണത്തിൽ ചാഞ്ചാടുന്ന ചാർജുവഴി വിദ്യുത്കാന്തതരംഗങ്ങൾ ഉത്പാദിപ്പിക്കാൻ ഹെർട്സിനു കഴിഞ്ഞു. മുപ്പത്തിയേഴാമത്തെ വയസ്സിൽ മരണമടഞ്ഞ ഹെർട്സിന്റെ ബഹുമാനാർത്ഥം ഈ തരംഗങ്ങളെ ഹെർട്സിയൻ തരംഗങ്ങൾ എന്നും വിളിക്കാറുണ്ട്.

മാക്സ്‌വെല്ലും ഹെർട്ടും തെളിയിച്ച പാതയിലൂടെ മുന്നേറാൻ പലരും ശ്രമിച്ചു. കമ്പിയുടെ ശല്യംകൂടാതെ ഒരിടത്തു നിന്നും മറ്റൊരിടത്തേക്കു സന്ദേശമയയ്ക്കാൻ കഴിയുന്ന ഒരുപകരണമുണ്ടെങ്കിൽ എന്തു

സൗകര്യമായിരിക്കും. ഗു ഗ്ലീൽമോ മാർക്കോണി എന്ന ചെറുപ്പക്കാ രനാണ് ഇത്തരം ഒരുപകരണം കണ്ടുപിടിക്കാനുള്ള ഭാഗ്യം സിദ്ധിച്ചത്. മാർക്കോണി കോളേജിൽ പഠിക്കുന്ന കാലത്താണ് ഒരു ബ്രിട്ടീഷ് ശാ സ്ത്രമാസികയിൽ വിദ്യുത് കാന്തതരംഗങ്ങളുടെ സാധ്യതകളെക്കുറിച്ച് ഹെൻറിച്ച് ഹെർട്ട് സിന്റെ ഒരു പ്രബന്ധം വായിച്ചത്. അന്ന് ആ ചെറുപ്പ ക്കാരന് പ്രായം 18 വയസ്സ്. ഹെർട്സ് കണ്ടുപിടിച്ച ഈ തരംഗങ്ങൾ ഉപയോഗപ്പെടുത്തി വായുവിൽക്കൂടിയോ ശൂന്യതയിൽക്കൂടിയോ സന്ദേശങ്ങളയയ്ക്കാൻ കഴിയുമോ എന്ന ആശയം മാർക്കോണിയിൽ രൂപംകൊണ്ടു. വെറുമൊരാശയമായിട്ടല്ല, തനിക്കതു കഴിയും എന്ന വിശ്വാസത്തിന്റെ തലത്തിലേക്ക് അതുവളരാൻ ആരംഭിച്ചിരുന്നു.

1874ൽ ഇറ്റലിയിലാണ് മാർക്കോണി ജനിച്ചത്. ആദ്യമായി ഒഴുകുന്ന വൈദ്യുതി കണ്ടുപിടിച്ച വോൾട്ടയുടേയും മഹാശാസ്ത്ര ജ്ഞനായ ഗലീലിയോവിന്റേയുമൊക്കെ നാട്ടിൽ. മാർക്കോണിയുടെ പിതാവ് സമ്പന്നനായ ഒരു ബിസിനസ്സ്കാരനായിരുന്നു. അമ്മ വഴി ബ്രിട്ടനുമായും ഒരു ബന്ധം അദ്ദേഹത്തിനുണ്ടായിരുന്നു. ഐറിഷ് വംശജയായിരുന്നു അമ്മ. ബോളാനെ സർവ്വകലാശാലയി ലായിരുന്നു വിദ്യാഭ്യാസം. ഹെർട്സിന്റെ ലേഖനത്തെക്കുറിച്ചും അതിന്റെ സാധ്യത ഉപയോഗപ്പെ ടുത്തുന്നതിനെക്കുറിച്ചും മാർക്കോണി തന്റെ പ്രൊഫസറായിരുന്ന റിഖി യുമായി സംസാരിച്ചു. വളരെ പ്രചോദനകരമായ പ്രോത്സാഹനമാണ് പ്രൊഫ. റിഖിയിൽ നിന്നും ലഭിച്ചത്. വീട്ടിൽ അച്ഛൻ ആദ്യം തടസ്സം പറഞ്ഞു. എന്തിനാണ് നടക്കാത്ത കാര്യങ്ങളിൽ തലപുകഞ്ഞ് സമയം കളയുന്നത്. പക്ഷേ പ്രൊഫസറിൽ നിന്നെന്നപോലെ അമ്മയിൽ നിന്നും പ്രോത്സാഹനമാണ് മാർക്കോണിക്കു ലഭിച്ചത്. ഏറെ നാളത്തെ ആലോച നയ്ക്കുശേഷം 1894ൽ മാർക്കോണി വയർലെസ് ടെലഗ്രാഫിനെ ക്കുറിച്ചുള്ള പരീക്ഷണങ്ങൾക്കായി സ്വന്തം വീട്ടിൽത്തന്നെ ഒരു ലബോറട്ടറി സ്ഥാപിച്ചു. ആവശ്യമുള്ള പണം കൊടുത്തെങ്കിലും ഇരുപതുകാരനായ ഒരു ചെറുപ്പക്കാരന്റെ കിറുക്കായേ, സ്വന്തം പിതാവടക്കം ബന്ധപ്പെട്ട പലരും ഈ ഉദ്യമത്തെക്കണ്ടുള്ളൂ. ഒന്നു രണ്ടുവർഷത്തെ കഠിനാധ്വാനത്തിനു ശേഷം മോഴ്സ്കോഡിലെ സിഗ്നലുകൾ അയ യ്ക്കാനും സ്വീകരിക്കാനുമുള്ള ഉപകരണ ങ്ങൾ നിർമിക്കാൻ മാർക്കോണിക്കു കഴിഞ്ഞു. ഹെർട്ട്സ് തന്റെ ഉപകരണത്തിൽ ഒരു

ഹെൻറിച്ച് ഹെർട്സ്

ചതുരത്തകിടായിരുന്നു ഏരിയലായി ഉപയോഗിച്ചത്. സന്ദേശങ്ങൾ കൂടുതൽ ദൂരത്തേക്കു വ്യാപിപ്പിക്കണമെങ്കിൽ ഏരിയലിനു പൊക്കമുണ്ടായിരിക്കണം. 40 അടി ഉയരമുള്ള ഒരു ദണ്ഡ് ഏരിയലിന്റെ സ്ഥാനത്തുപയോഗിക്കാൻ മാർക്കോണി തയ്യാറാക്കി. ഹെർട്ട്സ് ഉപയോഗിച്ചിരുന്ന അതേ മാതൃകയിലുള്ള ഉപകരണങ്ങൾ തന്നെയാണു പയോഗിച്ചിരുന്നതെങ്കിലും പൊക്കമുള്ള ഏരിയലും, നാം 'ഡിറ്റക്ടർ' എന്നു വിളിക്കുന്ന ഒരുപകരണവും ചേർത്ത് തന്റെ യൂണിറ്റിന്റെ പ്രസരണശേഷി വർധിപ്പിക്കാൻ മാർക്കോണിക്കു കഴിഞ്ഞു.

മകന്റെ കിറുക്കുകൾ യാഥാർഥ്യമായിത്തീരുന്നതിന് ആദ്യമായി സാക്ഷ്യം വഹിച്ചത് അമ്മയായിരുന്നു. ഒരു ദിവസം രാവിലെ മാർക്കോണി അമ്മയേയുംകൂട്ടി വീടിന്റെ മട്ടുപ്പാവിലെത്തി. 'ഞാനിതാ ഒരു സൂത്രം കാണിച്ചുതരാം, അമ്മ നോക്കൂ' എന്നു പറഞ്ഞ് മാർക്കോണി മേശപ്പുറത്തുണ്ടായിരുന്ന ഒരുപകരണ ത്തിന്മേൽ കൈവച്ചു. അപ്പോഴുണ്ട് പത്തുപന്ത്രടി അകലെയിരുന്ന ഒരു ഇലക്ട്രിക് ബെൽ ശബ്ദിക്കുന്നു. ബെല്ലും മേശപ്പുറത്തെ ഉപകരണവും തമ്മിൽ നേരിട്ട് ഒരു ബന്ധവുമില്ലായിരുന്നു. ലോകത്തിലെ ഒന്നാമത്തെ വയർലസ് ടെലഗ്രാ ഫാണ് താൻ കാണുന്നതെന്ന് അന്നേരം ആ അമ്മ മനസ്സിലാക്കിയി രിക്കില്ല. ആദ്യ മാദ്യം ഏതാനും മീറ്റർ ദൂരത്തേക്കുമാത്രം സന്ദേശമയയ് ക്കാൻ കഴിഞ്ഞിരുന്ന തന്റെ ഉപകരണത്തിന്റെ കഴിവ് മാർക്കോണി ക്രമത്തിൽ വർധിപ്പിച്ചുകൊണ്ടുവന്നു. 1895ൽ ഒരു കിലോമീറ്റർ ദൂര ത്തേക്ക് കമ്പിയുടെ സഹായംകൂടാതെ സിഗ്നലുകളയയ്ക്കാൻ അദ്ദേഹത്തിനു കഴിഞ്ഞു. മാത്രമല്ല കടലിലെ കപ്പലുകളിലേക്ക്

മാർക്കോണി

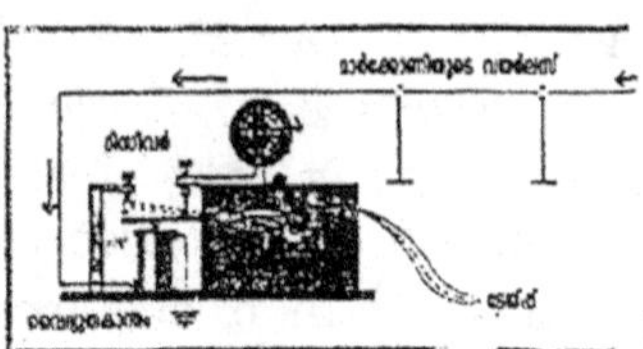

കരയിൽനിന്നും സന്ദേശമയയ്ക്കാനുള്ള കഴിവും ഈ ഉപകരണം നേടിയിരുന്നു. ഈ ഘട്ടത്തിൽ തന്റെ സ്വന്തം നാട്ടിൽ വയർലസ് വഴിയുള്ള വാർത്താവിനിമയ സമ്പ്രദായം ആരംഭിക്കണമെന്ന സദുദ്ദേശ്യത്തോടെ യുവാവായ മാർക്കോണി അന്നത്തെ ഇറ്റാലിയൻ ഗവൺമെന്റിനോട് അതിനുവേണ്ട സൗകര്യങ്ങൾക്കും സാമ്പത്തിക സഹായത്തിനും അഭ്യർഥിച്ചു. എന്നാൽ ഇത്തരമൊരുപകരണം കൊണ്ടെന്തുകാര്യം എന്ന മട്ടിൽ ഗവൺമെന്റ് മാർക്കോണിയുടെ അപേക്ഷ നിരസിച്ചു. നിരാശനാകാതെ, അദ്ദേഹം ഇംഗ്ലണ്ടിലേക്കു തിരിച്ചു. 1897ൽ തന്റെ കണ്ടുപിടിത്തത്തിനുള്ള പേറ്റന്റ് എടുത്തു. സ്വന്തം നാട്ടിൽനിന്നും ലഭിക്കാതിരുന്ന പരിഗണന മാർക്കോണിക്ക് ഇംഗ്ലണ്ടിൽ നിന്നും ലഭിച്ചു. വയർലസ് ടെലഗ്രാഫിയുടെ പ്രാധാന്യം മനസ്സിലാക്കിയ പലരും മാർക്കോണിയുടെ ഉപകരണത്തിന്റെ പ്രസരണശേഷി വർധിപ്പിക്കാനുള്ള സൗകര്യങ്ങൾ ചെയ്തുകൊടുത്തു. അവരുടെ സഹായത്തോടെ 'മാർക്കോണി വയർലസ്ഗ്രാഫി' എന്ന സ്ഥാപനം രൂപീകരിച്ചു. ഈ രംഗത്തു താത്പര്യമുള്ള മറ്റു വിദഗ്ധരുടെ സഹകരണത്തോടെ ഏതാനും മാസങ്ങൾക്കകം 12 കിലോമീറ്റർ ദൂരത്തേക്ക് സന്ദേശമയ യ്ക്കാൻ പാകത്തിൽ ഉപകരണത്തിന്റെ കഴിവു വർധിപ്പിക്കാൻ മാർക്കോണിക്കു കഴിഞ്ഞു. പക്ഷേ വയർലസ് ടെലഗ്രാ ഫിയെ സംബന്ധിച്ചിടത്തോളം 12 കിലോമീറ്റർ ഒരു പ്രശ്നമേ അല്ല. ഇംഗ്ലണ്ടിൽനിന്നും അറ്റ്ലാന്റിക് സമുദ്രത്തിനപ്പുറത്തുള്ള അമേരിക്കയി ലേക്ക് തന്റെ ഉപകരണമുപയോഗിച്ച് വയർലസ് സന്ദേശം അയയ്ക്കണ മെന്നതായിരുന്നു മാർക്കോണിയുടെ ലക്ഷ്യം. ഇതിനുപാകത്തിൽ വയർലസ് ടെലഗ്രാഫി യന്ത്രത്തിന്റെ ശേഷി വർധിപ്പിക്കാനും മറ്റു സംവിധാനങ്ങൾക്കും വേണ്ടി 2 ലക്ഷം ഡോളർ വരെ ചെലവാക്കിക്കൊ ള്ളാൻ കമ്പനി ഡയറക്ടർമാർക്കനുവാദം നൽകി. അക്കാലത്ത് ആർക്കും ആലോചിക്കാൻ കഴിയാത്ത ഒരു സാഹസമായിരുന്നു, അത്.

1901 ഡിസംബർ 12. ഇംഗ്ലണ്ടിൽനിന്നു 3500 കിലോമീറ്റർ അകലെയുള്ള ഒരു സ്ഥലത്തേക്ക് വയർലസ് സന്ദേശം അയയ്ക്കാൻ നിശ്ചയിച്ച ദിനമായിരുന്നു അത്. ആവശ്യമായ തയ്യാറെടുപ്പുകളെല്ലാം കാലേകൂട്ടിത്തന്നെ നടത്തി. ബ്രിട്ടനിലെ 'പോൽസു' എന്ന പട്ടണത്തിൽ ഉയർന്ന പ്രദേശം നോക്കി ഒരിടത്ത് ട്രാൻസ്മിറ്റർ സ്ഥാപിച്ചു. സന്ദേശം അയയ്ക്കാനുള്ള ചുമതല ഫ്ളെമിങ്ങിനായിരുന്നു. മാർക്കോണി ഒന്നുരണ്ടു സഹപ്രവർത്തകരെയും കൂട്ടി അമേരിക്കയിലേക്കു കപ്പൽ കയറി. ന്യൂഫൗണ്ട് ലാന്റിലെ ഉയർന്ന പർവതപ്രദേശമായ സെന്റ് ജോണിലായിരുന്നു റിസീവർ സ്ഥാപിക്കാൻ നിശ്ചയിച്ചിരുന്നത്. പക്ഷേ, സന്ദേശം ലഭിക്കാനുള്ള സാധ്യത റിസീവറിന്റെ ശക്തിയെമാത്രം

ആശ്രയിച്ചല്ല നിൽക്കുന്നത്. തരംഗങ്ങളെ സ്വീകരിച്ചു റിസീവറി ലെത്തിക്കുന്നത് ഏരിയലാണ്. ഏരിയലിന്റെ പൊക്കം എത്ര വർധിക്കുന്നുവോ, അത്രയും എളുപ്പത്തിൽ സന്ദേശം ലഭിക്കും. പക്ഷേ പൊക്കം കൂട്ടാനെന്തുവഴി? അപ്പോഴാണ് പണ്ട് ബെഞ്ചമിൻ ഫ്രാങ്ക്ളിൻ ഇടിമിന്നലിൽ വൈദ്യുതിയുണ്ടോ എന്നുപരിശോധിക്കാൻ പട്ടം ഉപയോഗിച്ച കഥ മാർക്കോണി ഓർത്തത്. റിസീവറിന്റെ ഏരിയലായി എന്തുകൊണ്ട് ഒരു പട്ടം ഉപയോഗിച്ചുകൂടാ. അഞ്ഞൂറടി നീളമുള്ള കമ്പിയിൽ ബന്ധിച്ച ഒരു വലിയ പട്ടം ഏരിയലായി ഉപയോഗിക്കാൻ മാർക്കോണി നിശ്ചയിച്ചു. തരംഗങ്ങൾ സ്വീകരിക്കാനുള്ള ഉപകരണം ഘടിപ്പിച്ച പട്ടം ഉയർത്തിവിട്ടു. കമ്പിയുടെ മറ്റേ അറ്റം റിസീവറിനോടും ബന്ധിച്ചു. നല്ല കാറ്റുണ്ടായിരുന്നതിനാൽ പട്ടം പരമാവധി ഉയർന്നുനിന്നു. എല്ലാ സജ്ജീകരണങ്ങളും റെഡി. മാർക്കോണി തന്റെ വാച്ചിലേക്കു നോക്കി. ഇംഗ്ലണ്ടിൽനിന്നും ഫ്ളെമിങ് സന്ദേശമയയ്ക്കാനുള്ള സമയം അടുത്തുകൊണ്ടിരിക്കുന്നു. നിമിഷങ്ങൾക്ക് മണിക്കൂറുകളുടെ ദൈർഘ്യം. മാർക്കോണിയും സഹായികളും റീസീവറിനടുത്ത് ശ്രദ്ധിച്ചിരിപ്പായി. തങ്ങളുടെ ഹൃദയത്തിന്റെ മിടിപ്പല്ലാതെ മറ്റൊന്നും അവർ ആ നിമിഷത്തിൽ കേൾക്കുന്നുണ്ടായിരുന്നില്ല. നിശ്ചിത സമയത്തുതന്നെ മാർക്കോണി റിസീവർ തുറന്നുവച്ചു. അതിനുള്ളിൽ എന്തോ ഒരു കിരുകിരുപ്പു ശബ്ദം. മറ്റൊന്നുമില്ല. 'വല്ല ശബ്ദവും കേൾക്കുന്നുണ്ടോ?' അദ്ദേഹം സഹായികളോടു ചോദിച്ചു, ഒരു മനഃസമാധാനത്തിനുവേണ്ടി മാത്രം. അധികനേരം ഉത്കണ്ഠയുടെ മുൾമുനയിൽ അവർക്കു നിൽക്കേണ്ടിവന്നില്ല. അതാ കേൾക്കുന്നു റിസീവറിൽനിന്ന് ഇടവിട്ട് ടിക്-ടിക്-ടിക് എന്നിങ്ങനെ മൂന്നു ശബ്ദം. മോഴ്സ്കോഡിൽ 's' എന്ന അക്ഷരത്തിന്റെ സിഗ്നലാണിത്. അവർ ഫ്ളെമിങ്ങിനോടു നിർദ്ദേശിച്ചിരുന്നത് ഈ സിഗ്നൽ അയയ്ക്കാനാ യിരുന്നു. അതിതാ കടൽ കടന്നെത്തിയിരിക്കുന്നു. മാർക്കോണി മാത്രമല്ല, അസിസ്റ്റന്റുമാരും അതു വ്യക്തമായി കേട്ടു. ഒരു ശാസ്ത്രകാരൻ ജീവിതസാഫല്യം കൈവരിക്കുന്ന നിമിഷം!

അറ്റ്ലാന്റിക്കിനപ്പുറത്തേക്കു വയർലസ് സന്ദേശമയയ്ക്കുക യെന്ന പരീക്ഷണത്തിൽ വിജയിച്ചതോടെ, വയർലസ് ടെലഗ്രാഫി ഒരു യാഥാർഥ്യമായി അംഗീകരിക്കപ്പെട്ടു. ലോകം മുഴുവൻ അത്ഭുതകരമായ ഈ നേട്ടത്തെക്കുറിച്ചുള്ള വാർത്ത പരന്നു. നഗരങ്ങളിലും പട്ടണങ്ങ ളിലും വയർലസ് അഥവാ റേഡിയോ ട്രാൻസ്മിറ്റിങ് സ്റ്റേഷനുകൾ സ്ഥാപിതമായി. ഇംഗ്ലണ്ടിലെ റോയൽനേവി വക എല്ലാ കപ്പലുകളിലും വയർലസിന്റെ ട്രാൻസ്മിറ്ററും റിസീവറും സ്ഥാപിക്കപ്പെട്ടു. മറ്റു കപ്പലുകളും അപകടത്തിൽപ്പെട്ടാൽ SOS അയയ്ക്കാനുള്ള ഈ

സൗകര്യം എത്രയും വേഗം പ്രയോജനപ്പെടുത്തി. ഭാഗ്യക്കേടു കൊണ്ടായിരിക്കാം 1912ൽ മുങ്ങിയ ടൈറ്റാനിക് എന്ന കപ്പലിന് SOS ന്റെ ആനുകൂല്യം ലഭിക്കാതെ പോയത്. അടുത്തെങ്ങോ കടലിൽ ഉണ്ടായിരുന്ന കപ്പലിലെ വയർലസ് ഓപ്പറേറ്റർ ടൈറ്റാനിക് മുങ്ങുന്ന സമയത്ത് ഡ്യൂട്ടിയിലില്ലായിരുന്നു.

1909 ലെ ഭൗതികത്തിനുള്ള നോബൽ സമ്മാനം പങ്കിട്ടവരിൽ ഒരാൾ 35 കാരനായ മാർക്കോണിയായിരുന്നു.

18 കഥ ഇവിടെ അവസാനിക്കുന്നില്ല

ഒരു ദിവസം സുമി രശ്മിയോടു പറഞ്ഞു:

'വൈദ്യുതി എന്താണെന്നു മനസ്സിലാക്കിത്തരാമെന്നു പറഞ്ഞി
ട്ടാണ് രശ്മിച്ചേച്ചി എന്നെ വിളിച്ചുകൊണ്ടുവന്നത്. അതിനുവേണ്ടി ഒരു
സാങ്കൽപ്പികവാഹനത്തിൽക്കയറി നാം രണ്ടായിരത്തഞ്ഞൂറു വർഷം
പിറകിലേയ്ക്കുപോയി അവിടന്നുവന്ന് ഇപ്പോൾ ഇരുപതാം നൂറ്റാണ്ടി
ലെത്തി നിൽക്കുന്നു. ഇതിനിടയിൽ ഥെയ്ലിസു മുതൽ പല ശാസ്ത്ര
ജ്ഞന്മാരുടെയും പരീക്ഷണങ്ങൾ നേരിട്ടുകണ്ടു. ചില പരീക്ഷണങ്ങൾ
നമ്മളും ചെയ്തു. ഇതുകൊണ്ടെല്ലാം എനിക്ക് ചില നേട്ടങ്ങളുണ്ടാ
യിട്ടുണ്ട്. ഒന്നാമതായി വൈദ്യുതിയോടുള്ള വിരോധം കുറഞ്ഞു, നമ്മുടെ
ജീവിതത്തിൽ അതിനുള്ള പ്രാധാന്യം ബോധ്യമായി. അതുകൊണ്ടു
തന്നെ വൈദ്യുതിയെ ക്കുറിച്ച് കൂടുതൽ പഠിക്കണമെന്നും തോന്നി
ത്തുടങ്ങി.'

'ഇതിനർത്ഥം എന്റെ പരിശ്രമം വെറുതെയായില്ല എന്നല്ലേ?'

'തീർച്ചയായും. രശ്മിച്ചേച്ചിയെ ഞാൻ ഇനി വിടാൻ പോകുന്നില്ല.
ഇനിയും ധാരാളം കാര്യങ്ങൾ എനിക്കറിയാനുണ്ട്. ഞാനിപ്പോൾ അറി
ഞ്ഞിട്ടില്ല, അറിയാൻ തുടങ്ങുന്നതേയുള്ളൂ. അറിഞ്ഞു തുടങ്ങിയാലാണ്
അപകടം. അപ്പോൾ ധാരാളം സംശയങ്ങൾ ഉണ്ടാവും. അതും
രശ്മിച്ചേച്ചി തന്നെ തീർത്തുതരണം. സമവാക്യങ്ങൾ ബോർഡിലെഴുതി
പ്രസംഗിച്ചാലൊന്നും എനിക്ക് തലയിൽക്കേറില്ല. ഇതുപോലെ വല്ല
കഥയും പറഞ്ഞ്, അതിനോടൊപ്പം ഇത്തിരി കാര്യവും കലർത്തിയാൽ
എന്നെപ്പോലുള്ള മണ്ടികൾക്ക് ഇഷ്ടമാവും. അതോടൊപ്പം കുറച്ചൊക്കെ
മനസ്സിലാവുകയും ചെയ്യും.'

'നിനക്കിപ്പോൾ വൈദ്യുതിയെക്കുറിച്ച് എന്തറിയാം?'

'എന്തൊക്കെയോ ചിലതറിയാം. വൈദ്യുതി കാന്തമുണ്ടാക്കുന്നു, കാന്തം വൈദ്യുതിയെ ഉണ്ടാക്കുന്നു. വൈദ്യുതികൊണ്ടു വെളിച്ചവും ശബ്ദവും രാസപ്രവർത്തനവും ഉണ്ടാക്കാം. ബാറ്ററിയും, ഘർഷണവും ജനറേറ്ററുമുപയോഗിച്ചു വൈദ്യുതിയുണ്ടാക്കാം. അങ്ങനെ ചില കാര്യങ്ങളൊക്കെ പിടികിട്ടിത്തുടങ്ങി. പക്ഷേ, രാമായണം മുഴുവൻ പഠിച്ചിട്ടും രാമനുക്ക് സീത എപ്പടി എന്നുപറഞ്ഞതുപോലെ ഒരുകാര്യം മാത്രം ഇനിയും മനസ്സിലായിട്ടില്ല.' സുമി.

'അതെന്താണ്?'

'അതോ.' അൽപ്പം നിർത്തിക്കൊണ്ട് സുമി ചോദിച്ചു: 'ഞാൻ പറയട്ടെ. വൈദ്യുതി എന്നാൽ എന്താണെന്ന് എനിക്കിപ്പോഴും മനസ്സിലായിട്ടില്ല.'

സുമിയുടെ ഈ പ്രസ്താവനയോടെ അവിടെ ദുഃഖകരമായ ഒരു സംഭവമുണ്ടായി: രശ്മി പെട്ടെന്നു ബോധംകെട്ടുവീണു. രണ്ടുമൂന്നു മണിക്കൂർ നേരം ചലനമില്ലാതെ കിടന്നു. മുഖത്തു വെള്ളം തളിച്ചിട്ടും കുലുക്കി വിളിച്ചിട്ടും അവൾ ഉണർന്നില്ല. അവസാനം സുമിയുടെ അച്ഛൻ പോയി പരമേശ്വരൻ ഡോക്ടറെക്കൊണ്ടുവന്നു. ജീവന്റെ അംശം ശരീരത്തിൽ ബാക്കിയുണ്ടെങ്കിൽ രോഗിയെ ഉണർത്താൻ കഴിവുള്ള ആളാണ് സാക്ഷാൽ പരമേശ്വരൻ ഡോക്ടർ. പക്ഷേ ഡോക്ടർ രണ്ടുമണിക്കൂർ പണിയെടുത്തിട്ടും രശ്മി കണ്ണുതുറന്നില്ല. രശ്മിയുടെ അമ്മ നിലവിളിയോടു നിലവിളി. സുമിക്കും കരച്ചിൽ വന്നു. താൻ രശ്മിച്ചേച്ചിയെ കൊന്നു കളഞ്ഞതാണെന്നുപോലും അവൾക്കുതോന്നി.

'എന്റെ പരിശോധനയൊക്കെ കഴിഞ്ഞു. രശ്മിക്ക് എന്താണു സംഭവി ച്ചതെന്ന് എനിക്കു പിടികിട്ടുന്നില്ല. ഇനി യന്ത്രങ്ങളുപയോഗിച്ചു പരിശോ ധിച്ചുനോക്കാം. മകളെ ഉടൻതന്നെ മെഡിക്കൽ കോളേജിലെ ഇന്റൻ സീവ്കെയർ റൂമിൽ കൊണ്ടുവരിക. വിദഗ്ധരായ ഒരു സംഘം ഡോക്ടർ മാരെ ഞാൻ സഹായത്തിനു വിളിക്കാം.' ഡോക്ടർ പരമേശ്വരൻ പോവാനായി പുറപ്പെട്ടു.

അപ്പോഴാണ് രണ്ടാമത്തെ സംഭവമുണ്ടായത്: ഒന്നും സംഭവിക്കാത്ത മട്ടിൽ, കണ്ണുംതിരുമ്മി രശ്മി കിടക്കയിൽ എഴുന്നേറ്റിരുന്നു. ഉറക്കത്തിൽ നിന്നുണർന്നതുപോലെ.

'എന്താ എല്ലാവരും ഇവിടെ കൂട്ടംകൂടി നിൽക്കുന്നത്? നിങ്ങൾ ക്കെല്ലാം എന്തുപറ്റി? എന്തിനാണ് ഡോക്ടർ വന്നത്. അമ്മയ്ക്ക് ബ്ലഡ്പ്രഷർ കൂടിയോ?'

അമ്മയുടെ കരച്ചിൽനിന്നു. രശ്മിച്ചേച്ചി എന്നുവിളിച്ചുകൊണ്ട് സുമിയും അവളുടെ കിടക്കയിൽ കേറിയിരുന്നു. കാര്യമെന്തന്നറിയാൻ ഡോക്ടറും രശ്മിയുടെ അടുത്തേയ്ക്കണഞ്ഞു.

'നിനക്ക് ബോധക്കേട് വന്നിട്ട് നാലഞ്ചു മണിക്കൂറായി. എന്തു ചെയ്തിട്ടും ഉണരാതായപ്പോൾ ഡോക്ടറെക്കൊണ്ടുവന്നതാണ്. ഐ.സി. റൂമിൽ പ്രവേശിപ്പിക്കണമെന്നാണ് ഡോക്ടർ പറയുന്നത്. രോഗത്തിന്റെ കാരണം വ്യക്തമാവുന്നില്ലത്രെ? എന്തുപറ്റി മോളെ നിനക്ക്?' അച്ഛൻ ചോദിച്ചു.

'എന്നെ ഐ.സി.യിലും പി.സി.യിലുമൊന്നും കൊണ്ടുപോ വേണ്ട. എനിക്കു യാതൊരസുഖവുമില്ല.' രശ്മി പറഞ്ഞു.

'പിന്നെ പെട്ടെന്നു ബോധക്കേടു വന്നതോ? എന്തെങ്കിലും മനഃ ക്ഷോഭം സംഭവിച്ചോ?' ഡോക്ടർ അന്വേഷിച്ചു.

'ഭയങ്കര മനഃക്ഷോഭം: ഇവളെ ഞാൻ രണ്ടുമാസക്കാലം വൈദ്യുതി യെന്താണെന്നു പഠിപ്പിച്ചു.' സുമിയെച്ചൂണ്ടിക്കൊണ്ട് രശ്മി പറഞ്ഞു. 'എന്നിട്ട് ഇവൾ പറയുകയാണ് വൈദ്യുതിയെന്താണെന്ന് അവൾക്കി പ്പോഴും അറിഞ്ഞുകൂടെന്ന്. അതുകേട്ടപ്പോൾ ഉണ്ടായ ഷോക്കു കൊണ്ടുവന്ന ബോധക്കേടാണ്. ബോധംകെട്ടു കിടന്ന് നാലഞ്ചുമ ണിക്കൂർ ഞാൻ ചിന്തിച്ചു: ഇവളെ ഇനി എന്തുചെയ്യണമെന്ന്. എന്റെ രണ്ടുമാസത്തെ അധ്വാനം വെറുതെ കളയാനൊക്കില്ല. വൈദ്യുതി എന്താണെന്ന് ഇവളെ പഠിപ്പിച്ചേ ഒക്കൂ. അതിനുമുമ്പ് അമ്മ എനിക്കും സുമിക്കും ഓരോ ഗ്ലാസ് കാപ്പിയുണ്ടാക്കിത്തരണം.'

ഒരു തമാശക്കഥകേട്ടതുപോലെ ഡോക്ടറും അച്ഛനും അമ്മ യും പോയി. കാപ്പി കുടിച്ചുകൊണ്ടിരിക്കുമ്പോൾ രശ്മി സുമിയോടു ചോദിച്ചു.

'എന്താണ് വൈദ്യുതി?'

'എനിക്കറിഞ്ഞുകൂടാ.' സുമി പഴയപല്ലവി ആവർത്തിച്ചു.

'നന്നായി, അറിയാൻ പറ്റുമോ എന്നു നമുക്ക് ശ്രമിച്ചു നോക്കാം.'

'ഥെയ്ലിസിന്റെ ആമ്പർ, മരച്ചീളുകളെ ആകർഷിച്ചതിന്റെ കാരണം അദ്ദേഹത്തിനു ശരിക്കും ബോധ്യമായില്ല. കാന്തശക്തി യോടു ബന്ധമുള്ള എന്തോ ഒന്നായിരിക്കണം അതെന്ന് അദ്ദേഹം വിശ്വസിച്ചു. ഈ ആകർഷണത്തിന് ഡോക്ടർ ഗിൽബർട്ട് ഇലക്ട്രി സിറ്റിയെന്നു പേരിട്ടു. അങ്ങനെ പേരിട്ടതുകൊണ്ടായില്ലല്ലോ. എന്തുകൊണ്ടാണ് ആമ്പർ മരച്ചീളുകളെ ആകർഷിക്കുന്നതെന്ന് ഗിൽബർട്ടും പറഞ്ഞില്ല, രശ്മിച്ചേച്ചിയും പറഞ്ഞില്ല. പിന്നീട് ഞാൻ കണ്ട ശാസ്ത്രജ്ഞന്മാരെല്ലാം മറ്റു പല കാര്യങ്ങളും പറഞ്ഞു. പക്ഷേ ഇതുമാത്രം പറഞ്ഞില്ല. പിന്നെ ഞാനെങ്ങനെ മനസ്സിലാക്കും. അതിന്റെ പേരിൽ രശ്മിച്ചേച്ചിക്കു ബോധക്കേടുവന്നിട്ടെന്താ കാര്യം? ബോധം കെടാതെ സംഗതി പറയൂ.' സുമി വിടാനുള്ള മട്ടില്ല.

'വൈദ്യുതി എന്താണെന്ന് ഫെയ്ലിസിനെക്കുറിച്ചു പറയു മ്പോൾ ത്തന്നെ നിനക്കുപറഞ്ഞുതരാമായിരുന്നു. പക്ഷേ ബോധപൂർവ്വം ഞാന തു വേണ്ടെന്നു വച്ചതാണ്. നാം കാലത്തോടൊപ്പമാണ് സഞ്ചരിക്കുന്നത്. വൈദ്യുതിശാസ്ത്രത്തിലെ അതികായന്മാരായ ഗിൽബർട്ടും വോൾട്ടയും ഫാരഡെയും എഡിസണും വൈദ്യുതിയെ വൈദ്യുതിയായിട്ടു കണ്ടുവെന്നല്ലാതെ അതെന്താണെന്നു അന്വേഷിക്കാൻ മെനക്കെട്ടില്ല. എന്താണ് വൈദ്യുതി എന്ന ചോദ്യത്തിലേക്ക് നാം ഇപ്പോൾ വരുന്ന തേയുള്ളൂ. പണ്ട് 'നിന്റെ തലയിൽ വൈദ്യുതി' എന്നു ഞാൻ പറഞ്ഞ പ്പോൾ സുമിക്ക് ആദ്യം പരിഭ്രമവും പിന്നീട് തമാശയും തോന്നി. പക്ഷേ അതിലൊരു സത്യമുണ്ട്. നിന്റെ തലയടക്കം, വൈദ്യുതിയില്ലാത്ത ഒരു പദാർഥവും ലോകത്തിലില്ല. അത് പൊന്നിലും പാറയിലുമുണ്ട്.' രശ്മി പറഞ്ഞു.

'ഇപ്പറഞ്ഞത് എങ്ങനെ വിശ്വസിക്കും? പൊന്നുതൊട്ടാലും ഷോക്ക ടിക്കില്ല, പാറ തൊട്ടാലും ഷോക്കടിക്കില്ല.' സുമി.

'മണ്ടി, തൊട്ടാൽ ഷോക്കടിക്കുന്നതിൽ മാത്രമേ വൈദ്യുതിയു ള്ളൂ എന്നാണ് നിന്റെ വിചാരം, അല്ലേ? ടോർച്ചിന്റെ ബാറ്ററി തൊട്ടാൽ ഷോക്കടിക്കോ. അതിൽ വൈദ്യുതിയില്ലേ? ഒരു നിശ്ചിത വോൾട്ടേജുള്ള വൈദ്യുതിക്കുമാത്രമേ നമ്മെ ഷോക്കേൽപ്പിക്കാൻ കഴിയൂ. അതുപോ കട്ടെ. എന്താണ് വൈദ്യുതിയെന്നുള്ള നിന്റെ സംശയം ശരിയാണ്. അതിന്റെ ഉത്തരം പദാർഥഘടനയുമായി ബന്ധപ്പെട്ടിരിക്കുന്നു. പദാർഥത്തിന്റെ യഥാർഥഘടന ഇരുപതാം നൂറ്റാണ്ടിന്റെ ആരംഭം വരെ ശാസ്ത്രജ്ഞന്മാർക്കുപോലും ബോധ്യമായിരുന്നില്ല. പത്തൊമ്പതാം നൂറ്റാണ്ടവസാനിക്കുന്നതും ഇരുപതാം നൂറ്റാണ്ടാരംഭിക്കുന്നതുമായ കാലത്താണ് പദാർഥ ഘടനയെക്കുറിച്ചുള്ള ചിത്രം വ്യക്തമാവാൻ തുടങ്ങുന്നത്. ഇന്നു നമ്മുടെ കൈവശമുള്ള വസ്തുതകളുടെ അടിസ്ഥാനത്തിൽ അതു മനസ്സിലാവുന്നതോടെ കമ്പിളിയിൽ ഉരസിയ ആമ്പർ കടലാസു കഷണത്തെ ആകർഷിക്കുന്നതെന്തുകൊണ്ടാ ണെന്നും കമ്പിയിൽ ക്കൂടി വൈദ്യുതി ഒഴുകുന്നതെങ്ങനെയാണെന്നും നിനക്കു ബോധ്യമാവും.

പദാർഥത്തിൽ ഏറ്റവും ചെറിയ ഘടകം ആറ്റമാണെന്നും അതിനെ വിഭജിക്കാൻ പറ്റില്ലെന്നുമുള്ള ഉറച്ചധാരണയായിരുന്നു പത്തൊമ്പതാം നൂറ്റാണ്ടിന്റെ അവസാനഘട്ടംവരെ എല്ലാവർക്കും ഉണ്ടായിരുന്നത്. ജെ.ജെ. തോംസൺ എന്ന ശാസ്ത്രജ്ഞൻ നടത്തിയ ഒരു പരീക്ഷണ മാണ് ഈ ധാരണയെ ആകപ്പാടെ തകിടം മറിച്ചത്.

ഇംഗ്ലണ്ടിലെ പ്രസിദ്ധമായ കാവൻഡിഷ് ലബോറട്ടറിയുടെ ഡയറക്ട റായിരുന്നു സർ ജോൺ ജോസഫ് തോംസൺ (1856- 1940). ക്രൂക്ക്സ്

144

ട്യൂബ് എന്നുപേരുള്ള ഒരു നീണ്ട കണ്ണാടിക്കുഴലി ലായിരുന്നു, തോംസൺ തന്റെ പരീക്ഷണം നടത്തിയത്. ട്യൂബിനെ വായുശൂന്യമാക്കി അതിന്റെ രണ്ടറ്റത്തും ഓരോ ഇലക്ട്രോഡുകൾ ഘടിപ്പിച്ചിരുന്നു. നെഗറ്റീവുമായി ബന്ധപ്പെട്ട ഇലക്ട്രോഡിനെ കാഥോഡ് എന്നു വിളി ക്കുന്നു. പോസിറ്റീവ് ഇലക്ട്രോഡ്, ആനോഡ്. ക്രൂക്ക്സ് ട്യൂബിൽക്കൂടി വളരെ ഉയർന്ന വോൾട്ടതയിലുള്ള വൈദ്യുതി കടത്തിവിട്ടപ്പോൾ അതിൽ, കാഥോഡിൽ നിന്നാരംഭിച്ച്, ട്യൂബിന്റെ വശങ്ങളെ തിളക്കി ക്കൊണ്ട് ഒരുകൂട്ടം കിരണങ്ങൾ നീങ്ങുന്നത് അദ്ദേഹം കണ്ടു. കാഥോഡിൽനിന്നും പുറപ്പെടുന്ന ഈ കിരണങ്ങൾ സഞ്ചരിച്ചിരുന്നത് ആനോഡിനെ ലക്ഷ്യമാക്കിയായിരുന്നു. കാഥോഡിൽനിന്നും വരുന്നവ യായതിനാൽ അവയെ കാഥോഡ് രശ്മികൾ എന്നുവിളിച്ചു. കാഥോഡ് രശ്മികളുടെ സ്വഭാവമെന്തെന്ന് പഠിക്കുന്നതിനിടയിൽ, അവ വെറും പ്രകാശകിരണങ്ങൾ അല്ലെന്ന് അദ്ദേഹത്തിന് ബോധ്യമായി. പ്രകാശകിരണങ്ങൾക്ക് കാന്തികക്ഷേത്രത്തിലോ വൈദ്യുതക്ഷേത്ര ത്തിലോ യാതൊരു വ്യതിയാനവും സംഭവിക്കില്ല. എന്നാൽ കാഥോഡ് രശ്മികളാകട്ടെ, കാന്തികക്ഷേത്രത്തിലും വൈദ്യുതക്ഷേത്രത്തിലും വ്യതിചലിച്ചിരുന്നു. കാന്തികക്ഷേത്രത്തിൽ വിഭ്രംശിക്കപ്പെടുന്ന രശ്മികൾ പ്രകാശകിരണങ്ങളല്ലെന്ന് ഉറപ്പാണ്. പരിശോധനയിൽ 'കാഥോഡ് രശ്മികൾ' കിരണങ്ങളല്ല ചെറിയ കണങ്ങളാണെന്ന് മനസ്സിലായി. ഈ

ജെ.ജെ. തോംസൺ

145

കണങ്ങൾക്കാകട്ടെ വളരെ തുച്ഛമായ പിണ്ഡമുണ്ട്. മാത്രമല്ല അവ യെല്ലാം നെഗറ്റീവ് ചാർജ്ജുള്ളവയുമായിരുന്നു. ഇതിനർത്ഥം അവ കിരണങ്ങളല്ലെന്നും വൈദ്യുതചാർജ്ജുള്ള പദാർഥകണങ്ങളാണെന്നുമായിരുന്നു.

എവിടെന്നാണ് ഈ കണങ്ങൾ വരുന്നത്? പദാർഥത്തിന്റെ അവിഭാജ്യഘടകമായ ആറ്റത്തിൽനിന്നല്ലാതെ മറ്റെങ്ങുനിന്നും ആവാൻ വഴിയില്ല. അങ്ങനെയാണെങ്കിൽ എല്ലാ ആറ്റങ്ങളിലും നെഗറ്റീവ് ചാർജ്ജുള്ള കണങ്ങൾ ഉണ്ടായിരിക്കണം. എന്നാൽ ആറ്റങ്ങളാകട്ടെ സ്വാഭാവികമായും യാതൊരു വൈദ്യുതചാർജ്ജും പ്രകടിപ്പിക്കാത്തവയുമാണ്. ഇതിനർത്ഥം, ആറ്റത്തിലെ നെഗറ്റീവ് ചാർജ്ജുള്ള കണങ്ങളെ നിർവീര്യമാക്കാൻപോന്ന മറ്റു ചില കണങ്ങളും അവയിൽ ഉണ്ടായിരിക്കണമെന്നല്ലേ. അതായത് തുല്യശക്തിയിൽ പോസിറ്റീവ് ചാർജ്ജുള്ള കണങ്ങൾ. ഇങ്ങനെ സ്വാഭാവികമായും തുല്യശക്തിയും വിപരീതവൈദ്യുതചാർജ്ജുമുള്ള രണ്ടുതരം കണങ്ങൾ എല്ലാ പദാർത്ഥങ്ങളുടെയും ആറ്റങ്ങ ളിൽ അടങ്ങിയിരിക്കുന്നതിനാലാണ് അവ വൈദ്യുതപരമായി നിർവ്വീര്യമായിരിക്കുന്നത്. ഇതേവരെയുണ്ടായിരുന്ന ധാരണയ്ക്കു വിപരീതമായി അവിഭാജ്യമെന്നും ഏറ്റവും ചെറിയ പദാർഥകണം എന്നും കരുതപ്പെട്ടിരുന്ന ആറ്റത്തിൽ ഒന്നിലേറെ ഉപകരണങ്ങളു ണ്ടെന്നും ആറ്റമെന്നത് പദാർഥത്തിന്റെ ഏറ്റവും ചെറിയ ഘടകമല്ലെന്നുമുള്ള ചിന്താഗതിയിലേയ്ക്കാണ് തോംസന്റെ പരീക്ഷണം ശാസ്ത്രജ്ഞന്മാരെ നയിച്ചത്. മാത്രമല്ല ആറ്റത്തിലെ ഉപകരണങ്ങളിൽ രണ്ടെണ്ണമെങ്കിലും തുല്യവും വിപരീതചാർജ്ജുള്ളവയുമായ കണികകളായിരിക്കുമെന്ന നിഗമനത്തിലേയ്ക്കും തോംസന്റെ പരീക്ഷണഫലങ്ങൾ വിരൽചൂണ്ടി. അങ്ങനെ ആയില്ലെങ്കിൽ ആറ്റത്തിന് വൈദ്യുതപരമായി നിർവ്വീര്യമാകാൻ കഴിയില്ലല്ലോ. ഇവയിൽ നെഗറ്റീവ് ചാർജ്ജുള്ള കണങ്ങളാണ്, കാഥോഡു രശ്മികളെന്ന പേരിൽ ക്രൂക്ക്സ് ട്യൂബിലെ ആനോഡിലേയ്ക്ക് നീങ്ങിക്കൊണ്ടിരുന്നത്. നെഗറ്റീവ് ചാർജ്ജുള്ള ഈ കണങ്ങൾക്ക് ഇലക്ട്രോണുകൾ എന്ന് നാമകരണം ചെയ്യപ്പെട്ടു. അവ ആറ്റത്തിൽ നിന്നും എളുപ്പത്തിൽ വേർപെടുന്നവയാണ്. അതുകൊണ്ടാണല്ലോ ഉയർന്ന വോൾട്ടതയിലുള്ള വൈദ്യുതി പ്രവഹിപ്പിച്ചപ്പോൾ ഇലക്ട്രോണുകൾ കാഥോഡിൽനിന്നും ആനോഡിലേയ്ക്ക് പ്രവഹിപ്പിച്ചത്. ഇത്തരം ഇലക്ട്രോണുകളുടെ പ്രവാഹമാണ് കറന്റ്.

ജെ.ജെ. തോംസന്റെ പ്രസിദ്ധമായ ഈ നിഗമനങ്ങൾ ആറ്റത്തിന്റെ ഘടനയെക്കുറിച്ചും വൈദ്യുതിയെന്നാൽ എന്താണെന്നതിനെക്കുറിച്ചും അന്നേവരെ അറിയപ്പെടാതിരുന്ന വസ്തുതകൾ അന്വേഷിച്ചുകണ്ടെത്താൻ പിന്നീടുവന്ന ഗവേഷകർക്ക് വഴിയൊരുക്കി. ഇരുപതാം

നൂറ്റാണ്ടിന്റെ ആദ്യപകുതിയോടെ ആറ്റത്തിന്റെ ഘടനയെക്കുറിച്ച് ഏറെക്കുറെ വ്യക്തമായ ധാരണയുണ്ടായെന്നു മാത്രമല്ല അതിന്റെ ന്യൂക്ലിയസിനെ പിളർന്ന് അന്നേവരെ ലഭ്യമല്ലാതിരുന്ന അണുശക്തി ഉത്പാദിപ്പിക്കാനും കഴിഞ്ഞു.

പദാർഥത്തിന്റെ അടിസ്ഥാനഘടകമായ ആറ്റംതന്നെയാണ് വൈദ്യു തിയുടേയും ആസ്ഥാനം. ആറ്റത്തിന്റെ ഒരു പ്രത്യേകവിഭാഗമായിട്ടല്ല വൈദ്യുതി ഇരിക്കുന്നത്. ആറ്റംതന്നെ മുഖ്യമായും വൈദ്യുതചാർജ്ജു കളുടെ ഒരു ചെറുകേന്ദ്രമാണ്. ആറ്റത്തിന്റെ ഘടന നീ പഠിച്ചിട്ടുണ്ടല്ലോ. അതിന്റെ നടുക്കായി ഒരു കേന്ദ്രം- ന്യൂക്ലിയസ്. ന്യൂക്ലിയസിലെ മുഖ്യ ഘടകങ്ങൾ പ്രോട്ടോണുകളാണ്. ഓരോ മൂലകത്തിന്റെയും ആറ്റ ത്തിലുള്ള പ്രോട്ടോണുകളുടെ എണ്ണം വ്യത്യസ്തമാകുന്നു. ഈ പ്രോട്ടോണുകളാകട്ടെ പോസിറ്റീവ് (+) ചാർജ്ജുള്ള കണങ്ങളാണ്. പ്രോട്ടോണുകളെക്കൂടാതെ ന്യൂക്ലിയസിൽ ന്യൂട്രോണുകളും മറ്റുചില കണങ്ങളുമുണ്ട്. ന്യൂട്രോണിനു ചാർജ്ജില്ല. എന്തായാലും ആറ്റത്തിന്റെ മൊത്തം വലിപ്പവുമായി താരതമ്യപ്പെടുത്തുമ്പോൾ, വളരെ ചെറുതായ, ന്യൂക്ലിയസിലാണ് അതിന്റെ ഭാരം കേന്ദ്രീകരിച്ചിരിക്കുന്നത്. ന്യൂക്ലിയസി നുചുറ്റും പ്രത്യേക ഭ്രമണപഥങ്ങളിലായി സഞ്ചരിക്കുന്ന മറ്റൊരുതരം കണികകളാണ് ഇലക്ട്രോണുകൾ. പ്രോട്ടോണുമായി താരതമ്യപ്പെടു ത്തുമ്പോൾ ഇലക്ട്രോണിന് ഭാരം നന്നേ കുറവ്. അതുകൊണ്ടെന്താ. ഇലക്ട്രിക് ചാർജ്ജിന്റെ കാര്യ ത്തിൽ പ്രോട്ടോണിനും ഇലക്ട്രോണിനും തുല്യശക്തിയാണ്. രണ്ടും രണ്ടുതരമാണെന്നുമാത്രം. പ്രോട്ടോണിനു പോസിറ്റീവ് ചാർജ്ജാണെങ്കിൽ ഇലക്ട്രോണിനു നെഗറ്റീവ് ചാർജ്ജ്. ആറ്റത്തിന്റെ ന്യൂക്ലിയസിൽ എത്ര പ്രോട്ടോണുകളുണ്ടോ, അത്ര തന്നെ ഇലക്ട്രോണുകൾ ന്യൂക്ലിയസിനു ചുറ്റുമുള്ള ഭ്രമണപഥങ്ങളിൽ സഞ്ചരിക്കുന്നുണ്ടാവും. ന്യൂക്ലിയസിലെ പ്രോട്ടോണുകളുടെ പോസി റ്റീവ് ചാർജ്ജും ഭ്രമണപഥത്തിലെ ഇലക്ട്രോണുകളുടെ നെഗറ്റീവ് ചാർജ്ജും തമ്മിൽ പരസ്പരം നിർവീര്യമാക്കിക്കൊണ്ടുണ്ടാകുന്ന സന്തുലിതാവസ്ഥയാണ് ആറ്റത്തെ യാതൊരു ചാർജ്ജുമില്ലാത്ത ഒരു കണികയാക്കിത്തീർക്കുന്നത്. ആറ്റത്തിൽ പ്രോട്ടോണുകളുടേയോ ഇലക്ട്രോണുകളുടേയോ സംഖ്യയിൽ ഏറ്റക്കുറച്ചിലുണ്ടായാൽ തൽക്ഷണം അതിനു വൈദ്യുതചാർജ്ജു ലഭിക്കുന്നു. ഉദാഹരണമായി ആറ്റത്തിൽ നിന്നും കുറെ ഇലക്ട്രോണുകൾ തെറിച്ചുപോവുകയാണെ ന്നിരിക്കട്ടെ. അപ്പോൾ അതിൽ സ്വാഭാവികമായും ഭൂരിപക്ഷമുണ്ടാവുക പ്രോട്ടോണുകൾക്കാണല്ലോ. അത്തരം ആറ്റത്തിന് പ്രോട്ടോണിന്റെ ചാർജ്ജായ പോസിറ്റീവ് ചാർജ്ജ് ലഭിക്കുന്നു. തെറിച്ചുപോയ ഇലക്ട്രോ ണുകൾ മറ്റേതെങ്കിലും വസ്തുവിലാണു പതിക്കുന്നതെങ്കിൽ, ആ

വസ്തുവിൽ ഇലക്ട്രോണുകളുടെ സംഖ്യ പ്രോട്ടോണുകളേക്കാൾ അധികമാകുന്നതു കൊണ്ട്, അതിനു നെഗറ്റീവ് ചാർജ്ജ് കൈവരുന്നു. ആറ്റത്തിന്റെ ന്യൂക്ലിയസിൽനിന്നും പ്രോട്ടോണുകളെ മാറ്റുക എളുപ്പമല്ല. എന്നാൽ ആറ്റങ്ങളുടെ ഏറ്റവും പുറത്തുള്ള ഭ്രമണപഥങ്ങളിലെ ഇലക്ട്രോണുകൾ തെറിച്ചുപോവുകയും സ്ഥാനംമാറുകയുമൊക്കെ ചെയ്യും. പ്രത്യേകിച്ച് സുചാലകങ്ങളായ ലോഹങ്ങളുടെ ആറ്റങ്ങളിൽ. അതുകൊണ്ടാണ് ലോഹങ്ങളിൽക്കൂടി ചൂടും വൈദ്യുതിയുമൊക്കെ എളുപ്പത്തിൽ സഞ്ചരിക്കുന്നത്. ഈ അറിവുവച്ചുകൊണ്ട്, ഫ്രയ്ലിസ് കമ്പിളിയിൽ ഉരസിയ ആമ്പർ മരച്ചീളുകളെ ആകർഷിച്ചതിന്റെ കാരണം സുമിക്കു പറയാമോ?' രശ്മി ചോദിച്ചു.

"ഓഹോ, പറയാം. കമ്പിളിയിൽ ഉരസിയപ്പോൾ കമ്പിളിയിൽ നിന്നും കുറെ ഇലക്ട്രോണുകൾ ആമ്പറിലേയ്ക്കു മാറി. അതോടെ ആമ്പറിലെ ഇലക്ട്രോണുകളുടെ എണ്ണം കൂടുന്നു. ഇതിനർത്ഥം ഉരസൽമൂലം ആമ്പറിന് കൂടുതൽ ഇലക്ട്രോണുകൾ ലഭിച്ച് നെഗറ്റീവ് ചാർജ്ജ് കൈവരുമെന്നാണ്. ഇപ്രകാരമുള്ള നെഗറ്റീവ് ചാർജ്ജാണ് മരച്ചീളിനേയും കടലാസുകഷണത്തേയുമൊക്കെ ആകർഷിക്കാൻ ആമ്പറിനെ ശക്തമാക്കിയത്. അതിന്, കൂടുതലായി കിട്ടിയ ഇലക്ട്രോ ണുകൾ ആകർഷിച്ചെടുക്കുന്ന പദാർഥത്തിലേക്ക് വ്യാപിക്കുന്നതോടെ ആകർഷണവും നിലയ്ക്കുന്നു. ഇതല്ലേ സംഗതി.' സുമി ചോദിച്ചു.

'എത്രയും ശരി. ആരാ സുമിക്കു ബുദ്ധിയില്ലെന്നു പറഞ്ഞത്. ഇത്ര വേഗത്തിൽ കാര്യങ്ങൾ ഗ്രഹിക്കാൻ കഴിയുന്ന കുട്ടികൾ അപൂർവം. പക്ഷേ ഞാനൊന്നു ചോദിക്കട്ടെ: ആമ്പറിനാൽ ഉരസപ്പെട്ട കമ്പിളിയിൽ നിന്നും കുറെ ഇലക്ട്രോണുകൾ നഷ്ടപ്പെട്ടതിനാൽ അതിനു പോസി റ്റീവ് ചാർജ്ജായിരിക്കും. ഗ്ലാസ്ദണ്ഡിനെപ്പോലെയുള്ള പദാർഥങ്ങൾ, സിൽക്കിൽ ഉരസുമ്പോൾ ഇലക്ട്രോണുകൾ നഷ്ടപ്പെട്ട് പോസിറ്റീവ് ചാർജ്ജ് കൈവരിക്കുന്നു.'

'ലോഹക്കമ്പികളിൽക്കൂടി എളുപ്പത്തിൽ വൈദ്യുതി പ്രവഹി ക്കുന്നതെന്തുകൊണ്ടാണ്.' സുമി ചോദിച്ചു.

'ഞാൻ പറഞ്ഞല്ലോ ഇലക്ട്രോണുകളുടെ പ്രവാഹമാണ് കറന്റ്. ലോഹക്കമ്പികളിലെ ഇലക്ട്രോണുകൾക്ക്, അലോഹ ആറ്റങ്ങളിലെ ഇലക്ട്രോണുകളെപ്പോലെ ന്യൂക്ലിയസിൽനിന്നും വളരെ ശക്തമായ ആകർഷണബലം അനുഭവപ്പെടുന്നില്ല. ലോഹ ആറ്റത്തിന്റെ പുറം ഷെല്ലിലെ ഇലക്ട്രോണുകൾ കുറേയൊക്കെ ചലനസ്വാതന്ത്ര്യമുള്ളവ യാണ്. പൊട്ടൻഷ്യൽ വ്യത്യാസമുണ്ടാകുമ്പോൾ അവ സഞ്ചരിക്കുന്നു. എന്നാൽ, വലിപ്പംകുറഞ്ഞ അലോഹ ആറ്റങ്ങളിൽ ന്യൂക്ലിയസിലെ

പോസിറ്റീവ് ചാർജ്ജിന് ഇലക്ട്രോണുകളുടെ മേൽ നല്ല നിയന്ത്രണമു
ണ്ടായിരിക്കും. ന്യൂക്ലിയസിനു ചുറ്റും കറങ്ങുന്നതിനപ്പുറമുള്ള ചലനസ്വാ
തന്ത്ര്യം അവയ്ക്കു കുറവാണ്. അതുകൊണ്ടാണ് ഒരു കമ്പിയിൽക്കൂടി
പ്രവഹിക്കുന്ന അതേ വേഗത്തിൽ പ്ലാസ്റ്റിക്കിൽക്കൂടി ഇലക്ട്രോണുകൾ
പ്രവഹിക്കാത്തത്.

ഇനി വൈദ്യുതിയുടെ കഥ മറ്റൊരു ദിശയിലേക്ക് തിരിയുകയാണ്:
ഇലക്ട്രിക് ബൾബു കണ്ടുപിടിച്ച തോമസ് എഡിസൺ, തന്റെ
ബൾബിന്റെ പ്രവർത്തനക്ഷമത വർധിപ്പിക്കാനുള്ള ശ്രമത്തിനിടയിൽ,
ബൾബിനുള്ളിൽ ഫിലമെന്റിനു പുറമെ മറ്റൊരു ലോഹത്തകിടുകൂടി
വച്ചു. ചൂടുപിടിച്ച ഫിലമെന്റിൽനിന്നും ഇലക് ട്രോണുകൾ പ്ലേറ്റിലേക്കു
പ്രവഹിക്കും. എന്നാൽ ഫിലമെന്റിനും പ്ലേറ്റിനുമിടയ്ക്ക് ഒരു ബാറ്ററി
ഘടിപ്പിച്ചാൽ ചൂടുപിടിച്ച ഫിലമെന്റിൽനിന്നും പ്ലേറ്റിലേയ്ക്കുള്ള
ഇലക്ട്രോൺ പ്രവാഹം നിലയ്ക്കുന്നതായി എഡിസൺ മനസ്സിലാക്കി.
തന്റെ മറ്റനേകം ബദ്ധപ്പാടുകൾക്കിടയിൽ ഈ പ്രതിഭാസത്തിന്റെ
കാരണമന്വേഷിക്കാൻ അദ്ദേഹത്തിന് സമയം കിട്ടിയില്ല. എന്നാൽ
ഇംഗ്ലീഷുകാര നായ ജോൺ ആംബ്രോസ് ഫ്ളെമിങ്ങിന് (1849-1945)
എഡിസൺ വകവെയ്ക്കാതെപോയ ഈ പ്രതിഭാസത്തെക്കുറിച്ച്
കൂടുതൽ പഠിക്കണമെന്ന് താൽപ്പര്യമുണ്ടായി. സുപ്രസിദ്ധനായ ക്ലാർക്ക്
മാക്സ്‌വെല്ലിന്റെ ശിഷ്യനായിരുന്ന ഫ്ളെമിങ്ങ് വിദ്യാഭ്യാസം പൂർത്തി
യാക്കിയതിനു ശേഷം ലണ്ടനിലെ ഒരു ഇലക്ട്രിക് എഞ്ചിനീയറിങ്
കോളേജിൽ പ്രൊഫസറായി ജോലി നോക്കുകയായിരുന്നു. അക്കാല
ത്താണ് അദ്ദേഹം എഡിസൺ ശ്രദ്ധിക്കാതെ വിട്ട ഈ പ്രത്യേകതയെ
ക്കുറിച്ചറിയുന്നത്.

'എഡിസൺ ഇഫക്റ്റ്' എന്നുവിളിക്കാവുന്ന ഈ പ്രതിഭാസത്തോട്
ഫ്ളെമിങ്ങിനു പ്രത്യേകം മമതയുണ്ടാവാൻ ഒരു കാരണമുണ്ടായിരുന്നു.
ഒരു റേഡിയോ ടെലഫോൺ കണ്ടുപിടിക്കണമെന്ന ആശയവുമായി
നടക്കുകയായിരുന്നു അദ്ദേഹം. ഇതിനായി ഒരു വശത്തേക്കുമാത്രം
വൈദ്യുതിയെ പ്രവഹിപ്പിക്കുന്ന ഒരുപകരണം ആവശ്യമായിരുന്നു.
എഡിസൺ നിരീക്ഷിച്ച ഈ വസ്തുത പ്രയോജനപ്പെടുത്തി താൻ
ഉദ്ദേശിക്കുന്ന വിധത്തിൽ ഒരു വാൽവ് കണ്ടുപിടിക്കാൻ കഴിയുമോ എന്ന്
ഫ്ളെമിങ്ങ് പരീക്ഷിച്ചുനോക്കി. വായുശൂന്യമായ ഒരു ഗ്ലാസ്ബൾബിൽ
രണ്ട് ഇലക്ട്രോഡുകൾ പിടിപ്പിച്ചുകൊണ്ടുള്ള ഒരു ഉപകരണം 1889 ൽ
അദ്ദേഹം നിർമ്മിക്കാനാരംഭിച്ചു. വൈദ്യുതിയെ ആവശ്യാനുസരണം ഒരു
വശത്തേയ്ക്കുമാത്രം പ്രവഹിപ്പിക്കാൻ കഴിയുന്ന ഇതിന് 'ഡയോഡ്
വാൽവ്' എന്നാണ് പേരിട്ടത്. ഫ്ളെമിങ്ങിന്റെ ഡയോഡ് വാൽവിൽ ഒരു
ഇലക്ട്രോഡ് ഫിലമെന്റും രണ്ടാമത്തേത് പ്ലേറ്റുമായിരുന്നു. കാർബൺ

ജോൺ ആംബ്രോസ് ഫ്ലെമിങ്ങിന്

ഫിലമെന്റിനു ചുറ്റുമായി വച്ചിരുന്ന ലോഹ ത്തകിടിനെയാണദ്ദേഹം പ്ലേറ്റ് എന്നു വിളിച്ചത്. ഡയോഡ് വാൽവിന്റെ പ്രവർ ത്തനം ഇപ്രകാരമായിരുന്നു: വൈദ്യുതി പ്രവഹിപ്പിക്കുമ്പോൾ ചുട്ടുപഴുക്കുന്ന ഫിലമെന്റ് ഇലക്ട്രോണുകളെ വിട്ടുകൊടു ക്കാൻ തുടങ്ങും. ഒരു ബാറ്ററിയുടെ പോസിറ്റീവ് ഇലക്ട്രോഡ് പ്ലേറ്റുമായും നെഗറ്റീവ് ഫിലമെന്റുമായും ഘടിപ്പിച്ച് ഫിലമെന്റിലേയ്ക്ക് വൈദ്യുതി പ്രവഹിപ്പി ച്ചാൽ ചുട്ടുപഴുത്ത ഫിലമെന്റ് പ്ലേറ്റിലേയ്ക്ക് ധാരാളം ഇലക്ട്രോണുകളെ അയയ്ക്കുന്നു. എന്നുവച്ചാൽ ഫിലമെന്റിനും പ്ലേറ്റിനും

ഇടയിൽ വൈദ്യുതിപ്രവാഹം ഉണ്ടാവുന്നു. അതേസമയം ബാറ്ററിയുടെ നെഗറ്റീവ് ഇലക്ട്രോഡ് പ്ലേറ്റുമായി ബന്ധിച്ചുകൊണ്ട് ഫിലമെന്റ് ചൂടാക്കുകയാണെങ്കിലോ? ഇത് സംഭവിക്കുന്നുമില്ല. അതായത് ഫിലമെന്റിൽനിന്നും പ്ലേറ്റിലേയ്ക്കുള്ള ഇലക്ട്രോൺ പ്രവാഹം തടയപ്പെടുന്നു. പ്ലേറ്റ് അതിനു നേരെ വരുന്ന ഇലക്ട്രോണുകളെയെല്ലാം ആട്ടിയകറ്റുന്നതുപോലെ തോന്നും. ഇപ്രകാരം ഒരു വശത്തേയ്ക്കു മാത്രം വൈദ്യുതി പ്രവഹിപ്പിക്കുന്ന ഈ ഉപകരണം നടക്കാനിരിക്കുന്ന ഒരു വലിയ മാറ്റത്തിന്റെ പ്രാരംഭമായിരുന്നു.

അമേരിക്കൻ ശാസ്ത്രജ്ഞനായ ലിഡിഫോറസ്റ്റ്, ഫ്ലെമിങ്ങിന്റെ ഡയോഡ് വാൽവിൽ ഗുണപരമായ ഒരു പരിഷ്കാരം വരുത്തി. ഒരു മെക്കാനിക്കൽ എഞ്ചിനീയറായി ജീവിതമാരംഭിച്ച ലിഡിഫോറസ്റ്റ് 1907 ലാണ് ഡയോഡിനെ പരിഷ്കരിച്ച് കൂടുതൽ പ്രവർത്തനക്ഷമ മാക്കിയത്. ഇതിനായി അദ്ദേഹം ചെയ്തത് ഡയോഡിന്റെ ഫില മെന്റിനും പ്ലേറ്റിനും ഇടയിൽ സർപ്പിളാകൃതിയിലുള്ള ഒരു കമ്പിച്ചുരുൾ കൂടി ഘടിപ്പി ക്കുകയാണ്. ഈ കമ്പിച്ചുരുൾ ഫലത്തിൽ മൂന്നാമതൊരു ഇലക്ട്രോഡായി പ്രവർത്തിക്കുന്നതു കൊണ്ട്, ലിഡിഫോറസ്റ്റിന്റെ ഉപക രണത്തെ ട്രയോഡ് എന്നുവിളിക്കുന്നു. മൂന്നാമത്തെ ഇലക്ട്രോഡായ കമ്പിച്ചുരുളിന് നെഗറ്റീവ് ചാർജ്ജ് നൽകിക്കൊണ്ട് ഫിലമെന്റിൽ നിന്നും പ്ലേറ്റിലേയ്ക്കു വരുന്ന വൈദ്യുതിപ്രവാഹത്തെ ആവശ്യാനുസരണം നിയന്ത്രിക്കാൻ ലിഡിഫോറസ്റ്റിനു കഴിഞ്ഞു. ദുർബലമായ സിഗ്നലുകളെ ശക്തമാക്കാനും തരംഗങ്ങൾ ഉണ്ടാക്കാനും, ഏകാന്തരധാരയെ (A.C) നേർധാരയാക്കാനും കഴിയും എന്നതാണ് ഡയോഡ്, ട്രയോഡ് എന്നീ വാൽവുകളുടെ മേന്മ. ഇതുപയോഗിച്ചാണ് മാർക്കോണിയുടെ വയർലസ്

ടെലഗ്രാഫി റേഡിയോ ആയി മാറിയത്. ഡയോഡ്, ട്രയോഡ് എന്നീ ഉപകരണങ്ങൾ വാർത്താ വിനിമയലോകത്തിൽ അത്ഭുതകരമായ ഒരു കുതിച്ചുചാട്ടത്തിനു വഴിയൊരുക്കി. ഈ ഉപകരണങ്ങളുടെ സൈദ്ധാന്തികവും പ്രയോഗപരവുമായ കാര്യങ്ങൾ കൈകാര്യം ചെയ്യാൻ ഒരു പ്രത്യേക ശാസ്ത്രശാഖതന്നെ വളർന്നുവന്നു. അതിന്റെ പേരാണ് ഇലക്ട്രോണിക്സ്.

ഡയോഡിന്റെയും ട്രയോഡിന്റെയും കണ്ടുപിടിത്തത്തിൽ നിന്നാരംഭിച്ച ഇലക്ട്രോണിക്സ് വളരെ ചുരുങ്ങിയ കാലത്തിനുള്ളിൽ റേഡിയോ, ടെലിവിഷൻ, കമ്പ്യൂട്ടർ എന്നിങ്ങനെ ആധുനികജീവിതത്തിന്റെ മുഖച്ഛായ തന്നെ മാറ്റാൻപോരുന്ന വിപുലവും സങ്കീർണ്ണവുമായ ഉപകരണങ്ങളുടെ ഒരു ശാസ്ത്രശാഖയായി വളർന്നു. ഇവയുടെ കൂട്ടത്തിൽപ്പെടുത്തേണ്ട മറ്റൊരു കണ്ടുപിടിത്തമാണ് ഫോട്ടോ ഇലക്ട്രിക് ഇഫക്റ്റ്. നെഗറ്റീവ് ചാർജ്ജുള്ള ചില ലോഹത്തകിടുകളിൽ പ്രകാശം പതിക്കുമ്പോൾ, അവ ഇലക്ട്രോണുകളെ ഉത്സർജിക്കുന്നതായി ജർമൻ ശാസ്ത്രജ്ഞനായ ആന്റൻവോൺ ലെനാർഡ് പരീക്ഷണം നടത്തി തെളിയിക്കുകയുണ്ടായി. ഇതിനെത്തുടർന്ന് എൽസ്റ്റർ, ഗേയ്റ്റൽ എന്നീ ശാസ്ത്രജ്ഞന്മാർ ഈ രംഗത്ത് കുറേക്കൂടി പ്രയോജനം ചെയ്യുന്ന മറ്റൊരു കണ്ടുപിടിത്തം നടത്തി. സീസിയം, പൊട്ടാസ്യം എന്നീ ലോഹ

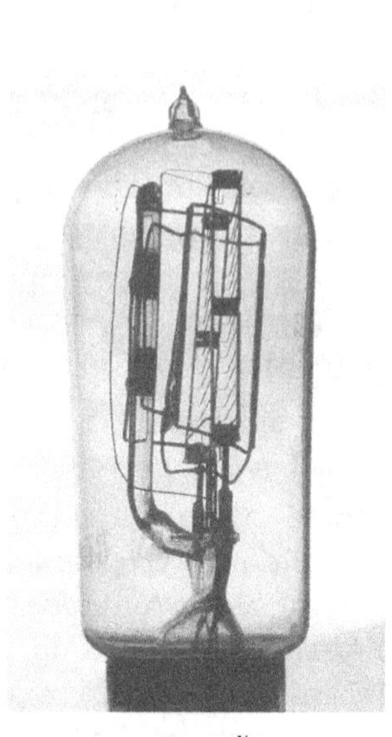

ട്രയോഡ്

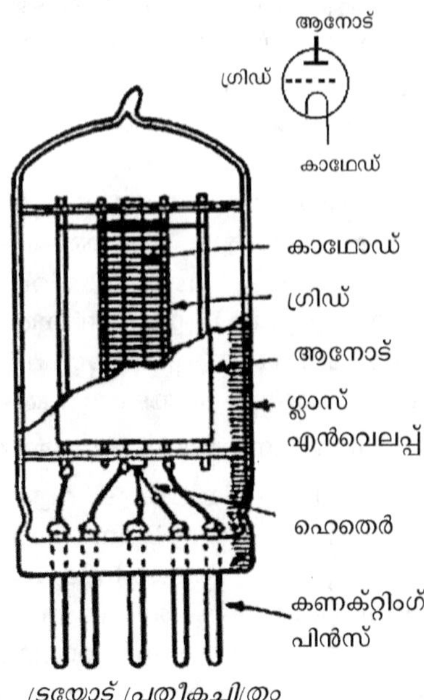

ട്രയോഡ് പ്രതീകചിത്രം

ങ്ങളിൽ പ്രകാശം പതിച്ചാൽ അവയിൽ നിന്നും വെളിച്ചത്തിന്റെ കൂടുതൽ കുറവനുസരിച്ച് വൈദ്യുതിയുണ്ടാവുമെന്ന് അവർ തെളിയിച്ചു. ടെലിവിഷന്റെ കണ്ടുപിടിത്തിലേയ്ക്കു നയിച്ച മുഖ്യഘടകങ്ങളിലൊന്ന് ഫോട്ടോ ഇലക്ട്രിക്പ്രഭാവം എന്നറിയപ്പെടുന്ന ഈ സവി ശേഷതയാണ്. കൂടാതെ സിനിമാ

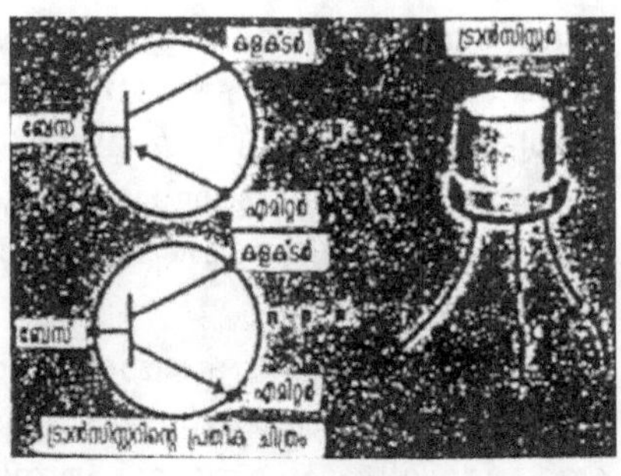

ട്രാൻസിസ്റ്റർ

ഫിലിമുകളിൽ ശബ്ദലേഖനം ചെയ്യുന്നതിനും അവ പുനരുൽപ്പാദിപ്പിക്കുന്നതിനും ഫോട്ടോ ഇലക്ട്രിക് സെല്ലുകൾ ഉപയോഗിക്കുന്നു.

റേഡിയോ, ടെലിവിഷൻ, കമ്പ്യൂട്ടർ എന്നിങ്ങനെ ആധുനിക ജീവിതത്തിൽ വമ്പിച്ച സ്വാധീനം ചെലുത്തിക്കൊണ്ടിരിക്കുന്ന ഉപകരണങ്ങളുടെ കണ്ടുപിടിത്തങ്ങൾക്ക് കാരണമാക്കിയത് തെർമയോണിക് വാൽവുകൾ എന്നറിയപ്പെടുന്ന ഡയോഡും ട്രയോഡുമായിരുന്നു. എന്നാൽ ഗ്ലാസ്ബൾബുകൾക്കുള്ളിൽ രണ്ടും മൂന്നും ചിലപ്പോൾ അതിൽക്കൂടുതലും ഇലക്ട്രോഡുകൾ കയറ്റിനിർമിച്ച ഈ ഉപകരണങ്ങൾ അതിവേഗം കേടാവുന്നതും പൊട്ടുന്നതുമായിരുന്നു. ഇവയുപയോഗിച്ചു നിർമ്മിക്കുന്ന ഉപകരണങ്ങൾ സ്വിച്ചിട്ടാൽ ഉടൻ പ്രവർത്തിക്കില്ല. ഫിലമെന്റ് ചൂടായി ഇലക്ട്രോണുകളെ ഉൽസർജിക്കാൻ വേണ്ട സമയം അവ എടുത്തിരുന്നു. ഇതിനൊക്കെ പുറമെ അനേകം ഡയോഡുകളും ട്രയോഡുകളും കൂട്ടിയോജിപ്പിച്ചു നിർമ്മിക്കുന്ന ഈ ഉപകരണങ്ങളൊക്കെ പെട്ടിപോലെ വലിപ്പമുള്ള വയായിരുന്നു. പഴയ വാൽവ് റേഡിയോകളും കമ്പ്യൂട്ടറുകളും കണ്ടിട്ടുള്ളവർക്ക് ഈ വസ്തുത പെട്ടെന്നു മനസ്സിലാവും. എന്നാൽ അർധചാലകങ്ങളുപയോഗിച്ചു നിർമിച്ച ട്രാൻസിസ്റ്ററുകൾ ഈ കുറവുകളെല്ലാം ഒറ്റയടിക്കു പരിഹരിച്ചു.'

'എന്താണീ അർധചാലകങ്ങൾ' സുമി ചോദിച്ചു.

ചെമ്പുകമ്പിയിൽക്കൂടി വളരെ എളുപ്പത്തിൽ വൈദ്യുതി കടന്നു പോകുന്നു. വെള്ളിക്കമ്പിയാണെങ്കിൽ അതിലും എളുപ്പത്തിൽ വൈദ്യുതിയെ കടത്തിവിടും. ഇരുമ്പും അലുമിനിയവുമൊക്കെ വൈദ്യുതിയെ കടത്തിവിടുന്ന ലോഹങ്ങളാണല്ലോ. ഇവയെ നാം സുചാലകങ്ങൾ എന്നു പറയുന്നു. പ്ലാസ്റ്റിക്, റബ്ബർ, ഉണങ്ങിയ തടി എന്നിങ്ങനെ വൈദ്യുതിപ്രവാഹം അനുവദിക്കാത്ത വസ്തുക്കൾ

കുചാലകങ്ങളാണ്. എന്നാൽ ജർമാനിയം, സിലിക്കൺ എന്നീ മൂലക ങ്ങൾ ലോഹസ്വഭാവം വളരെ കുറഞ്ഞവയായതിനാൽ സ്വതവേ കുചാല കങ്ങളാകുന്നു. പക്ഷേ ഇവയിൽ ആഴ്സനിക്, ഗാലിയം, ബോറോൺ എന്നീ മൂലകങ്ങളുടെ അംഗങ്ങൾ വളരെ ചുരുങ്ങിയ തോതിൽ കലർത്തിയാൽ, ഈ മൂലകങ്ങൾക്ക് ചാലക സ്വഭാവം കൈവരും. ഇത്തരം പദാർഥങ്ങളെയാണ് അർധചാലകങ്ങൾ എന്നുപറയുന്നത്. അർധചാലകങ്ങൾ ഉപയോഗിച്ച് കണ്ടുപിടിച്ച ട്രാൻസിസ്റ്ററുകൾ ഡയോഡുകളുടേയും ട്രയോഡുകളുടെയും സ്ഥാനം ഏറ്റെടുത്തു. രണ്ടാം ലോകയുദ്ധത്തിനു ശേഷമാണ് ട്രാൻസിസ്റ്ററുകൾ കണ്ടുപിടിക്കപ്പെട്ടത്. അമേരിക്കയിലെ ബെൽ ടെലഫോൺ ലബോറട്ടറിയെ കേന്ദ്രീകരിച്ച് വാൾട്ടർ ബ്രാറ്റെയിൻ, വില്യം ഷോക്ക്ലി, ജോൺ ബാർഡീൻ എന്നീ ശാസ്ത്രജ്ഞന്മാർ യോജിച്ചു നടത്തിയ പ്രവർത്തനങ്ങളാണ് ട്രാൻസി സ്റ്ററുകളുടെ കണ്ടുപിടിത്തത്തിൽ പര്യവസാനിച്ചത്. പല കണ്ടുപിടി ത്തങ്ങൾക്കും അവ നടന്നതിനുശേഷം, പ്രയോജനപ്പെടുത്തുന്നവരെയും കാത്ത് ഏറെനാൾ കിടക്കേണ്ടി വന്നിട്ടുണ്ട്. മെൻലോ പാർക്കിലെ മാന്ത്രികനെന്നറിയപ്പെടുന്ന എഡിസണുപോലും, അദ്ദേഹത്തിന്റെ ഏറ്റവും മികച്ച കണ്ടുപിടിത്തമായ ഇലക്ട്രിക്ബൾബ് ജനങ്ങൾ ക്കിടയിൽ പ്രചരിപ്പിക്കാൻ നന്നേ പാടുപെടേണ്ടിവന്നു. എന്നാൽ ട്രാൻസിസ്റ്ററുകൾ, കണ്ടുപിടിക്കപ്പെട്ട് ചുരുങ്ങിയ കാലത്തിനുള്ളിൽ ഇലക്ട്രോണിക്സിന്റെ ലോകത്തിൽ വമ്പിച്ച പ്രചാരം നേടി. തെർമയോണിക് വാൽവുകളെ പുറന്തള്ളി ഉപകരണങ്ങളിൽ അവയുടെ സ്ഥാനം ട്രാൻസിസ്റ്ററുകൾ ഏറ്റെടുത്തു. ഇതിന് കാരണമുണ്ട്. തെർമയോണിക് വാൽവുകൾക്കുണ്ടായിരുന്ന ദോഷങ്ങളൊന്നും ട്രാൻസിസ്റ്ററുകൾക്കില്ല. അവ പൊട്ടുകയോ എളുപ്പം കേടാവുകയോ ഇല്ല. വലിപ്പം നന്നേ കുറവായതിനാൽ ഇവയുപയോഗിച്ചു നിർമ്മിക്കുന്ന ഉപകരണങ്ങൾ സൗകര്യപൂർവം കൈകാര്യം ചെയ്യാനും കൊണ്ടുനട ക്കാനും കഴിയും. പോക്കറ്റിൽ വച്ചുകൊണ്ടു പോവാൻ മാത്രം വലിപ്പമുള്ള ട്രാൻസിസ്റ്റർ റേഡിയോ ഉദാഹരണം. സർവോപരി, ട്രാൻസിസ്റ്ററുകൾക്ക് പ്രവർത്തിക്കാൻ വളരെക്കുറച്ചു വൈദ്യുതി മതിയാകും.

ഇലക്ട്രോണിക്സിന്റെ തുടക്കം കുറിച്ചത് തെർമയോണിക് വാൽവു കളായ ഡയോഡും ട്രയോഡുമാണ്. ഏതാനും വർഷങ്ങൾ ക്കുള്ളിൽ അവയെ പുറന്തള്ളി ട്രാൻസിസ്റ്ററുകൾ വന്നു. എന്നാൽ ഇന്ന് ട്രാൻസിസ്റ്ററുകൾക്കും നിൽക്കക്കള്ളിയില്ലാതായിരിക്കയാണ്. നൂറുകണ ക്കിന് ട്രാൻസിസ്റ്ററുകളുടെ ജോലി ഒരേ സമയം ചെയ്യുന്ന ഐ.സി. ചിപ്പുകളുടെ വലിപ്പം ഒരു തീപ്പെട്ടിക്കൂടിൽ ഒതുങ്ങാവുന്നതിനേക്കാൾ

ട്രാൻസിസ്റ്റർ കണ്ടുപിടിച്ച ശാസ്ത്രജ്ഞന്മാർ
1. ജോൺ ബാർഡീൻ, 2. വില്യം ഷോക്ക്ലി, 3. വാൾട്ടർ എച്ച്. ബ്രാറ്റെയിൻ

ചെറുതാണ്. അതുകൊണ്ടുതന്നെ ഇന്നത്തെ ഇലക്ട്രോണിക്സു പകരണങ്ങൾ വൈവിധ്യമാർന്ന ജോലികൾ ചെയ്യുന്നതോടൊപ്പം സൗകര്യപൂർവ്വം കൊണ്ടുനടക്കാവുന്നവയുമാണ്.

ഇലക്ട്രോണിക്സ് ഉപകരണങ്ങളുടെ കൂട്ടത്തിൽ നമ്മെ ഏറ്റവു മധികം സഹായിക്കുകയും അത്ഭുതപ്പെടുത്തുകയും ചെയ്യുന്നത് കമ്പ്യൂട്ടറുകളാണ്. കണക്കുകൂട്ടാൻ വേണ്ടി നാം പോക്കറ്റിൽ കൊണ്ടു നടക്കുന്ന കൊച്ചു കാൽക്കുലേറ്ററു മുതൽ അതീവ സങ്കീർണ്ണമായ പ്രശ്നങ്ങൾ അപഗ്രഥിക്കുകയും പരിഹാരം നിർദ്ദേശിക്കുകയും ചെയ്യുന്ന കമ്പ്യൂട്ടർ ഭീമന്മാർ വരെ ഈ ഗണത്തിൽപെടുന്നു. റെയിൽവേ സ്റ്റേഷനിൽ ടിക്കറ്റു റിസർവു ചെയ്യാൻ മുതൽ ബഹിരാകാശത്തേയ്ക്കും അന്യഗ്രഹങ്ങളിലേയ്ക്കും കൃത്രിമോപഗ്രഹങ്ങളും സ്പേസ്വാഹന ങ്ങളും അയയ്ക്കാൻവരെ നാം കമ്പ്യൂട്ടറുകളുടെ സഹായം തേടുന്നു. മനുഷ്യമസ്തിഷ്കത്തിനു പ്രയാസപ്പെട്ടുമാത്രം ചെയ്യാൻ കഴിയുന്ന പല നൂലാമാലപിടിച്ച പ്രശ്നങ്ങളും കമ്പ്യൂട്ടറുകൾ നിമിഷങ്ങൾക്കകം നിഷ്പ്രയാസം പരിഹരിക്കുന്നു. വർഷങ്ങൾ നീങ്ങുന്തോറും പുതിയ പുതിയ കഴിവുകൾ ആർജിച്ചുകൊണ്ട് കമ്പ്യൂട്ടറുകളുടെ പുതിയ

154

തലമുറ ഉണ്ടായിക്കൊണ്ടിരിക്കുകയാണ്. വകതിരിവോടെ ഉപയോഗി ക്കുക യാണെങ്കിൽ മനുഷ്യന്റെ മാനസികമായ അധ്വാനം വളരെയേറെ ലഘൂകരിക്കാൻ കമ്പ്യൂട്ടറുകൾക്കു കഴിയും. അത് നിന്നെപ്പോലെ യുള്ള വിദ്യാർഥികളടക്കം ഓരോരുത്തരുടേയും നിത്യോപയോഗ വസ്തു വായിത്തീരാൻ അധികം കാലം കാത്തിരിക്കേണ്ടതില്ല.'

'കമ്പ്യൂട്ടറിന്റെ പ്രവർത്തനം എനിക്കു പറഞ്ഞുതരാമോ, രശ്മിച്ചേച്ചി' സുമി ചോദിച്ചു.

'അതിങ്ങനെ വാക്കിൽ പറഞ്ഞതു കൊണ്ടായില്ല. കമ്പ്യൂട്ടർ ഉപ യോഗിച്ചുകൊണ്ടുതന്നെ മനസ്സിലാക്കണം. അച്ഛനോട് ഞാനൊരു കമ്പ്യൂട്ടർ വാങ്ങിത്തരാൻ പറഞ്ഞിട്ടുണ്ട്. അതു കിട്ടിയാൽ നമുക്ക് പഠിക്കാം.' രശ്മി തുടർന്നു. 'നാം കുറേ ദിവസങ്ങളായല്ലോ വൈദ്യു തിയുടെ കഥ പറഞ്ഞു തുടങ്ങിയിട്ട്. ഇനിയും കുറേക്കാലം പറഞ്ഞു കൊണ്ടിരുന്നാലും അത് അവസാനിപ്പിക്കാൻ കഴിയില്ല. ഇലക്ട്രോണി ക്സിലും വൈദ്യുതിയുടെ വിവിധ മേഖലയിലും ഓരോ ദിവസവും പുതിയ പുതിയ കണ്ടുപിടിത്തങ്ങളും നേട്ടങ്ങളും ഉണ്ടായിക്കൊണ്ടി രിക്കയാണ്. പഴയ ഒരോർമ്മയുടെ പേരിൽ അവയ്ക്കെല്ലാം പുറംതിരി ഞ്ഞുനിൽക്കാതെ, ഓരോ കണ്ടുപിടിത്തത്തേയും മനസ്സിലാക്കാനും അതിന്റെ ഗുണവശങ്ങൾ ഉപയോഗപ്പെടുത്താനും ഉള്ള താൽപ്പര്യം നിന്നിൽ വളർത്തുകയായിരുന്നു എന്റെ ഉദ്ദേശ്യം. അതെത്രമാത്രം വിജയിച്ചു എന്നു പറയേണ്ടത് സുമി തന്നെയാണ്.' രശ്മി പറഞ്ഞു.

'എനിക്കു മനസ്സിലായി രശ്മിച്ചേച്ചീ, എന്റെ നിലപാട് തെറ്റായി രുന്നുവെന്ന്. അത് ബോധ്യപ്പെടുത്തിത്തന്നത് രശ്മിച്ചേച്ചിയാണ്. ഇനി വൈദ്യുതിയെക്കുറിച്ച് കിട്ടാവുന്നത്ര കാര്യങ്ങൾ പഠിക്കാൻ ഞാൻ ശ്രമിക്കും. ഇപ്പോൾ ഞാനും വൈദ്യുതിയും തമ്മിൽ ലോഹ്യത്തിലായി രിക്കുന്നു.' സുമിയുടെ പ്രതികരണം.

ഗ്രീൻ ബുക്സ് ചിൽഡ്രൻസ് സീരിസിലെ മറ്റു പുസ്തകങ്ങൾ

അപർണ (നോവൽ)	ബീനാ ജോർജ്
കുട്ടി പഠിപ്പിച്ച പാഠം (കഥ)	പയ്യന്നൂർ കുഞ്ഞിരാമൻ
വനം കാടിന്റെ നടുമദ്ധ്യം (നോവൽ)	ആര്യൻ കണ്ണന്നൂർ
കിട്ടുണ്ണിക്കഥകൾ (നോവൽ)	അശോകൻ ഏങ്ങണ്ടിയൂർ
കളവുപോയ ക്യാമറ (നോവൽ)	മുഹമ്മ രമണൻ
ഉണ്ണിക്കുട്ടന്റെ കാഴ്ചകൾ (നോവൽ)	കിളിരൂർ രാധാകൃഷ്ണൻ
പോക്കണം കെട്ട പോക്കുകൾ (കഥ)	സുമംഗല
പ്രകൃതിയമ്മയുടെ- അത്ഭുതലോകത്തിൽ (കഥ)	പ്രൊഫ. എസ്. ശിവദാസ്
കളിവീണ (നോവൽ)	എം.എസ്.കുമാർ
എങ്ങുനിന്നോ ഒരു വെളിച്ചം (കഥ)	സി.ജി.ശാന്തകുമാർ
അപ്പുവിന്റെ സയൻസ് കോർണർ (കുട്ടികളുടെ ശാസ്ത്രം)	സി.ജി.ശാന്തകുമാർ
ഭൂമിയുടെ രക്ഷകർ (കുട്ടികളുടെ ശാസ്ത്രം)	സി.ജി.ശാന്തകുമാർ
ഒരു പന്നിക്കഥ (കുട്ടികളുടെ കഥ)	എ. വിജയൻ
ഭൂമിയുടെ കേന്ദ്രത്തിലേക്ക് ഒരു യാത്ര (കുട്ടികളുടെ നോവൽ)	പള്ളിയറ ശ്രീധരൻ
കണക്കിലേക്കൊരു വിനോദയാത്ര (കുട്ടികളുടെ ഗണിതം)	പള്ളിയറ ശ്രീധരൻ
കുസൃതി ക്വിസ് (പൊതുവിജ്ഞാനം)	ടി.കെ. കൊച്ചുനാരായണൻ
ചില്ലകൾ പൂത്തു വീണ്ടും (കുട്ടികളുടെ നോവൽ)	വി.എൻ. വേണുഗോപാൽ
സ്പാർട്ടക്കസ് (കുട്ടികളുടെ ചരിത്ര കഥ)	വി.പി. വാസുദേവൻ
പത്തു പത്തുകൾ (കുട്ടികളുടെ ഗണിതം)	ടി.കെ. കൊച്ചുനാരായണൻ